高等职业教育农业农村部"十三五"规划教材

宠物 繁殖与育种

第二版

杨万郊 狄和双 主编

中国农业出版社

北 京

内容简介 ✂

　　本教材依据宠物繁殖育种岗位的实际工作内容和国家标准，全面、系统地对宠物繁育及实验技术进行了阐述。本教材共分为10个模块，分别为犬、猫的生殖器官，生殖激素，犬的繁殖，猫的繁殖，犬、猫的繁殖障碍，其他宠物繁殖，胚胎生物工程，宠物育种的遗传学基础，宠物品种性状的选育，宠物的选配及育种。教材最后附有实训指导。

　　本教材中既有对理论性内容的阐述，又有对实践经验的总结，在相关知识点配套了视频、动画等数字资源，既可作为职业院校宠物相关专业的教材，也可作为宠物医院工作者、宠物爱好者学习和工作时的参考用书。

第二版编审人员

主　编　杨万郊　狄和双

副主编　王传宝

编　者　（以姓氏笔画为序）

王传宝　刘佰慧　李　明　杨万郊

肖　峰　时广明　狄和双　高莹莹

郭世杰

审　稿　潘庆杰　樊新忠

第一版编审人员

主　编　杨万郊　张似青

副主编　张响英

编　者　杨万郊（山东畜牧兽医职业学院）

张似青（上海农林职业技术学院）

张响英（江苏畜牧兽医职业技术学院）

丁　威（江苏农林职业技术学院）

审　稿　潘庆杰（青岛农业大学）

张金柱（北京农业职业学院）

第二版前言

本教材根据《教育部关于职业院校专业人才培养方案制订与实施工作的指导意见》《国家职业教育改革实施方案》等文件精神，依据最新职业院校教育教学改革和人才培养的要求，在第一版基础上修订而成。

本教材的编写充分体现了职业院校特点，始终遵循高等职业教育"以能力为本位，以岗位为目标"的原则。基础理论以必需、够用为度，重点突出先进、实用的宠物繁育技术，并广泛吸收和借鉴国内外先进成熟的技术及经验，力求做到各项技能新颖、系统、可操作性强。为了直观呈现知识点，配套了相应的视频、动画等资源，通过扫描书中二维码即可观看。

本教材主编由杨万郊（山东畜牧兽医职业学院）和狄和双（江苏农牧科技职业学院）担任。编写分工如下：绪论、模块三和模块五由杨万郊编写；模块一由狄和双编写；模块二由肖峰（山东畜牧兽医职业学院）编写；模块四由高莹莹（山东畜牧兽医职业学院）编写；模块六和模块九由王传宝（山东畜牧兽医职业学院）编写；模块七由李明（广西农业职业技术学院）编写；模块八由时广明（黑龙江职业学院）编写；模块十由刘佰慧（黑龙江生物科技职业学院）编写；实训指导由郭世杰（青岛宠之爱动物医院管理有限公司）编写。全书由杨万郊统稿。

本教材的编写和出版，得到了中国农业出版社的大力支持、各参编单位的热心帮助，青岛农业大学潘庆杰教授、山东农业大学樊新忠教授在百忙中仔细审阅了书稿，山东畜牧兽医职业学院张世卫老师也为本教材提出了许多宝贵意见。另外，在编写过程中参考了国内外许多优秀教材，查阅了大量资料，吸收和引用了许多专家、学者和同行的研究成果，在此一并表示感谢。

由于编者水平有限，本教材不足之处在所难免，恳请广大师生和读者批评指正。

编　者
2021 年 3 月

第一版前言

　　本教材是依据教育部《关于加强高职高专教育人才培养工作的意见》《关于加强高职高专教育教材建设的若干意见》和21世纪农业部高职高专宠物专业宠物繁殖与育种课程教学大纲编写的，适用于2～3年学制的高职高专宠物专业。

　　本教材的编写充分体现了高职高专特点，严格遵循应用性、实用性、综合性和先进性的原则。 基础理论以必需、够用为度；重点突出先进实用的宠物繁育技术，并广泛吸收和借鉴国内外先进成熟的技术及经验，力求做到各项技能新颖、系统、可操作性强。

　　本教材结构紧凑、图文并茂、题材新颖、内容翔实、技术实用、职业特色鲜明。 在内容编写上既考虑到全国不同地域宠物饲养的现状和特点，又体现了先进性和前瞻性。

　　本教材由杨万郊、张似青担任主编，第三章由杨万郊编写；第一章、第六章、第七章由张响英编写；第二章、第四章、第五章由丁威编写；绪论及第八章至第十章由张似青编写。 本教材由张似青统稿，在此表示衷心感谢。

　　本教材的编写和出版，得到了中国农业出版社的大力支持、各参编单位的热心帮助，青岛农业大学潘庆杰教授、北京农业职业学院张金柱副教授在百忙中仔细审定了书稿，山东畜牧兽医职业学院陈庆莲、武世珍、苏成文、汤善荣等老师给本教材提出了许多宝贵意见，在此一并表示感谢。

　　本教材的编写是一个新的尝试和探索，参考资料少，不足之处恳请广大师生和读者批评指正。

编　者

2007 年 4 月

目　录

模块四 猫的繁殖

模块五 犬、猫的繁殖障碍

模块六　其他宠物繁殖

模块七　胚胎生物工程

模块八　宠物育种的遗传学基础

模块九　宠物品种性状的选育

模块十 宠物的选配及育种

实训指导

绪　论

　　繁殖活动是生命的本能活动，是生物物种得以延续的基本活动之一。宠物繁育就是研究宠物的繁育现象、规律和机理，并据此开发相应的繁育技术，以达到调节和控制宠物繁育过程、最大限度地挖掘宠物繁殖潜力、提高宠物繁殖效率的一门应用学科。

　　宠物和其他生物一样必须经过繁殖和选育，以保持其优良性状的延续。繁殖就意味着通过有性生殖方式，由雄性个体产生精子，雌性个体产生卵子，精子、卵子通过受精作用形成受精卵，在母体内发育成熟，最后被母体娩出。鸟类的卵子在体内受精，以蛋的形式产出，当外界环境温度和湿度适宜，经过一段时间的发育，孵育成幼雏。幼雏经过发育成熟，达到一定年龄后又开始繁殖，重复以上的生殖过程，使种族得以延续。对个体而言，繁殖是暂时的、相对的；但对种群来说，则是绝对的、永恒的。

　　随着人们物质、文化水平的不断提高，犬、猫等宠物越来越受到宠爱，饲养量也越来越多，呈逐年递增的趋势。2019 年，全国城镇宠物犬、猫的数量约为 9 915 万只，比 2018 年增加约 766 万只；2019 年，全国城镇宠物犬数量约为 5 503 万只，比 2018 年增长 8.2%；宠物猫数量约为 4 412 万只，比 2018 年增长 8.6%，宠物猫养殖量的增幅超过了宠物犬。与畜禽不同，宠物在不同的时代，有着不同的意义，扮演着不同的角色。现代人与宠物的互动中，人们把更多的爱给了家中可爱的宠物，不再把宠物视为一种养殖动物，在情感上更加依赖宠物。宠物从被人类驯养、协助人类完成某些工作的角色，转变为人类的情感寄托和伙伴。这种关系已不仅仅是养与被养、宠物单方面依赖着人类的关系，而是一种宠物和人类互相依存、彼此需要的、双向的关系。

　　为了对宠物进行科学地繁殖、改良和有效防病，促进宠物产业健康发展，许多职业院校开设了宠物及相关专业。宠物繁育技术是该专业一门重要的专业课，主要是为了解决宠物繁育过程中的技术问题，其任务就是通过学习系统掌握宠物繁育的理论知识，了解犬、猫的繁殖特性、繁殖机理、母幼护理等基本知识，同时了解犬、猫的育种技术要点，区分宠物育种和其他动物育种的不同之处，掌握宠物育种的特点。为适应社会发展的需要，本教材在力求符合现代教学规律和教学目标的基础上，开发出以应用技术为主要内容，以实验实训为主要特色的崭新内容。通过学习，对宠物繁殖的生殖生理有简要的认识，对掌握宠物常用的繁殖技术起到一定的指导作用。

　　除了掌握犬、猫两种常见宠物的繁殖与育种知识外，同时要了解其他宠物，如鱼、鸟类等的一些繁殖基础知识，以及繁殖领域里的高端技术，如冷冻精液、人工授精、发情控制、胚胎移植等，作为本课程的拓展，意在使学生不受"繁殖就是生产"概念的局限，拓宽学习思路。

宠物繁殖与育种技术不是独立的，而是与其他学科有着密切的关系。它以解剖学、组织学、遗传学、生物化学、营养学等为基础，又与宠物饲养、产科学、传染病学、免疫学、生物工程学等密切相关。所以，学好相关学科的课程，对于提高本课程的学习质量非常重要。

模块一 犬、猫的生殖器官

单元一 犬的生殖器官

一、雄犬的生殖器官

雄犬的生殖器官由性腺（睾丸）、输精管道（附睾、输精管和尿道）、副性腺（前列腺）、外生殖器（阴茎）组成。此外，还包括附属结构（精索、阴囊、包皮）（图1-1、图1-2）。

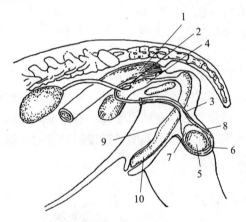

图 1-1　雄犬生殖器官示意

1. 直肠　2. 输精管壶腹　3. 输精管　4. 前列腺　5. 睾丸

6. 附睾头　7. 附睾尾　8. 阴囊　9. 阴茎　10. 阴茎游离端

（杨利国，2003. 动物繁殖学）

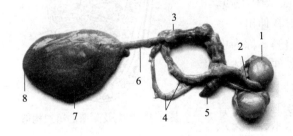

图 1-2　雄犬泌尿生殖系统解剖实物图

1. 睾丸　2. 附睾　3. 前列腺　4. 精索　5. 阴茎头　6. 膀胱颈　7. 膀胱体　8. 膀胱顶

（杨利国，2003. 动物繁殖学）

（一）睾丸

1. 形态和位置 睾丸（testis）为雄犬的性腺，呈卵圆形，左右各一，大小相同。成年犬睾丸的体积与犬的品种、个体大小密切相关。以中型犬为例，成年犬睾丸大小平均为 3cm×2cm×1.5cm，两睾丸总重约为 30g，相当于体重的 0.32%。犬在胚胎期就开始形成睾丸，此期的睾丸位于胚胎腹腔内，在两肾的附近。随着胎儿的生长发育，睾丸和附睾一起经腹股沟下降到阴囊中，这个过程称为睾丸下降（图 1-3）。正常情况下，大部分犬出生时，睾丸已下降到阴囊，最迟也在半岁内降到阴囊；但有时一侧或两侧睾丸未下降入阴囊，成年后仍位于腹腔，称为隐睾（cryp-

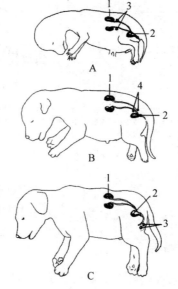

图 1-3 犬的睾丸下降示意
A. 胎儿期 B. 刚出生时 C. 出生后 1 个月
1. 肾 2. 膀胱 3. 精巢 4. 睾丸

犬睾丸下降
及隐睾

torchids）。睾丸的内分泌机能不受损害，但精子发生机能出现异常，严重时会导致不育。因此，在选留雄犬时一定要检查其睾丸发育是否正常，杜绝隐睾犬留作种用。犬的睾丸位于肛门下方的会阴区。睾丸的两侧分为游离缘和附睾缘，有附睾附着的一侧为附睾缘，而游离的一侧为游离缘。睾丸的两端是睾丸头和睾丸尾，连接附睾头的一端为睾丸头，有血管和神经进入，另一端则连接附睾尾，为睾丸尾。

2. 组织构造 犬睾丸的表面被覆浆膜（即固有鞘膜），其下为致密结缔组织构成的睾丸白膜。睾丸白膜由睾丸头端形成一条宽为 0.5～1.0cm 的结缔组织索，伸向睾丸实质，构成睾丸纵隔（图 1-4）。睾丸纵隔向四周呈放射状伸出许多结缔组织小梁，直达白膜，称为中隔。它将睾丸实质分成许多锥体形小叶，小叶的尖端朝向睾丸的中央，基部朝向表面。每个小叶内有 2～5 条生精小管，生精小管在各小叶尖端先各自汇合，穿入睾丸纵隔结缔组织内形成弯曲的导管网，称作睾丸网，为生精小管的收集管，

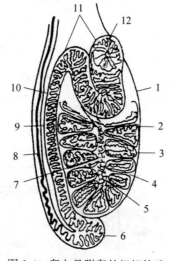

图 1-4 睾丸及附睾的组织构造
1. 睾丸 2. 精小管 3. 小叶 4. 中隔 5. 纵隔
6. 附睾尾 7. 睾丸网 8. 输精管 9. 附睾体
10. 附睾管 11. 附睾头 12. 输出管

（张忠诚，2004. 家畜繁殖学）

睾丸的结构
及功能

最后由睾丸网分出 10～30 条睾丸输出管，汇入附睾头的附睾管。

生精小管管壁由外向内为结缔组织纤维、基膜和复层的生殖上皮。生殖上皮主要由生精细胞和支持细胞两种细胞构成。

（1）生精细胞。数量比较多，成群地分布在支持细胞之间，大致排成 3～7 层。根据不同时期的发育特点，可分为精原细胞、初级精母细胞、次级精母细胞、精子细胞和精子（图 1-5）。

①精原细胞。位于最基层，紧贴基膜。常显示分裂现象，细胞体积较小，呈圆形，核大而圆，是形成精子的干细胞。

②初级精母细胞。位于精原细胞的内侧，排列成数层。细胞呈圆形，体积较大，核呈球形。

③次级精母细胞。位于初级精母细胞的内侧，体积较小，细胞呈圆形。细胞核为球形，染色质呈细粒状。

④精子细胞。位于次级精母细胞的内侧，靠近生精小管的管腔。常排列成数层，多密集在支持细胞游离端的周围。细胞体积更小，细胞质少，核小呈球形，着色深。精子细胞不再分裂，经过一系列形态变化，即变为精子。

⑤精子。位于或靠近生精小管的管腔内。有明显的头和尾，呈蝌蚪状。头部含有核物质，染色较深，常深入足细胞的顶部细胞质中；尾部朝向管腔。精子发育成熟后脱离生精小管的管壁，游离在管腔中，随后进入附睾。

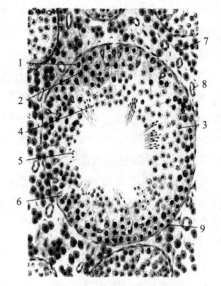

图 1-5　睾丸生精小管和间质

1. 精原细胞　2. 初级精母细胞　3. 次级精母细胞

4. 精子细胞　5. 精子　6. 支持细胞

7. 间质细胞　8. 血管　9. 类肌细胞

（杨利国，2003. 动物繁殖学）

（2）支持细胞。称作塞托利氏细胞，又称足细胞，呈柱状，由生精小管的基膜一直伸向生精小管的腔面，其体积占生精小管的 1/4～1/3。支持细胞体积大、细长，但数量少，属于体细胞，呈辐射状排列在生精小管中，分散在各期生殖细胞之间，其底部附着在生精小管的基膜上，游离端朝向管腔，常有许多个精子镶嵌在上面。支持细胞的核较大，位于细胞的基部，着色较浅，具有明显的核仁。由于它的顶端有数个精子深入细胞质内，一般认为此细胞对不同发育阶段的生精细胞起支持、营养、保护等作用。

在睾丸小叶的生精小管之间有结缔组织构成的间质，内含血管、淋巴管、神经和间质细胞。间质细胞又称莱氏细胞，近乎椭圆形，核大而圆，常聚集存在，雄激素在此合成分泌。

3. 机能

（1）精子生成。生精小管的生精细胞经多次分裂后并经过形态学变化最终形成精子。精子由生精小管输出，经精直小管、睾丸网、输出管而到附睾。

（2）激素分泌。间质细胞能分泌雄激素，雄激素能激发雄犬的性欲和性行为，刺激第二性征，促进生殖器官和副性腺的发育，维持精子发生和附睾中精子的存活。雄犬在性成熟前去势会使生殖道的发育受到抑制，成年后去势会发生生殖器官结构和性行为的退行性变化。

（二）附睾

1. 形态　附睾（epididymis）是由紧密附着于睾丸附睾缘的管道组成的器官。犬的附睾位于睾丸的背外缘，由头、体和尾3部分组成（图1-6）。头、尾两端粗大，体部较细。附睾头由12～25条睾丸输出管盘曲组成；借结缔组织联结成若干附睾小叶，再由附睾小叶联结成扁平而略呈杯状的附睾头，紧贴于睾丸的前端或上缘。各附睾小叶的管子汇成一条弯曲的附睾管。弯曲的附睾管从附睾头沿睾丸的附着缘伸延逐渐变细，延续为细长的附睾体。在睾丸的尾端扩张而成附睾尾，其中的附睾管弯曲减少，最后逐渐过渡为输精管，经腹股沟管进入腹腔。

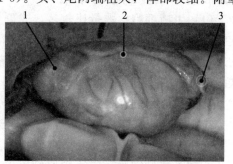

图1-6　附睾
1. 附睾头　2. 附睾体　3. 附睾尾

2. 组织结构　附睾管壁由环形肌纤维和假复层柱状纤毛上皮构成。附睾管可分为3部分，起始部具有长而直的静纤毛，管腔狭窄，管内精子数量很少；中段的静纤毛不太长，且管腔变宽，管内有大量精子存在；末端静纤毛较短，管腔很宽，充满精子。

附睾的结构
及功能

睾丸和附睾表面的固有鞘膜是阴囊的总鞘膜于后缘转折而来的，其转折处的鞘膜褶称为睾丸系膜，将睾丸与附睾固定于阴囊内。附睾体和睾丸间形成一袋状缝隙，称为附睾窦，这是由睾丸与附睾体之间不完全紧密相连所形成的。附睾尾和睾丸之间连接有附睾韧带（即睾丸固有韧带），而附睾韧带由附睾尾延续到阴囊总鞘膜的部分称为阴囊韧带。如果要施行雄犬睾丸摘除的去势术时，必须切断阴囊韧带和睾丸系膜，才能摘除睾丸和附睾。

3. 机能

（1）精子最后成熟的场所。从睾丸生精小管生成的精子，刚进入附睾头时颈部常有原生质小滴，说明精子尚未发育成熟。在精子通过附睾的过程中，原生质小滴向尾部末端移行，精子逐渐成熟，并获得向前直线运动的能力、受精能力以及使受精卵正常发育的能力。精子的成熟与附睾的物理、化学及生理特性有关。精子通过附睾管时，附睾管分泌的磷脂质和蛋白质包被在精子表面，形成脂蛋白膜。此膜能保护精子，防止精子膨胀，抵抗外界环境的不良影响。精子经过附睾管的同时还可获得负电荷，防止精子凝集。

（2）吸收作用。附睾头和附睾体的上皮细胞具有吸收功能，可将来自睾丸较稀薄精液中的水分和电解质经上皮细胞吸收，致使在附睾尾的精子浓度大大升高，每微升达400万个以上。

（3）运输作用。附睾主要通过管壁平滑肌的收缩，以及上皮细胞纤毛的摆动，将来自睾丸输出管的精子悬浮液自附睾头运送至附睾尾。

（4）储存作用。精子主要储存在附睾尾。由于附睾管上皮的分泌作用和附睾中的弱酸性（pH为6.2～6.8）、高渗透压、温度较低，加上厌氧的内环境，使精子代谢和活动力维持在很低水平，因而使精子在附睾内可储存较长时间。但储存过久则降低精子活率，并导致畸形精子和死精子数量增多。

（三）输精管和精索

输精管（vas deferens）是输送精子的管道，起始于附睾管，由附睾管延续而成（图1-7）。管壁由内向外分为黏膜层、基层和浆膜层。它从附睾尾进入精索后缘内侧的输精管褶中，经腹股沟管进入腹腔，然后进入骨盆腔，绕过同侧的输尿管，在膀胱背侧的尿生殖褶内继续向后延伸变粗形成输精管壶腹。其末端变细，开口于阴茎基部的尿道（骨盆部）。输精管的管壁具有发达的平滑肌纤维，管壁厚而口径小，当射精时借其强有力的收缩作用将精子排出。

输精管和精索

精索是索状器官。基部（下端）附着于睾丸和附睾上，顶端达腹股沟管的内口（腹环），穿行于腹股沟管中。精索内含有动脉、静脉、淋巴管、交感神经、睾丸内提肌和输精管。

图1-7 输精管

（四）副性腺

1. 形态结构 犬的副性腺与家畜相比有显著差别，犬只有前列腺和尿道小腺体，没有精囊腺。犬的前列腺非常发达，体积较大，位于尿生殖道起始部背侧、耻骨前缘，为对称的球状体（图1-8），正中后部被均等地划分为两部分球体，质地结实。成年犬前列腺的长度、高度和厚度不固定，以2～5岁，体重11kg左右的中型犬为例，前列腺大小约为1.7cm×2.6cm×0.8cm，总重约14.5g。

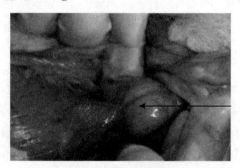

图1-8 犬的前列腺 　　　　　前列腺的结构及功能

2. 机能 前列腺液是精液的组成部分，参与活化和运送精子，同时能吸收精子排出的二氧化碳，有利于精子活动，还能中和阴道中的酸性分泌物。

（五）尿道

为尿液和精液的共同通道，沿盆腔腹壁向后移行，绕过耻骨联合成一锐角弯曲再转向前行，包被于尿道海绵体内，由骨盆部和阴茎部组成。骨盆部由膀胱颈直达坐骨弓，为短而粗的圆柱形，表面覆有尿道肌，前上壁有由海绵体组织构成的隆起，即精阜，精阜在射精时可以膨大，关闭膀胱颈，防止尿液混入精液。

尿道

（六）阴茎

阴茎是雄犬的交配器官，平时隐藏在包皮内，有交配欲望或交配时勃起，勃起后的阴茎伸长、变粗、变硬。犬的阴茎与其他动物的明显差别是阴茎头有骨骼，阴茎体在交配勃起时可反转180°。犬的交配姿势也与其他动物明显不同，交配中的雄犬、雌犬臀部互相接触，阴茎不是在完全勃起的状态下进行交配的。这是由于犬特殊的阴茎结构和血管分布所决定的迟滞勃起。

1. 阴茎的结构　犬的阴茎由阴茎根、阴茎体、龟头和包皮4部分组成（图1-9）。

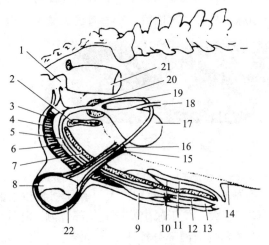

图1-9　犬阴茎侧面图

1. 外肛门括约肌　2. 耻骨联合　3. 阴茎退缩肌　4. 球海绵体肌　5. 尿道　6. 尿道海绵体
7. 阴茎海绵体　8. 附睾　9. 龟头球　10. 包皮脏侧　11. 包皮壁侧　12. 龟头体
13. 阴茎骨　14. 腹膜　15. 腹股沟管　16. 阴囊动脉、静脉　17. 膀胱　18. 输尿管
19. 输精管　20. 前列腺　21. 直肠　22. 阴囊

（中国农业大学，2000. 家畜繁殖学）

阴茎和龟头

（1）阴茎根。为阴茎的起始部，具有左右两阴茎脚，附着在坐骨弓两侧的坐骨结节上。由阴茎脚开始向阴茎体延伸，是阴茎血管和神经的入口。

（2）阴茎体。是阴茎脚的延伸。其他动物阴茎勃起主要靠阴茎体，而犬的阴茎体发育较差，阴茎勃起时不起主导作用。在雌犬交配锁结后，随着雄犬的转身相向，阴茎体则随之弯曲反转180°。阴茎体由海绵体组织和厚的阴茎白膜所构成。

（3）龟头。是阴茎体的延续部分。犬的龟头非常发达，交配时仅是龟头部插入阴道。犬的龟头由龟头球和龟头体两部分构成，龟头体呈圆柱状，游离端为尖端，勃起时的龟头前端明显看出有龟头颈、龟头冠、尿道突起（图1-10）。龟头球是龟头体后方突起的两个圆形膨大部。龟头中心有阴茎骨，呈三棱椎形，前端较细，腹侧有沟，沟内通有尿道海绵体肌，大型成年犬的阴茎骨长达16cm或更长。

（4）包皮。是包裹阴茎的阴囊和腹壁皮肤，具有保护阴茎的作用（调节体温、润滑、防损伤），但有部分未成年的犬包皮口狭窄，其阴茎滑出后被嵌顿在包皮外，时间过长则造成阴茎淤血、坏死等病变。

2. 海绵体　犬阴茎的海绵体包括阴茎海绵体、尿道海绵体和龟头海绵体。由于海绵体

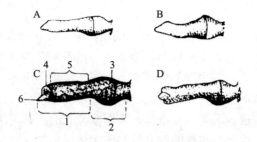

图 1-10 犬阴茎勃起时的形态

A. 非勃起时 B. 勃起第 1 阶段（交配前） C. 勃起第 2 阶段（交配中） D. 勃起消退

1. 龟头体 2. 龟头球 3. 包皮 4. 龟头冠 5. 龟头颈 6. 尿道突起

（中国农业大学，2000. 家畜繁殖学）

外包有一层较厚的致密结缔组织（白膜），白膜深面有无数的小梁深入海绵体中构成支架，小梁内有平滑肌纤维，小梁分支之间形成许多间隙，这些间隙实际上是具有扩张能力的毛细血管窦，在神经调节作用下，小梁内的平滑肌纤维可以舒张，让血液进入毛细血管窦内，使阴茎勃起交配。交配结束后同样在神经调节作用下，平滑肌纤维收缩，促使血液从毛细血管窦内排出，海绵体收缩变小。

（1）阴茎海绵体。由阴茎根到阴茎前端，与阴茎白膜共同构成阴茎海绵体。阴茎海绵体的阴茎脚部分附着在坐骨结节上，为阴茎深动脉和静脉的进出口。前端龟头内部的海绵体钙化成为阴茎骨。犬的阴茎海绵体极不发达。

（2）尿道海绵体。围绕尿道，由骨盆腔到阴茎前端。骨盆腔内海绵体的起始部称为尿道球。尿道海绵体在阴茎前端，较发达，形成龟头，在龟头球部分的海绵体毛细血管窦特别发达。因此，犬交配过程中，雄犬的阴茎勃起、阴茎龟头球膨大，因雌犬阴道的收缩作用而被锁住，形成犬类动物特有的交配锁结现象。

（3）龟头海绵体。是犬阴茎最有特征的部分，此部的海绵体窦比其他的海绵体窦粗很多。

3. 勃起肌 参与阴茎勃起的肌肉。

（1）坐骨海绵体肌。始于坐骨结节，止于阴茎脚外围。勃起时，使阴茎保持一定的方向，同时闭锁阴茎深静脉。

（2）球海绵体肌。始于肛门括约肌，包着尿道球，勃起开始时，可暂时使尿道球潴留的血液通过尿道海绵体送入龟头，同时起着闭锁尿道球静脉的作用。

（3）坐骨尿道肌。始于坐骨结节，在阴茎根附近形成环状肌，止于阴茎背静脉。与别的家畜相比，犬的坐骨尿道肌不发达，在勃起时不能有效地闭锁阴茎背静脉。

（4）阴茎退缩肌。始于肛门括约肌，通过阴茎的腹正中线，终于阴茎体。勃起消退时，能使

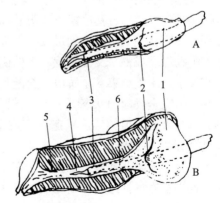

图 1-11 犬阴茎解剖示意

A. 松弛状态 B. 勃起状态

1. 球腺 2. 腺体深层系带 3. 阴茎头部

4. 纤维软骨末端 5. 网眼状鞘 6. 犬阴茎

（叶俊华，2003. 犬繁殖技术大全）

阴茎退缩回包皮内。

4. 血管　是保证阴茎血液循环和阴茎勃起的血液通道，包括动脉与静脉。

（1）动脉。是由阴部动脉分支形成的阴茎动脉。由于阴茎内部的细小动脉与其他部位的动脉相比结构较为特殊，主要是平滑肌纤维丰富，勃起时，受神经调节的作用，血管扩张，让大量的血液输入海绵体血管窦，有助于阴茎的勃起。阴茎动脉在阴茎根附近有以下几个分支：阴茎深动脉，从阴茎根进入阴茎海绵体，为阴茎勃起时阴茎海绵体血液的主要来源；尿道球动脉，由尿道球进入尿道海绵体的细动脉与海绵体的血管窦相连接，是犬阴茎勃起时的主要血液来源通道，在阴茎勃起时起主导作用；阴茎背动脉，通过阴茎背侧，分布于龟头球附近和龟头包皮，与阴茎勃起没有直接关系。

（2）静脉。阴茎静脉最明显的特点是内腔狭窄，为防止血液倒流，静脉瓣非常发达，能承受较高的血压。从阴茎出来的静脉有以下几个分支：阴茎深静脉，来源于阴茎海绵体，是阴茎海绵体排出血液的静脉，汇入阴部静脉；尿道球静脉，发源于尿道球海绵体，并为尿道海绵体排出血液的静脉，汇入内阴部静脉；阴茎背静脉，汇集龟头球海绵体血管窦的血液，穿行于阴茎背侧，由左右两条背静脉在阴茎根附近汇合成一条主干，汇入内阴部静脉，勃起时被坐骨尿道肌有效闭锁，阻止龟头球的血流动而使龟头球膨胀，在龟头勃起时起重要作用；浅龟头静脉，是犬特有的静脉，集龟头体部海绵体血管窦的血液，穿行于包皮汇入外阴部静脉，在交配中可因雌犬阴道收缩而闭锁，对阴茎勃起具有重要作用；深龟头静脉，在龟头的腹侧，使龟头体的血液导入龟头球，对阴茎勃起有一定的作用。

5. 神经分布

（1）阴部神经。来自第3、第4荐神经的腹侧支神经。阴部神经进入骨盆腔，分出膀胱、前列腺、尿道小腺体、直肠支神经后分布于阴茎，到达海绵体内，成为勃起神经，勃起时使动脉血快速流入海绵体血管窦，其腹神经与射精有关。

（2）骨盆神经。分出会阴、直肠支神经后，成为阴茎背神经，经过阴茎背侧，最终成为龟头皮肤感觉神经末梢，这些神经末梢集中于尿道突起及龟头球的皮肤处。

6. 阴茎勃起的机能　犬的阴茎勃起交配的过程（图1-10至图1-12）与其他家畜有明显区别。其他家畜的交配是在阴茎完成勃起达到最硬、最大时才插入，插入后即射精而完成整个交配过程。犬的阴茎勃起分交配前、交配中、交配结束3个阶段，交配是在性兴奋开始时，阴茎未完全勃起的状态下插入，在插入后才达到完全勃起并与雌犬阴道锁结在一起，完成整个交配过程，其射精也分3个阶段。

（1）交配前阴茎勃起。雄犬有交配欲望时，性兴奋开始，性兴奋通过神经传导到阴茎的各种组织中，继而动脉大量供血给海绵体，使之膨胀，动脉血压升高，但静脉不闭锁，虽然动脉压升高，进入海绵体血液增加，阴茎也稍有膨胀，但并没有达到完全勃起。此时，雄犬阴茎抽动，依靠阴茎骨的支撑，插入雌犬的阴道内。

（2）交配中阴茎完全勃起。阴茎插入阴道后，受

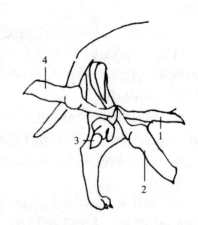

图1-12　犬阴茎交配前后扭转示意

1. 正常状态　2. 交配第1阶段

3. 扭转部　4. 交配第2阶段

（叶俊华，2003. 犬繁育技术大全）

到阴道的刺激，勃起神经更加兴奋，使动脉血快速流入海绵体，海绵体内压增高，阴茎白膜紧张，阴茎勃起肌收缩，雌犬阴道收缩，使阴茎的静脉闭锁，尿道突起和龟头冠逐渐明显，龟头球膨胀，阴茎达到完全勃起，并且雌犬锁结在一起。由于雄犬转身形成相向，阴茎也随之反转180°，但阴茎动脉管和尿道不会因反转180°而闭锁，血液流入和射精照常进行。

（3）交配结束期阴茎勃起消退。雄犬射精后阴茎勃起肌停止收缩，雌犬阴道也停止收缩，阴茎的静脉解除闭锁，龟头球的血液流出，龟头球萎缩，雌犬的锁结解除，阴茎滑出阴道，阴茎恢复自然角度，海绵体血液畅流，阴茎勃起消退。

（七）阴囊

犬的阴囊位于腹股沟部与肛门之间的中央，是由腹壁形成的囊袋，由阴囊皮肤、内膜、睾外提肌、筋膜和总鞘膜构成，有明显的阴囊颈，内藏有睾丸、附睾和部分精索（图1-13）。阴囊具有保护睾丸和调节温度的作用，以保护精子正常生成。当温度下降时，内膜和睾外提肌收缩使睾丸上提，紧贴腹壁，阴囊皮肤紧缩变厚，保持一定温度。当温度升高时，肌肉和阴囊皮肤松弛，使睾丸下降悬于薄壁的阴囊内，以降低睾丸的温度。阴囊腔的温度低于腹腔内的温度，通常为34～36℃。

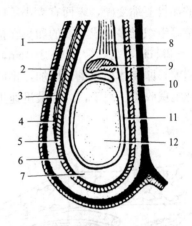

图1-13 阴囊结构模式示意
1. 阴囊皮肤 2. 内膜 3. 精索外筋膜 4. 睾外提肌
5、6. 总鞘膜 7. 鞘膜腔 8. 精索 9. 附睾
10. 阴囊中隔 11. 固有鞘膜 12. 睾丸
（范作良，2001. 家畜解剖）

1. 阴囊皮肤 较薄且富有弹性，表面毛短而细，有一定量的汗腺，阴囊表面正中线处有一条阴囊缝。

2. 内膜 位于皮肤内面，相当于皮下组织，与阴囊皮肤紧贴在一起，不容易剥离，是含有弹性纤维和平滑肌的结缔组织。内膜在阴囊正中形成阴囊中隔，将阴囊分为左右两个不相通的腔。内膜内面还有一层由腹壁延伸而来的筋膜，称为阴囊筋膜，将内膜和总鞘膜疏松相连，容易分离。

3. 睾外提肌 是由腹内斜肌后部延伸出来的纵行肌带，包在总鞘膜的外侧面和后缘。睾外提肌的收缩和舒张，可升降阴囊，改变阴囊（包括睾丸）与腹壁间的距离，起到调节温度的作用，有利于精子发育和存活。

4. 筋膜 较发达，位于内膜深面，由腹壁深筋膜和腹外斜肌腱膜延伸而来，借疏松结缔组织将内膜和总鞘膜以及夹于二者间的提睾肌连接起来。

5. 总鞘膜 是阴囊的最内层，由腹膜壁层延伸而来，其外表还有一层来自腹横筋膜的薄纤维组织。总鞘膜转折覆盖于睾丸和附睾上，称为固有鞘膜，在总鞘膜与固有鞘膜之间形成鞘膜腔，腔内有少量浆液。鞘膜腔的上段变细窄，形成鞘膜管，通过腹股沟管而以鞘膜口或鞘环与腹膜腔相通。如果成年犬鞘膜口还偏大，游离性较大的小肠可能从此口进入阴囊，形成腹股沟疝或阴囊疝，应进行手术整复；否则，严重者会出现肠道腹股沟嵌闭坏死，发生睾丸附睾坏死。

二、雌犬的生殖器官

雌犬的生殖器官包括卵巢、输卵管、子宫、阴道、外生殖器官［包括阴道前庭、外阴部（阴唇、阴蒂）］。另外，乳腺也与生殖功能有密切关系。雌犬的生殖器官示意图见图1-14、图1-15。

（一）卵巢

1. 位置和形态　卵巢（ovary）即雌性生殖腺。雌犬的卵巢较小，成对存在，位于腹腔背部肾后方，第3～4腰椎之间，由腹膜形成的卵巢系膜所固定，两侧卵巢分别包在卵巢囊内。卵巢的大小和形状有个体差异，而同一个体的性周期各阶段及妊娠期也有显著差异。无卵泡和黄体的卵巢一般呈长卵圆形或蚕豆状，稍扁平。青年雌犬的卵巢表面光滑，稍柔软；老龄犬的卵巢萎缩变硬，表面有大小不同的凸起和凹陷，凹陷中有闭锁卵泡和陈旧黄体，整个卵巢结缔组织增多。成年犬的卵巢在接近发情期时，有几个至十几个卵泡发育。卵巢的长度为1.0～2.5cm，宽度为0.8～1.4cm，厚度为0.4～1.8cm，重量为350～2 000mg。

排卵前，卵巢体积和重量增加，排卵时最大，卵泡直径可达4～6mm。排卵后卵巢体积变小，卵泡壁收缩、塌陷，内腔被迅速生长的黄体所填充，形成球形或椭圆形的黄体。

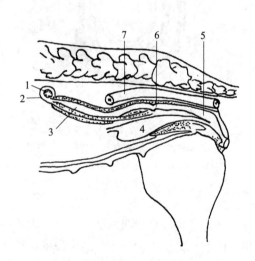

图1-14　雌犬生殖器官示意

1. 卵巢　2. 输卵管　3. 子宫角　4. 膀胱

5. 阴道　6. 子宫颈　7. 直肠

（杨利国，2003. 动物繁殖学）

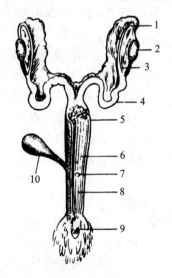

图1-15　雌犬的泌尿生殖器官示意

1. 输卵管　2. 卵巢　3. 卵巢固有韧带　4. 子宫角

5. 子宫颈　6. 阴道　7. 尿道开口　8. 阴道前庭

9. 阴蒂　10. 膀胱

（张忠诚，2004. 家畜繁殖学）

2. 组织结构　卵巢的组织结构可分为被膜、皮质和髓质3部分。

（1）被膜。即生殖上皮和白膜。卵巢的表面被覆单层的生殖上皮，成年犬的生殖上皮为立方形，随年龄的增长而逐渐变扁平。生殖上皮下面是一层致密结缔组织形成的白膜。

（2）皮质。是卵巢的实质部分，由基质、卵泡、闭锁卵泡和黄体、间质腺细胞组成（图1-16）。

①基质。由致密的结缔组织构成，含有大量的网状纤维和少量的弹性纤维。基质内的细胞为梭形，在一定的条件下被激活，具有吞噬能力或转变为间质细胞。

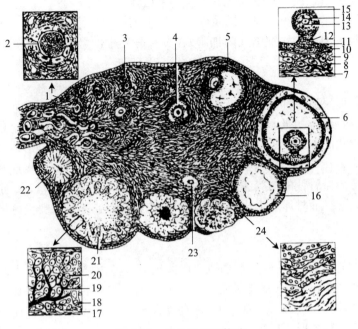

图1-16　卵巢的组织构造

1. 原始卵泡　2. 卵泡细胞　3. 卵母细胞　4. 次级卵泡　5. 生长卵泡　6. 成熟卵泡
7. 卵泡外膜　8. 卵泡膜的血管　9. 卵泡内膜　10. 基膜　11. 颗粒细胞　12. 卵丘
13. 卵细胞　14. 透明带　15. 放射冠　16. 刚排过卵的卵泡内腔　17. 由外膜形成的
黄体细胞　18. 由内膜形成的黄体细胞　19. 血管　20. 由颗粒细胞形成的黄体细胞
21. 黄体　22. 白体　23. 萎缩卵泡　24. 间质细胞

(张忠诚，2004. 家畜繁殖学)

卵巢的结构
及功能

　　②卵泡。皮质内存在着处于不同发育阶段的卵泡，每个卵泡都由居于中央的卵母细胞和外周的卵泡细胞组成。根据发育程度的不同，卵泡分为原始卵泡、初级卵泡、次级卵泡、三级卵泡和成熟卵泡。原始卵泡和初级卵泡多位于皮质的表层，体积较小，卵母细胞的周围分别由单层扁平状和立方形卵泡细胞包裹，无卵泡膜和卵泡腔。次级卵泡位于皮质较深层，卵母细胞被多层立方形卵泡细胞所包裹，体积逐渐增大，此时尚未形成卵泡腔。次级卵泡进一步发育成三级卵泡，卵泡细胞分泌的液体使卵泡细胞之间分离，并与卵母细胞之间间隙增大，形成卵泡腔。随着卵泡液分泌量的逐渐增多，卵母细胞被挤向一边，并被包裹在一团卵泡细胞中，形成突出于卵泡腔中的半岛，称为卵丘。成熟的细胞也称为赫拉夫卵泡，卵泡体积很大，直径可达6mm，靠近卵巢表面，成熟卵泡破裂即发生排卵。

　　③闭锁卵泡。卵巢内的卵泡只有少数发育成熟，而大多数是在发育过程中逐渐退化，形成闭锁卵泡。

　　④黄体。成熟卵泡排卵后，卵泡壁收缩，塌陷卵泡腔充满血液，卵泡壁的间质细胞增生，黄体细胞分裂和增殖旺盛，并充满卵泡内腔，形成球形或椭圆形的黄体。如果雌犬未妊娠，则黄体逐渐退化，此黄体称为周期性黄体；如果雌犬妊娠，则黄体继续维持其大小，黄体能分泌孕酮，以维持妊娠和促进乳腺发育，此黄体称为妊娠黄体。

　　⑤间质腺细胞。由多角形汇集成群的、内含大颗粒的细胞组成，能分泌雌激素和少量孕

酮，雌犬妊娠期还可分泌松弛素，使子宫颈和骨盆连合韧带松弛。

（3）髓质。由弹性纤维和结缔组织构成，髓质内含有许多细小的血管和神经，由卵巢门出入。卵巢门处常有成群较大的上皮样细胞（门细胞），具有分泌雄性激素的功能，妊娠时这种细胞增多。

3. 机能

（1）卵泡发育和排卵。卵巢皮质部表层聚集着许多原始卵泡，原始卵泡由 1 个卵原细胞和周围的单层卵泡细胞组成，经过初级卵泡、次级卵泡、三级卵泡和成熟卵泡阶段，最终排出卵子。不能发育成熟而退化的卵泡，萎缩成为闭锁卵泡。排卵后，在原卵泡处形成黄体。

（2）分泌雌激素和孕酮。在卵泡发育过程中，包围在卵泡细胞外的两层卵巢皮质基质细胞形成卵泡膜。卵泡膜可分为血管性的内膜和纤维性的外膜，内膜可分泌雌激素，一定量的雌激素是导致发情的直接因素。而排卵后形成的黄体，可分泌孕酮，它是维持雌犬妊娠所必需的激素之一。

（二）输卵管

1. 形态位置　输卵管是连接卵巢与子宫角之间的弯曲细管，是由缪勒氏管发生的，被卵巢系膜和输卵管系膜包裹。管长 4～10cm，直径 1～2mm。未成年犬的输卵管一般为直管状，成年犬的输卵管明显弯曲，呈螺旋状。朝向卵巢端的输卵管开口呈漏斗状，称为漏斗部，其边缘有不规则的皱褶，呈伞形，称为输卵管伞。犬的输卵管的特点是输卵管口直接进入卵巢囊，包埋在卵巢囊的脂肪中。输卵管的前段（为全管的 1/3～1/2）较粗且软，称为输卵管壶腹部，是卵子和精子结合形成受精卵的部位。壶腹后段细而硬，称为峡部。输卵管的壶腹部和峡部没有明显的界限，由粗逐渐变细，并与同侧子宫角相连。

2. 组织构造（图 1-17）　输卵管的管壁组织结构从外向内由浆膜、肌层和黏膜组成。浆膜由疏松结缔组织和间皮组织组成。肌层主要由内层的环状或螺旋状肌束和外层纵行肌束组成，中间混有斜行纤维，使整个管壁能协调地收缩。肌层从卵巢端到子宫端逐渐增厚。黏膜中有许多纵行皱褶，皱褶上皮为单层柱状上皮，有纤毛柱状细胞和分泌细胞。纤毛细胞在输卵管的卵巢端，特别是在伞部，较为普遍，越向子宫端越少，这种细胞有一种细长而能颤动的纤毛深入管腔，能向子宫方向摆动。分泌细胞含有特殊的分泌颗粒，其大小和数量在发情的不同时期有很大变化。

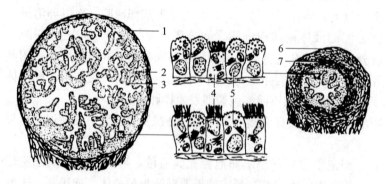

图 1-17　输卵管的横切面

1. 浆膜　2. 初级纵襞　3. 次级纵襞　4. 纤毛细胞　5. 分泌细胞

6. 纵行肌层　7. 环形肌层

输卵管的结构及功能

（张忠诚，2004. 家畜繁殖学）

3. 机能

（1）运送卵子和精子。借助输卵管纤毛的摆动、管壁蠕动和分泌液的流动，使卵巢排出的卵子经过输卵管伞向壶腹部运送，同时将精子反向由峡部向壶腹部运送。

（2）精子获能、卵子受精和受精卵卵裂的场所。精子在受精前必须在输卵管内停留一段时间，以获得受精能力。输卵管壶腹部为卵子受精的部位，受精卵一边卵裂一边向峡部和子宫角运行。宫管连接部对精子进入有筛选作用，并控制精子和受精卵的运行。

（3）分泌机能。输卵管黏膜中的分泌细胞能分泌黏多糖和黏蛋白，是精子和卵子运行的运载工具，也是精子、卵子和受精卵的培养液，其分泌受激素控制，发情时分泌量增多。

（三）子宫

1. 位置和形态 子宫前接输卵管，后接阴道，背侧为直肠，腹侧为膀胱，借助于子宫阔韧带悬于腹腔或骨盆腔。子宫由子宫角、子宫体和子宫颈3部分组成。犬的子宫是呈V形的双角子宫，子宫体很短，子宫角细长（图1-18、图1-19）。子宫的大小依犬的品种、体型大小不同而有明显差异，经产与初产犬也有不同。以中型犬为例，子宫体长2～3cm，子宫角长12～15cm。子宫角腔内径均匀，没有弯曲，近于直线，呈圆筒形。

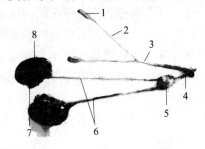

图1-18 雌犬的V形子宫
1. 卵巢 2. 子宫角 3. 子宫体 4. 膀胱颈
5. 膀胱 6. 输尿管 7. 肾上腺 8. 肾

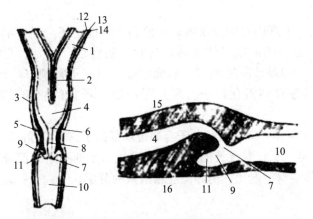

图1-19 犬的子宫断面示意
1. 子宫角 2. 中隔 3. 子宫体 4. 子宫体腔 5. 子宫颈 6. 子宫颈管内口
7. 子宫颈管外口 8. 子宫颈管 9. 子宫颈阴道部 10. 阴道 11. 阴道前部
12. 子宫黏膜 13. 子宫肌层 14. 子宫浆膜 15. 子宫颈背侧壁 16. 子宫颈腹侧壁
（范作良，2001. 家畜解剖）

子宫的结构
及功能

子宫颈是子宫体与后部的阴道相连接的圆筒形部分，此部的环形肌很发达，组织结构由平滑肌与弹性纤维组成。子宫颈壁厚1.0～2.0cm，中央通路是子宫颈管，子宫颈管与子宫体腔相接的部位是子宫内口，开口于阴道的部位是子宫外口。犬的子宫颈短，一般长0.5～1.0cm，界限清晰。发情前期，由于子宫阴道部充血和间质浮肿子宫颈增大，膜层形成很多皱襞，管腔内潴留的黏液有流动性。发情期的子宫颈管弛缓变大，颈口开张，黏膜湿润，可见黏液流出。发情后期，子宫颈管充血和肿胀逐渐减退。间情期，子宫颈管呈收缩状态，颈管紧闭，黏膜表面的黏液干涩。

2. 组织构造　从外向内分别为子宫浆膜、子宫肌层和子宫内膜3层。

（1）子宫浆膜。是一层由疏松结缔组织和间皮组成的坚韧的膜，与子宫阔韧带的浆膜相连。

（2）子宫肌层。子宫肌层是平滑肌，由较厚的内环形肌和较薄的外纵行肌构成，内外肌层处有较多的血管和神经分布。犬子宫的内外肌层比较明显，肌层从子宫角到子宫体逐渐增厚，到子宫颈外环形肌达到最厚，并且变硬。由于子宫角长，外纵行肌也显得相对发达。

（3）子宫内膜。位于子宫的内层，较厚，包括黏膜上皮和固有膜。黏膜上皮为单层柱状上皮，有分泌作用，其上皮细胞游离缘有时有纤毛（暂时性纤毛），黏膜上皮随动物发情周期发生变化。固有膜是含有丰富血管的结缔组织，固有膜浅层含有星形的胚性结缔组织细胞、巨噬细胞、肥大细胞等多种细胞和胶原纤维、网状纤维。固有膜深层含有简单、分支、盘曲的管状腺（子宫腺），子宫腺在子宫角部位较多，在子宫体则逐渐减少，而到子宫颈处更少。子宫腺的分泌物为未附植的早期胚胎提供营养。

3. 机能

（1）储存、筛选和运送精液，有助于精子获能。雌犬发情配种后，子宫颈口开张，有利于精子逆流进入，并可阻止死精子和畸形精子进入。大量的精子储存在复杂的子宫颈隐窝内，进入子宫的精子借助子宫肌的收缩作用运行到输卵管，在子宫内膜分泌液作用下，使精子获能。

（2）附植、妊娠和分娩。子宫内膜的分泌液既可使精子获能，还可提供早期胚胎生长发育的营养。胚泡附植时子宫内膜形成母体胎盘，与胎儿胎盘结合，为胎儿的生长发育创造良好的环境。妊娠时子宫颈黏液高度黏稠，形成栓塞，封闭子宫颈口，起屏障作用，防止子宫感染。分娩前子宫颈栓塞液化，子宫颈扩张，随着子宫的收缩使胎儿和胎膜排出。

（3）分泌前列腺素，溶解黄体，调节发情。子宫通过局部的子宫-卵巢静脉-卵巢动脉循环而调节黄体功能或发情周期。未妊娠雌犬的子宫角在发情周期的一定时期分泌前列腺素（$PGF_{2\alpha}$），使卵巢的周期黄体溶解、退化，诱导促性腺激素的分泌，引起新一轮卵泡发育并导致发情。

（四）阴道

阴道是雌犬的交媾器官，也是胎儿分娩的产道。犬的阴道较长，位于直肠和膀胱之间，前部与子宫颈相接，较细，无明显的穹隆，子宫阴道部前上方呈圆锥状突出于阴道腔0.5～1.0cm，其直径为0.8～1.0cm。后部与阴道前庭相接（图1-20），以不明显的处女膜为分界。犬的阴道因雌犬的品种不同，大小和长度有差异，成年中型犬阴道长度为9～15cm，成年德国牧羊犬的阴道长达18cm。

阴道壁由黏膜、肌层和外膜构成。黏膜有数条纵行皱襞，分为黏膜上皮和固有层。黏膜上皮为复层鳞状扁平上皮，上皮细胞随发情周期的变化而变化；固有层的基底细胞为柱状细胞。黏膜下有血管网，但无腺体。肌层是平滑肌，内侧有一薄层纵行肌，中间层的环形肌较厚，外侧还有一层薄的纵行肌，内纵行肌和环形肌层包围子宫外口部，外环形肌与子宫体的肌层融合，阴道外膜是疏松结缔组织，与相邻器官的结缔组织相连接。

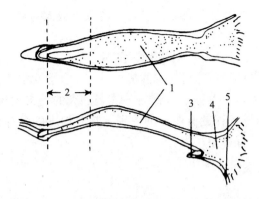

图 1-20　雌犬的生殖道

1. 阴道　2. 子宫颈后褶长度　3. 尿道　4. 前庭　5. 阴蒂窝

（崔泰保，鄢珣，2003. 藏獒的选择与养殖）

阴道的结构
及功能

（五）外生殖器官

犬的外生殖器官包括阴道前庭和外阴部两大部分。

1. 阴道前庭　是阴道与阴门裂的接合部，前部以窄的环状处女膜皱襞与阴道分界，后部与阴唇相连。犬在胎儿期时尿生殖道较发达，有处女膜，但当出生时，处女膜则萎缩或消失，仅留有退化的阴道瓣。尿道外口位于阴道的腹侧壁，开口处隆突称作尿道结节。前庭管壁是由直束肌纤维构成的括约肌，且有两个由弹性纤维组成的球状前庭球，这两个前庭球在背侧结合在一起。阴道前庭的宽度依犬妊娠与否和体型大小不同而有很大差异。一般未妊娠成年犬的阴门裂宽 3.0cm 左右，尿道口到阴门下连合的长度约为 5.0cm，阴道前庭连接部的直径为 1.5～2.0cm。犬只有小前庭腺，隆起于前庭腹壁的黏膜正中部，纵行两列并排开口。前庭黏膜呈红色，较平滑，黏膜表面为扁平上皮细胞。

2. 外阴部　包括阴唇和阴蒂。

（1）阴唇。是构成阴门的两侧壁（图 1-21），其上下端为阴唇的上下角，两阴唇间的开口为阴门裂。两阴唇的上部连合与肛门的距离为 8.0～9.0cm，下部连合的前端稍下垂，呈突起状。阴唇光滑而柔软，富有弹性结缔组织、平滑肌纤维及脂肪组织。在发情期，雌犬阴唇充血、肿大。阴唇的内侧黏膜是由多角形上皮细胞和角质化细胞形成的复层扁平上皮。

（2）阴蒂。是阴唇下连合的前端内侧的圆锥状小突起。由一对阴蒂脚、阴蒂体及阴蒂龟头构成。阴蒂体属于勃起器官，表面被覆厚的白膜。阴蒂的游离部分长约 0.6cm，直径约 0.2cm。

图 1-21　母犬的外阴部

1. 肛门　2. 左阴唇　3. 右阴唇　4. 会阴

（六）乳腺

雌犬的乳腺与生殖活动密切相关。未成熟的雌犬乳腺不发育，触诊不明显，腺体末端为管状，与皮下呈分离状态。雌犬性成熟后，乳腺受卵巢激素的作用而发育，休情期因萎缩而触摸不到。妊娠后，受黄体酮的作用乳腺和乳头发育迅速，分娩前1～2d或分娩开始后，由于激素的作用及仔犬的吸吮或人为挤乳等因素的影响，乳腺分泌出乳汁。

1. 乳房、乳头数量和位置　犬的乳房分布于胸部至下腹部，左、右两侧对称。由前向后依次称作前胸乳房、后胸乳房、前乳房、后腹乳房和腹股沟乳房。其乳房数不固定，常见一侧乳房比另一侧乳房多的不对称现象，不对称率为20％～50％。犬的乳头大致成对排列，一般有4～5对乳头。不同位置的乳腺发育程度有明显的差别，腹股沟乳腺发育最好，泌乳量最多，越往前发育越差，胸部乳腺发育最差。

2. 组织结构　犬的乳腺由发达的疏松结缔组织（乳腺间质细胞）分隔成许多小叶，小叶内有分泌部和导管部两部分。

（1）分泌部。由腺泡构成，腺泡形状不规则，有的呈圆形，有的呈球形。腺上皮为单层上皮，随分泌周期的不同而变化，聚积分泌物时细胞呈高柱状或锥状，分泌物排出后细胞呈矮立方形，在乳腺上皮细胞和基膜之间有肌上皮细胞，呈梭形，乳汁自腺泡内排出。

（2）导管部。乳腺的导管自小叶内导管开始，小叶内导管的上皮为单层立方上皮，也有肌上皮细胞，小叶内导管与多个腺泡相连。小叶内的导管进到间叶结缔组织内，汇入小叶间导管，小叶间导管壁是单层柱状上皮或双层立方上皮。小叶间导管集合成输乳管，最后经乳头管通出。

乳腺的间质组织由富有血管、淋巴管和神经的疏松结缔组织构成，起支持和营养作用。在间质组织内有成纤维细胞、浆细胞及淋巴细胞。间质组织填充在腺泡间形成疏松的支架，在小叶间形成含有大的血管、淋巴管和叶间导管的叶间间隔。

单元二　猫的生殖器官

一、雄猫的生殖器官

雄猫的生殖器官包括睾丸、附睾、输精管、副性腺（前列腺、尿道球腺）、尿道和阴茎（图1-22）。

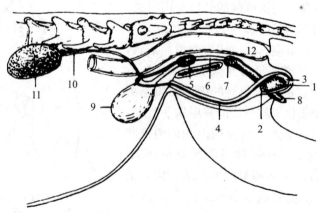

图1-22　雄猫生殖器官示意

1. 睾丸　2. 附睾头　3. 附睾尾　4. 输精管　5. 前列腺　6. 尿道　7. 尿道球腺

8. 阴茎　9. 膀胱　10. 输尿管　11. 肾　12. 直肠

（张忠诚，2004. 家畜繁殖学）

1. 睾丸 雄猫的睾丸位于肛门下侧阴囊内（图1-23），左右各1个。阴囊紧贴身体，其皮肤上有被毛。成年雄猫的睾丸呈椭圆形，大小为14mm×8mm，两睾丸总重4～5g，相当于体重的0.12％～0.16％。睾丸是产生精子的器官。睾丸外边包有浆膜，并由系膜连在腹膜袋的背壁上，其下有一层致密的纤维层，即白膜，睾丸实质内有很多曲精小管，精子由曲精小管的上皮产生。

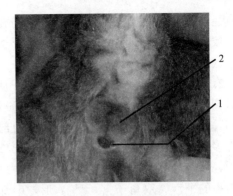

图1-23 雄猫的阴囊和阴茎
1. 阴茎 2. 阴囊

2. 附睾 睾丸的多条曲精小管汇集成输出管，输出管伸出睾丸后盘曲而成附睾。附睾和睾丸一样，外包纤维，并与睾丸白膜的纤维组织相连。

3. 输精管 是由睾丸的附睾尾起，末端开口于尿道的两条细长管道，起到输送精子的作用。

4. 副性腺 猫的副性腺与犬相似，只有前列腺和尿道球腺。前列腺是一个双叶状的结构，大小为5mm×2mm，位于尿道背侧部，与输精管相通。前列腺有许多小管，开口于尿道的开口处，其分泌的液体能吸收精液中的二氧化碳，促进精子的活动。尿道球腺有1对，大小为4mm×3mm，位于前列腺后尿道上，每一个尿道球腺都有一小管开口在阴茎根部的尿道里。

5. 尿道 为尿液和精液的共同通道，沿盆腔腹壁向后移行，包被于尿道海绵体内，由骨盆部和阴茎部组成。雄猫的尿道又长又细，尿道球腺体和阴茎后部这两处相对比较狭窄，因此雄猫易患尿道阻塞等疾病。

6. 阴茎 雄猫的阴茎呈圆柱形，尖端指向后方（图1-23）。阴茎的外面包一层皮肤，伸至其游离端成一褶皱，称作包皮，套着阴茎头。雄猫的阴茎由3部分组成，即2个阴茎海绵体和1个尿道海绵体。阴茎海绵体呈圆柱形，外边有厚而密的纤维组织套，里边是小梁分隔的血窦。阴茎海绵体的附着端互相接近，形成阴茎脚，其内侧互相贴合，到阴茎的末端，被包埋在阴茎头里。在阴茎背侧和腹侧两海绵体之间各有1条凹沟，分别是精液和尿液经过的通道。尿道海绵体是尿道的海绵部分，位于阴茎腹侧凹沟里的阴茎海绵体之间。阴茎远端有一块阴茎骨。

雄猫的阴茎头膨大，且有100～200个角化小乳头，长度为0.75mm，小乳头指向阴茎基部。当雄猫6～7月龄时，这种小乳头发育到最大，对诱发刺激雌猫排卵可能有一定作用。

二、雌猫的生殖器官

雌猫的生殖器官与犬相类似，包括卵巢、输卵管和子宫、阴道、乳腺（图1-24）。另外，猫的子宫颈和阴道前庭有腺体。

1. 卵巢 雌猫的卵巢位于腹腔内肾的后面，第3～4腰椎下，左右各一，呈卵圆形，长6～9mm，宽3～4mm，一对卵巢重约1.2g。卵细胞起源于卵巢的生殖上皮，卵细胞在卵巢中的成熟和排出，是雌猫性成熟的重要生理特征。发情期卵巢上有3～7个卵泡得到发育，卵泡直径可达 2～3mm。卵泡发育过程中分泌雌激素导致雌猫发情，排卵后形成黄体分泌孕酮以维持妊娠。

2. 输卵管和子宫　输卵管是将卵子从卵巢输送到子宫的管道。猫的输卵管长 4～5cm，开口端是膨大的喇叭口，其管壁较薄，内部黏膜有许多隆起。整个输卵管是一个窦，前 2/3 直径较大，后 1/3 很小。

猫的子宫属双角子宫，呈 Y 形，中部为子宫体，长约 4cm，在腹腔直肠的腹侧，直肠和膀胱之间。从子宫体两侧延伸至输卵管的部分即为子宫角，长达 9～10cm。子宫后端伸向阴道，与阴道相通的部分为子宫颈。

输卵管是精子获能、受精、卵裂的重要部位。子宫则是胚胎附植、发育的重要场所。

3. 阴道　子宫颈后端即为阴道。阴道连接着膀胱颈，向后延伸而成尿生殖窦，相当于雄猫的尿道，长约 1cm。尿生殖窦的外口即阴户。尿生殖窦的腹底为阴蒂，成年猫阴蒂的包皮充满了丰富的血管组织，呈红色。

4. 乳腺　乳腺属于生殖器官，能分泌乳汁，在身体腹面的皮下。雌猫的乳腺共有 4 对（图 1-25），在腹中线的两旁，分布于第 4 肋骨到腹部的后端。乳腺的外端为乳头，伸出皮肤以外，上有很多小孔，是乳腺的管口。第 1 对乳头在胸部，另外 3 对在腹部（最末 1 对在耻骨前缘前 2～3cm）。雄猫也有不发育的乳腺和乳头。

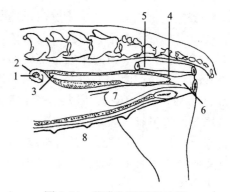

图 1-24　雌猫生殖器官示意

1. 卵巢　2. 输卵管　3. 子宫角
4. 子宫颈　5. 直肠　6. 阴道　7. 膀胱　8. 乳腺
（杨利国，2003. 动物繁殖学）

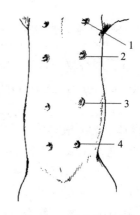

图 1-25　雌猫的乳腺

1. 第 1 对乳腺　2. 第 2 对乳腺
3. 第 3 对乳腺　4. 第 4 对乳腺

🐾 复习思考题

1. 雄犬、雌犬生殖器官由哪些部分组成？
2. 叙述睾丸、附睾的形态、位置及其主要生理功能。
3. 简述雄犬、雄猫副性腺的特点及主要生理功能。
4. 雄犬的阴茎结构有什么特点？
5. 卵巢、输卵管和子宫有哪些主要生理功能？

模块二　生殖激素

单元一　概　　述

激素（hormone）是由动物机体的特殊无腺管分泌细胞合成的、在局部或通过血液循环运送到靶组织或靶细胞发挥其特殊生理作用的一种生物活性物质。动物体的多种繁殖生理活动都与体内多种激素的作用密切相关。其中，一些激素直接参与动物的生殖生理活动，而另一些激素则间接地通过维持机体正常的生理状态来保证正常的繁殖机能。一旦某种激素缺乏或过量，将会导致繁殖功能异常。而生殖激素是指那些对生殖机能（如雌性动物的发情、排卵、胚胎附植、妊娠、分娩等；雄性动物的精子形成、副性腺分泌和性行为等）有直接调控作用的激素。有的来自生殖器官以外的腺体，有的则是生殖器官自身所产生的。了解生殖激素的种类和作用机制，对于宠物的人工授精、发情控制、妊娠控制、分娩控制、胚胎移植、转基因及核移植等都具有重要的科学价值和实践意义。

一、生殖激素的分泌器官

宠物生殖激素的分泌器官主要有下丘脑、垂体、卵巢、睾丸等。现主要介绍以下几种分泌器官：

（一）下丘脑

1. 部位　下丘脑位于间脑的基底部和丘脑的下方，内含许多左右成对的核团，被第3脑室下部均分为两部分，构成第3脑室下部的侧壁和底。其体积约为整个大脑的1/300。下丘脑的界限不很明显，前方为视交叉及终板，后方为乳头体及脑脚间窝，上为大脑前联合及丘脑下沟，丘脑下部向下延伸与体柄相连。丘脑下部主要包括视交叉、乳头体、灰白结节和由灰白结节向下延伸的漏斗部。漏斗部有一膨大处为正中隆突，其远端连接垂体后叶。

2. 下丘脑的组成和神经核　下丘脑的内部组织构造可分为中央的内侧区和外周的外侧区两部分。内侧区主要由神经核团组成，外侧区由前脑内侧束构成支架，其间含有一些被统称为下丘脑外侧核的神经团。

与生殖激素有关的内侧区由前至后又可分为3个区。

（1）前区（视上区）。位于视交叉之上，其前方为视前区，位于大脑前联合及视交叉之间。前区的两个主要神经核，视上核和旁室核的界限比较明显，细胞很大，含数个细胞核，由这两个神经核产生垂体激素，即垂体后叶素。

（2）中区（灰白结节区）。为丘脑下部最宽的部分。

（3）后区（乳头区）。包括乳头体及由上面细胞发出的纤维组成的乳头丘脑束。

3. 下丘脑的神经分泌系统　在下丘脑有一些具有分泌功能的神经细胞，这些细胞兼有神经和腺体的特性。

（1）神经细胞分泌的特点。血液供应丰富，微血管网发达，并与神经细胞的核紧密相连。细胞质中有线粒体及高尔基体，表明这些细胞具有分泌功能。具有合成蛋白质的生物学特征，细胞内有多种酶存在。轴突的末梢与一般的神经纤维不同，不支配任何效应器，而是与另一神经细胞相连接。神经细胞中有分泌颗粒存在，这些颗粒分布于细胞质、轴突一直到轴突末梢与微血管相连之处。

（2）神经的分泌系统。下丘脑的神经核可分为两大分泌系统，即大细胞神经分泌系统和小细胞神经分泌系统。大细胞神经分泌系统主要产生神经垂体激素（垂体后叶激素），其分泌的激素储存于垂体后叶。小细胞神经分泌系统主要分泌多种促垂体激素，即促使垂体前叶分泌激素的各种释放激素和抑制激素。

（二）垂体

垂体位于下丘脑蝶骨内的一个凹陷内，通过狭窄的垂体柄与下丘脑相连，故又称脑下垂体。垂体可分为腺垂体和神经垂体两部分。前者由远侧部、结节部和中间部组成。后者由神经部和漏斗部构成。漏斗部包括漏斗柄、灰节结的正中隆起。远侧部和结节部合称为垂体前叶，神经部和中间部合称为垂体后叶。

1. 垂体的细胞类型　垂体中分泌激素的细胞主要是分布在腺垂体内的腺细胞。腺细胞呈索状或聚集成团，有时彼此连接成索网，网眼内有血窦，血窦周围绕以网状纤维。

腺细胞由于细胞质染色反应不同，可分为着色细胞和嫌色细胞两大类。着色细胞又分为嗜酸性细胞和嗜碱性细胞。垂体所分泌的每一种激素都与固定的细胞类型有关。嗜酸性细胞占细胞总数的40%左右，细胞轮廓清晰，呈圆球形或卵圆形，细胞质中含有特殊的嗜酸性着色颗粒，体积较小。嗜碱性细胞占细胞总数的10%左右，体积较大，形态不规则，细胞质内含有嗜碱性着色颗粒，颗粒大小不一。嫌色细胞是着色细胞的前身，占细胞总数的50%以上，这类细胞无分泌功能。当嫌色细胞产生染色颗粒以后，就转变成着色细胞，在着色细胞释放出着色颗粒后又变为嫌色细胞。根据释放和积累染色颗粒的不断变化，这些细胞有时处于嫌色状态，有时处于着色状态。

2. 垂体分泌激素种类　腺垂体至少分泌 7 种激素，即生长激素（GH）、促乳素（PRL）、促肾上腺皮质激素（ACTH）、促甲状腺素（TSH）、促卵泡激素（FSH）、促黄体素（LH）、促黑细胞激素（MSH）。其中，LH 和 FSH 主要以性腺为靶器官，PRL 与黄体分泌孕酮有关，所以这 3 种激素又称为促性腺激素（GTH）。

（三）卵巢

参见模块一中雌犬的生殖器官。

（四）睾丸

参见模块一中雄犬的生殖器官。

二、生殖激素的种类及来源

由于宠物生殖激素由内分泌腺体（无管腺）产生，故又称为生殖内分泌激素。生殖激素主要根据其来源、分泌器官和化学性质两种方法进行分类。

（一）根据来源、分泌器官分类

1. 脑部生殖激素 由脑部各区神经细胞核团分泌，调节脑内和脑外生殖激素的分泌活动。

2. 性腺激素 由睾丸或卵巢分泌，参与生殖激素分泌的调节，对性细胞的发生、卵泡发育、排卵、受精、妊娠和分娩等生殖活动，以及脑部生殖激素的分泌活动有直接或间接作用。

3. 孕体激素 由胎儿和胎盘等孕体组织细胞产生，对于维持妊娠和启动分娩等有直接作用。

4. 外激素 由外分泌腺体（有管腺）所分泌，主要借助空气传播而作用于靶器官，影响动物的性行为和性机能。

5. 组织激素 所有组织器官均可分泌，对卵泡发育、黄体消退等具有直接作用。

（二）根据化学性质分类

1. 含氮类激素 主要包括蛋白质、多肽、氨基酸衍生物等。分子结构变化很大，肽链由数个到近 200 个氨基酸组成。这类激素最多，垂体分泌的所有生殖激素和脑部分泌的大部分生殖激素，以及胎盘和性腺分泌的部分激素都属于此类。如下丘脑分泌的促垂体调节激素，垂体和胎盘分泌的促性腺激素，以及卵巢分泌的松弛素等，对性腺或乳腺的发育和分泌机能有直接作用。

2. 类固醇激素 其基本结构是以环戊烷多氢菲为共同核心的一类化合物，主要由性腺和肾上腺分泌，如性腺激素中的雌激素、雄激素和孕激素，对动物性行为和生殖激素的分泌有直接或间接作用。

3. 脂肪酸类激素 由部分环化的 20 碳不饱和脂肪酸组成，主要由子宫、前列腺等部位分泌，如前列腺素。表 2-1 简要介绍了宠物体内主要生殖激素的来源、化学特性和生物学作用。

表 2-1 宠物体内主要生殖激素的来源、化学特性和生物学作用

（杨利国，2003. 动物繁殖学）

种类	名称	缩写	主要来源	化学性质	主要生物学作用
脑部生殖激素	促性腺激素释放激素	GnRH	下丘脑	10 肽	促进腺垂体释放 LH 和 FSH
	促乳素释放因子	PRF	下丘脑	多肽	促进垂体释放促乳素
	催产素	OXT	下丘脑	9 肽	促进子宫收缩、乳汁排出，溶解黄体
	促卵泡激素	FSH	腺垂体	糖蛋白	促进卵泡发育、成熟及精子生成
	促黄体素	LH	腺垂体	糖蛋白	促进排卵和黄体生成及雄激素、孕激素分泌
	促乳素	PRL	腺垂体	糖蛋白	促进乳腺发育和乳汁分泌，提高黄体分泌机能，增强母性行为
性腺激素	雌激素	E	卵巢	类固醇	促进发情和第二性征，刺激子宫收缩，对下丘脑和垂体有负反馈调节作用
	雄激素	A	睾丸	类固醇	促进精子发生、第二性征和副性腺发育及性行为发生

（续）

种类	名称	缩写	主要来源	化学性质	主要生物学作用
性腺激素	孕激素	P	卵巢	类固醇	与雌激素协同作用于发情行为，抑制排卵和子宫收缩，维持妊娠
	松弛素	RLX	卵巢、子宫	多肽	促进子宫颈、耻骨联合、骨盆韧带松弛
孕激素	人绒毛膜促性腺激素	HCG	灵长类动物胎盘	糖蛋白	与 LH 作用类似
	孕马血清促性腺激素	PMSG	马属动物尿囊绒毛膜	糖蛋白	与 FSH 作用类似
	早孕因子	EPF	孕体	蛋白质	维持妊娠
其他	前列腺素	PG	子宫及其他组织	脂肪酸	溶解黄体，促进子宫收缩
	外激素	PHE	外分泌腺	脂肪酸	影响性行为和性活动
	生长因子	GF	多种组织细胞	多肽类	调节卵泡发育、排卵和胚胎着床等

三、生殖激素的作用特点

生殖激素在宠物体内的作用过程十分复杂，归纳起来有以下特点。

1. 微量即可产生巨大的生物学效应 生殖激素是一种高效的生物活性物质，少量甚至极少量即可引起巨大的生理变化。在正常生理状况下，动物体内生殖激素含量极低（血液中的含量一般只有 $10^{-12} \sim 10^{-9} \, g/mL$）。例如，动物体内的孕酮水平只要达到 $6 \times 10^{-9} \, g/mL$ 水平，便可维持正常妊娠；$10^{-6} \, g/mL$ 的雌二醇直接作用于阴道或子宫内膜即可使其发生反应。

2. 生理活性丧失 生殖激素在动物机体内由于受分解酶的作用，其生物学活性丧失很快。激素在血液中是不断分解和补充的，始终维持着一个动态平衡过程。通常以"半衰期"来表示激素在血液中存留的时间，所谓半衰期是指生殖激素的生物学活性在体内消失到原来一半时所需要的时间。一些小分子的激素在动物体内由于与特异性蛋白质结合，其半衰期较长，可达数天；而没有与蛋白质结合的一些激素的半衰期较短，只有几分钟。例如，孕酮注射到动物体内的半衰期只有 5min，但其生理作用要在若干小时或若干天才能显示出来。释放激素的半衰期也只有几分钟，雌二醇的半衰期也不过几小时。

3. 特异性和无种间特异性 各种生殖激素都有其特定的靶器官或靶组织，只有与这些器官或组织中的相应受体或感受器结合后才能产生生物学效应。例如，垂体分泌的促性腺激素只作用于性腺。但是，动物生殖激素没有种间特异性，可以在不同动物机体上互相利用。

4. 协同性和拮抗性 动物体内所分泌的各种激素之间是相互联系和相互影响的。协同性是指某种生殖激素在另一种或多种生殖激素的参与下，其生物学活性显著提高。如雌激素能促进子宫的发育，在孕激素的共同作用下效果更加明显，促卵泡激素和促黄体素协同作用能够促使排卵的发生。而拮抗性是指某种生殖激素在另一种或多种生殖激素的参与下，其生物学活性显著减弱或被抑制。如雌激素能促进子宫收缩，孕酮能抑制子宫收缩。激素的协同和拮抗作用还与剂量大小有关，如大剂量的孕酮对雌激素有抗衡作用，而小剂量的孕酮和雌激素有协同促进雌性动物发情的作用；适量的促黄体素释放激素可促使垂体分泌促黄体素引起排卵，而大剂量的促黄体素释放激素对生殖系统有明显的抑制作用。例如，可以使发情周期停止、黄体退化引起妊娠终止等。

5. 产生激素抗体　以激素本身为抗原产生的抗体称为激素抗体。长时间注射蛋白质或多肽类激素会发生反应降低的现象，这是因为体内产生了激素抗体的缘故。但这种抗体并不抑制内源性激素的产生。

6. 处理时期和方法决定效应　同种激素在不同处理时期、不同使用剂量、不同使用方法条件下所起的作用不同。例如，在动物发情排卵后一定时期连续使用孕激素，可诱导发情，但在发情时使用孕激素，则会抑制发情及排卵；在妊娠期使用低剂量的孕激素可维持妊娠，但如果使用大剂量孕激素后突然停止使用，则可终止妊娠，导致流产。

7. 活性决定于分子结构　分子结构的变化将导致生殖激素活性的变化。分子结构相似的生殖激素，一般也具有相似的生物学活性。如己烯雌酚与雌二醇分子结构相似，其生物学活性也相似。相反，分子组成相同而分子结构不一致的激素，其生物学活性也可能不同。如松弛素与胰岛素有相似的分子组成，但由于分子结构（二硫键所处位置）不同，其生物学活性差异很大（图 2-1）。

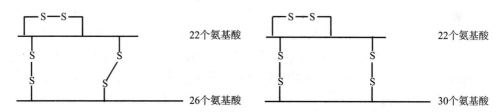

图 2-1　松弛素与胰岛素的分子结构

（杨利国，2003. 动物繁殖学）

四、生殖激素的储存与释放

下丘脑和垂体分泌的激素，分泌后往往储存在腺体内。只有在一定的刺激下，才能释放。释放即激素从腺体细胞释放到细胞外液或血液中的过程。

类固醇激素在腺体细胞中合成后，一般不储存，往往直接释放至细胞外液。蛋白质激素合成后，暂时储存在各自的腺体细胞内，只有需要时才从腺体细胞中释放出来。

生殖激素必须经过以下 4 种转运模式之一进行释放，才能产生生物学效应。

1. 表分泌　通过相邻细胞的缝隙连接而进入细胞外液的转运模式。

2. 神经内分泌　以扩散的形式通过神经元的突触间隙而进入血液循环。

3. 旁分泌　局部激素释放后，通过细胞外液间隙弥散至邻近的靶细胞以传递局部信息的转运模式。

4. 外分泌　主要是指外激素，经空气和水传播或异体接触进行转运。

单元二　脑部激素

一、下丘脑释放/抑制激素

下丘脑的多肽类激素由下丘脑不同类型的神经纤维分泌并释放出来，通过神经末梢进入正中隆起的毛细血管，再由垂体门脉血管进入垂体前叶，刺激或抑制垂体前叶各种激素的释放。目前已经发现的下丘脑激素有 10 种。

二、释放/抑制激素的种类和生理作用

释放/抑制激素在宠物体内主要有促性腺激素释放激素和催产素两大类。现分别介绍如下：

(一) 促性腺激素释放激素（gonadotrophin releasing hormone，GnRH）

1. GnRH 的合成 促性腺激素释放激素由分布在下丘脑内侧视前区、下丘脑前部、弓状核、视交叉上核的神经内分泌小细胞分泌，能够促进腺垂体分泌 LH 和 FSH。

2. GnRH 的化学结构 在哺乳动物中，GnRH 的结构和生物学效应是完全相同的，是由 9 种不同的氨基酸组成的直链式 10 肽（焦谷-组-色-丝-酪-甘-亮-精-脯-甘）。

3. 生物学作用

（1）对垂体的作用。GnRH 与垂体前叶的靶细胞上的特异性受体结合，通过激活腺苷酸环化酶-cAMP-蛋白激酶体系，促进 LH 和 FSH 的合成和释放，但以 LH 的合成和释放为主。

（2）对腺体的作用。GnRH 不但通过受体影响垂体 LH 和 FSH 的分泌，调节性腺功能，而且还可直接作用于性腺。主要表现在对雄性动物有促进精子发生和增强性欲的作用，对雌性动物有诱导发情、排卵，提高配种受胎率的作用。此外，在卵巢和睾丸上有 GnRH 受体，如果长期应用大量 GnRH，GnRH 与这些受体结合，对生殖功能有抑制作用。

4. 临床应用 促性腺激素释放激素分子结构简单，易于合成。目前，人工合成的类似物主要用于治疗生殖机能紊乱和诱发排卵。

(二) 催产素（Oxytocin，OXT）

1. 分泌来源和分子结构 催产素由下丘脑的室旁核合成，与其相应的激素运载蛋白一起被浓缩成分泌颗粒，沿垂体神经束下行到垂体后叶，并储存于其中。当受到刺激后，由垂体后叶将 OXT 连同运载蛋白一起释放出来。另外，黄体也能分泌少量的 OXT。

不同动物种类和来源的催产素的分子结构存在一定差异，但均含有一个二硫键的 9 个氨基酸残基组成的多肽。

2. 生物学作用

（1）对子宫的作用。催产素对子宫平滑肌具有刺激作用。在卵泡成熟期，通过交配或输精可反射性地引起催产素的释放，刺激输卵管平滑肌的收缩，帮助运送精子及卵子。妊娠后期体内雌激素水平升高，使子宫对 OXT 敏感，导致子宫收缩增强，参与分娩的启动，使胎儿及胎膜娩出。产后 OXT 的释放有助于恶露的排出和子宫的复原。

（2）对乳腺的作用。催产素能刺激乳腺导管肌上皮的收缩，排出乳汁，使小导管扩张和收缩，有利于乳汁流入大导管和乳池中蓄积，加速排乳。

（3）溶解黄体作用。催产素可刺激子宫合成和释放 $PGF_{2\alpha}$，引起黄体溶解而诱导发情。

3. 临床应用 主要用于促进分娩，治疗胎衣不下、子宫脱出、子宫出血，促进子宫内容物的排出等。

单元三　垂体促性腺激素

一、促卵泡激素

(一)化学结构

促卵泡激素(follicle stimulating hormone，FSH)是由腺垂体分泌的一种糖蛋白激素，相对分子质量一般在2.5万以上，半衰期是2～4h。其主要成分为氨基己糖、唾液酸、氨和硫等。糖和唾液酸对促卵泡激素的生物学活性和免疫学活性十分重要。FSH有α和β两个亚基，呈共轭结合。不同动物种之间，α亚基变异较大，β亚基变异较小。在两个亚基中，只有β亚基能特异性地与靶器官上的受体结合。

(二)生物学作用

1. 对雌性动物的作用

(1)刺激卵泡的生长发育。促卵泡激素对雌性动物的主要作用是刺激卵泡生长、发育。促卵泡激素能够提高卵泡壁细胞的摄氧量，增加蛋白质的合成量，以及促进卵泡细胞内膜分化、颗粒细胞增生和卵泡液的分泌。

(2)FSH与LH配合使卵泡产生雌激素。内膜细胞在LH的作用下提供19碳底物雄烯二酮/睾酮，这些底物通过基底膜进入颗粒细胞，在FSH的作用下，颗粒细胞的芳香化酶活化，将雄激素转变为雌激素。内膜细胞自身只能产生少量的雌激素。

(3)刺激卵泡成熟、排卵。当FSH与LH在血液中达到一定浓度和一定比例时，可促进排卵，LH的作用是主要的，但FSH的参与是必不可少的。

2. 对雄性动物的作用　促进生精上皮的发育和精子形成。FSH可促进生精小管的增长，促进生精上皮生殖细胞的分裂活动，刺激精原细胞增殖，在雄激素的作用下促进精子形成。

(三)临床应用

1. 提早性成熟　与孕酮配合使用，可使接近性成熟的雌性动物提早发情、配种。

2. 诱导发情　使用FSH可诱导动物在非发情季节发情和排卵，缩短产仔间隔。

3. 超数排卵　应用FSH可使卵泡大量发育和成熟排卵，可以获得大量的卵子和胚胎。

4. 治疗卵巢疾病　FSH对卵巢机能不全或卵巢静止、卵泡发育停滞或交替发育及多卵泡发育均有较好疗效。能诱发卵巢和卵泡发育，促进大卵泡发育而使小卵泡闭锁。可使持久性黄体萎缩，诱发卵泡生长发育。

5. 提高精液品质　应用FSH和LH，可提高精液品质，改善雄性宠物的精子密度和精子活率低的状况。

二、促黄体素

(一)结构特性

促黄体素(luteinizing hormone，LH)又称促间质细胞素(ICSH)或称促黄体生成素，是由腺垂体嗜碱性细胞分泌的一种糖蛋白激素，含有219个氨基酸，相对分子质量一般在3万以上，半衰期为30min。LH分子结构与FSH类似，也是由α和β两个亚基构成，其特异性也取决于β亚基。它对垂体前叶LH的释放具有负反馈调节作用。

（二）生物学作用

1. 对雌性动物的作用

（1）促进雌激素分泌。LH 与 FSH 协同作用，能够促进卵巢血流速度提高，刺激卵泡成熟，使卵泡内膜分泌雌激素。

（2）诱导排卵，促进黄体形成。发情后期，在 FSH 作用基础上，LH 突发性分泌引起成熟卵泡排卵和促进黄体的形成，分泌孕酮。

（3）控制发情与排卵。垂体中 LH 和 FSH 的含量及其相互比例决定雌性动物的发情和排卵。

2. 对雄性动物的作用 LH 刺激睾丸间质细胞合成和分泌睾酮，这对睾丸的发育和精子的最后成熟具有重要作用。

（三）临床应用

1. 诱导排卵 注射 LH 24h 后，就可使排卵延迟的雌犬排卵。在超数排卵过程中，雌犬配种时注射 LH，可促进排卵和提高超数排卵的效果。

2. 防止流产 对于黄体发育不全引起胚胎死亡或习惯性流产的个体，在配种时或配种后使用 LH 可促进黄体发育和孕酮分泌，防止流产。

3. 治疗卵巢疾病 LH 用于治疗排卵迟滞和卵泡囊肿时效果较好，可使雌性动物在下一个周期得以恢复正常。

4. 治疗雄性动物不育症 LH 对雄性动物性欲不强、精子密度低、精液量少均有一定的疗效。

虽然 LH 在临床上应用广泛，但是由于 LH 的来源有限、价格较高，所以临床上常用人绒毛膜促性腺激素或 GnRH 类似物替代。

三、促乳素

（一）结构特性

促乳素（prolactin，PRL）是腺垂体嗜酸性促乳素细胞分泌的一种糖蛋白激素。因动物种类差异，一般由 190～210 个氨基酸组成，相对分子质量为 2 万～5 万，半衰期为 15min。

（二）生物学作用

1. 对乳腺的作用 PRL 的主要作用是促进乳腺发育和乳汁形成。在性成熟前与雌激素协同作用，维持乳腺导管系统发育。在妊娠期，与雌激素、孕酮协同作用，维持乳腺腺泡系统的发育。

2. 对黄体的作用 PRL 可促进黄体分泌类固醇激素，维持已形成的黄体。同时，在黄体停止分泌孕酮时，也可促进衰老黄体分解。

3. 维持睾酮分泌 对于雄性动物，具有维持睾丸分泌睾酮的作用，与雄激素协同作用，刺激副性腺的分泌活动。

（三）临床应用

由于 PRL 来源有限，价格较高，不宜直接应用，通常使用提高或降低 PRL 水平的药物作用于乳腺，诱导泌乳。

单元四　性腺激素

一、雄激素

(一) 分泌来源

雄激素主要由雄性动物的睾丸间质细胞分泌，是一类具有维持雄性第二性征的类固醇激素，在雌性动物主要由孕激素转化而来。睾酮为雄激素的主要形式，它的降解物为雄酮。睾酮的分泌量很少，分泌之后很快即被利用或降解，通过尿液、胆汁或粪便排出体外，所以尿液中存在的雄激素主要为雄酮。

(二) 生物学作用

1. 对雄性动物的作用

(1) 刺激性行为，维持性欲表现。去势后雄性动物没有这些表现，有交配经验的雄性动物去势后其性行为和性欲需要经过一段时间才消失。

(2) 刺激精子的生成和维持精子在睾丸中的存活。雄激素、促卵泡激素及促黄体素共同作用，具有刺激精小管上皮的机能，维持精子的生成。如仅将一侧的睾丸切除，附睾管中精子存活的时间跟原来一样；如将两侧都切除，精子存活的时间则减半，这可能和雄激素能够抑制果糖分解及精子的耗氧有关。

(3) 刺激并维持副性腺和阴茎、包皮、阴囊的生长发育及其机能。雄性外生殖器、尿液、体表及其他组织中外激素的产生也受雄激素的调节。

(4) 促进第二性征的表现。如骨骼粗大、外表健壮、肌肉发达等。

(5) 维持体内激素的平衡状态。雄激素对下丘脑或 (和) 垂体前叶发生负反馈作用，即垂体前叶促黄体素和雄激素之间存在有彼此调节的关系，促黄体素可以促进睾酮的分泌，但在睾酮增加到一定浓度时，则对下丘脑或 (和) 垂体前叶发生负反馈作用，抑制促黄体素释放激素或 (和) 促黄体素的释出，结果睾酮的分泌减少。当睾酮减少到一定程度时，负反馈作用减弱，使促黄体素的释放量增加，间质细胞分泌的雄激素也随之增加。

2. 对雌性动物的作用　雄激素对雌性动物的作用较复杂。主要表现在：

(1) 与雌激素有拮抗作用，抑制雌激素引起的阴道上皮角质化。

(2) 对维持雌性动物的性欲和第二性征发育有一定作用。

(三) 临床应用

人工合成的雄激素类似物主要有甲基睾酮和丙酸睾酮，其生物学效应远超过睾酮。主要用于治疗性欲不强和性机能减退，使用的方法是皮下埋植、皮下注射或肌内注射和口服。

二、雌激素

(一) 分泌来源

雌激素是一类化学结构类似的、分子中含有 18 个碳原子的类固醇激素。主要由卵泡内膜细胞和卵泡颗粒细胞分泌产生。此外，胎盘、睾丸间质细胞也有少量分泌。

(二) 生物学作用

1. 对雌性动物的作用

(1) 刺激卵泡发育。FSH 与 LH 共同刺激卵泡发育，卵泡内膜产生的雌激素开始增多，排卵前产出量最大，它反过来作用于下丘脑或垂体前叶，抑制 FSH 的分泌（负反馈），并在少量孕酮的协同作用下促进 LH 的释放（正反馈），从而导致排卵。

（2）诱导发情。雌激素可以刺激性中枢，使雌性动物产生性欲及性兴奋。这种作用需要在少量孕酮协同下完成。

（3）为交配做准备。发情时，雌激素促使生殖道充血肿胀，黏膜增厚，上皮增厚或增生，子宫管状腺长度增加、分泌物增多，肌肉层肥厚、蠕动增强，子宫颈松软，阴道上皮增生和角化。

（4）为妊娠提供良好环境。子宫先经雌激素作用后，才能为以后接受孕酮的作用做好准备。雌激素刺激乳腺管道系统的生长，与孕酮共同作用并维持乳腺的发育。妊娠期间，胎盘产生的雌激素作用于垂体，使其产生 LH，刺激和维持黄体的机能。

（5）维持第二性征。雌激素可以刺激垂体前叶分泌促乳素，促使第二性征的发育，如骨骼较小、骨盆宽大、脂肪易于蓄积等。

（6）为分娩启动提供必要的条件。妊娠足月时，胎盘雌激素分泌量增多，可使骨盆韧带松弛。当雌激素达到一定浓度，且与孕酮浓度达到适当比例时，可促使催产素对子宫肌层发生作用，为分娩启动提供必要的条件。

2. 对雄性动物的作用　雌激素可促使睾丸萎缩、副性腺退化、雄性胚胎雌性化、抑制雄性第二性征，最终造成不育。

（三）临床应用

配合其他药物用于诱导发情、人工诱导泌乳、治疗胎盘滞留、人工流产等。

三、孕激素

（一）分泌来源

孕激素（progestin）是主要由卵泡内膜细胞、颗粒细胞或睾丸间质细胞及肾上腺皮质细胞分泌的一类含有 21 个碳原子的类固醇激素。动物体内孕激素种类很多，以孕酮的生物活性最高。

（二）生物学作用

1. 对雌性动物的作用

（1）维持妊娠。孕激素能够促进黏膜上皮的增长，维持子宫内膜腺体的分泌。同时可促使子宫颈及阴道上皮分泌黏稠的黏液，并抑制子宫肌的蠕动，从而促进胚胎着床，为胚胎附植及发育创造了有利条件。

（2）与雌激素有协同作用。少量孕激素与雌激素发生协同作用，增强发情表现；生殖道只有在受到雌激素和孕激素共同作用后，才能发育充分；在雌激素刺激乳腺腺管发育的基础上，孕酮刺激乳腺腺泡系统，与雌激素共同刺激和维持乳腺的发育。

（3）与雌激素有拮抗作用。大量孕激素与雌激素共同作用，抑制发情活动。

（4）负反馈抑制作用。孕激素对于下丘脑或垂体前叶具有负反馈作用，能够抑制促卵泡激素及促黄体素的分泌。所以在黄体开始萎缩以前，卵巢中虽有卵泡生长，但不能迅速发育；同时孕激素还能抑制性中枢，使雌性动物不表现发情。

2. 对雄性动物的作用　孕激素对雄性动物生殖活动的作用主要通过生物合成雄激素和雌激素来体现。

（三）合成孕激素及其作用

天然孕激素在体内分泌的量极少，而且口服无效。现已人工合成多种具有口服、注射效能的合成孕激素物质，其效力远远大于孕酮。如甲孕酮（MAP）、甲地孕酮（MA）、氟孕酮（FGA）、氯地孕酮（CAP）、炔诺酮（methylnorethindrone 或 norgesterone）、16 次甲基甲地孕酮（MGA）、甲羟孕酮（MPA）等。

（四）临床应用

孕激素在临床上主要应用于治疗因黄体机能失调而引起的习惯性流产，在非繁殖季节进行诱导发情或同期发情。孕激素用于诱导发情和同期发情时，必须连续使用 7d 以上，然后停止提供孕激素后，即可发情。同时，生产上还可以根据血浆、乳汁和尿液中孕酮水平进行妊娠诊断。可以配合其他生殖激素治疗卵泡囊肿、排卵迟滞、卵巢静止及暗发情等繁殖疾病。

四、松弛素

（一）分泌来源

妊娠黄体是松弛素的主要来源。松弛素存在于颗粒黄素细胞的细胞质中，一旦需要即释放入血。已经发现在整个妊娠期内黄体都有松弛素专一的信使核糖核酸（mRNA）存在。

松弛素是一种多肽类激素，其结构类似胰岛素。松弛素的分泌量一般是随着妊娠期的增长而逐渐增多，分娩后即从血液中消失。松弛素只有在经过雌激素和孕激素的事先作用的情况下，才能显示出较强的功能。

（二）生物学作用

1. 防止未成熟的胎儿流产　松弛素在妊娠期的主要作用是：防止未成熟的胎儿流产。其主要机制是：使耻骨间韧带扩张，抑制子宫肌层的自发性收缩；激活内源性阿片肽（EOP），抑制 OXT 的释放。

2. 有利于分娩　促使骨盆韧带松弛，使骨盆和产道扩张，使子宫颈松软，利于分娩。

3. 促使乳腺发育　在雌激素作用下，促使乳腺发育。

（三）临床应用

临床上主要用于治疗子宫阵痛、预防流产和早产、诱导分娩等。

单元五　胎盘激素

胎盘不仅是孕育胎儿的场所，而且是内分泌器官。胎盘分泌的多种生殖激素，对维持妊娠动物生理平衡起着重要的作用，如雌激素、孕激素、催产素、促乳素、促性腺激素等。在动物繁殖上应用广泛的胎盘促性腺激素有孕马血清促性腺激素和人绒毛膜促性腺激素。

一、孕马血清促性腺激素

（一）分泌来源

孕马血清促性腺激素（pregnant mare's gonadotrophin，PMSG）主要是由马属动物胎盘的尿囊绒毛膜子宫内膜杯细胞产生的，是胚胎的代谢产物。此种杯状组织由胚胎滋养层侵入子宫内膜的细胞形成。妊娠后 36～38d 子宫内膜杯细胞开始出现，在妊娠 60～80d 分泌量达到高峰，可维持到 120d，之后开始逐渐下降。

（二）结构特性

PMSG 是一种含糖量（41%～45%）很高的糖蛋白激素，应用电泳法测得高纯度的 PMSG 的相对分子质量为 53 000。PMSG 因含有大量的唾液酸，故在血液中的半衰期长达 40～120h。与其他糖蛋白激素一样，PMSG 也由 α 和 β 两个亚基组成，α 亚基的分子大小和糖基比例，均与 FSH、LH 和人绒毛膜促性腺激素有一定的相似性，因此也具有 FSH 和 LH 的生理作用。

（三）生物学作用

1. 对雌性动物的作用

（1）促进卵泡发育。由于 PMSG 与 FSH 的生理作用相似，因此有着显著的促进卵泡发育的作用，在动物超数排卵和诱导发情中得到广泛应用。

（2）促进排卵。由于 PMSG 与 LH 的生理作用相似，因此具有一定的促进排卵和黄体形成的功能。

2. 对雄性动物的作用　促使生精细管发育和性细胞分化。

（四）临床应用

PMSG 对于各种动物均能促进卵泡发育，引起正常发情。刺激超数排卵，增加排卵数。治疗卵巢静止、持久黄体等症。同时，由于 PMSG 的来源较广、成本低、作用缓慢，且较 FSH 的半衰期长，因此应用较为广泛。但如果 PMSG 长期残留在体内，易引起卵巢囊肿，不利于胚胎发育和着床。

二、人绒毛膜促性腺激素

（一）分泌来源

人绒毛膜促性腺激素（human chorionic gonadotrophin，HCG）是由灵长类动物妊娠早期的胎盘绒毛膜滋养层细胞产生的，通过血液循环作用于靶器官，最后从母体尿液排出体外。妊娠第 7～11 周 HCG 的含量最高，至妊娠第 21～22 周降至最低。

（二）结构特性

HCG 是一种糖蛋白激素，由 α 和 β 两个亚基通过非共价键结合而成四级结构，相对分子质量为 39 000。其化学结构和特性与 LH 很相似，只是糖键末端的唾液酸和半乳糖的含量比 LH 高些，因此 HCG 和 LH 在靶细胞上有共同的受体结合位点，而且具有相同的生理作用。

（三）生物学作用

由于 HCG 的化学结构和特性与 LH 很相似，所以其生物学作用也与 LH 的相类似。

1. 对雌性动物的作用　促进卵泡成熟、排卵和形成黄体分泌孕酮维持妊娠。维持妊娠时，可以作为胎盘发出的信号，使发情周期黄体过渡成为妊娠黄体分泌孕激素和雌激素，防止黄体功能的衰竭，待胎盘形成后即代替了卵巢的功能以维持妊娠期。HCG 还可能促进胎盘的屏障机能，以保护胎儿不受免疫系统的排斥作用，使妊娠得以维持。

2. 对雄性动物的作用　刺激精子生成、促进睾丸间质细胞发育并分泌雄激素。

（四）临床应用

由于 HCG 具有来源广、生产成本低的特点，所以在生产中作为 LH 的经济替代品。HCG 在动物生产和临床上主要用于促进卵泡成熟和排卵。与 FSH 或 PMSG 配合使用，增强超数排卵和同期发情效果。治疗雌性动物排卵迟滞、不排卵和卵泡囊肿等疾病；治疗雄性动物的睾丸发育不良、阳痿等。

单元六　前列腺素与外激素

一、前列腺素

（一）分泌来源

1934 年，国外多个实验室在人、猴、山羊和绵羊的精液中发现了能兴奋平滑肌和降低血压的生物活性物质，并设想可能来自前列腺，故此命名为前列腺素（prostaglandin，PG）。但后来研究表明，PG 几乎存在于身体各种组织和体液中，生殖系统、呼吸系统、心血管系统等多种组织均可产生。

（二）结构特性

前列腺素为含 20 个碳原子的不饱和脂肪酸，其生物合成是由必需脂肪酸通过前列腺素合成酶的作用经环化和氧化反应在细胞膜内进行的。目前，已知的天然前列腺素分为 3 类 9 型，根据环外双键的数目分为 PG_1、PG_2、PG_3 等 3 类；根据环上取代基和双键位置的不同而分为 A、B、C、D、E、F、G、H、I 等 9 型。其中和动物繁殖关系密切的是 PGF 和 PGE。

（三）生物学作用

1. 对雌性动物的作用

（1）溶解黄体。$PGF_{2\alpha}$ 对黄体有明显的溶解作用，PGE 也具有溶解黄体的作用，但生物学作用较 $PGF_{2\alpha}$ 差。犬只排卵后 24d 的黄体对 PG 敏感。黄体溶解的机理可能是：$PGF_{2\alpha}$ 促进黄体中孕酮的降解或抑制孕酮的合成；直接作用于黄体，使酸性磷酸酶活性增强，改变黄体细胞的通透性，并促使溶酶体释放水解酶，从而破坏黄体细胞；收缩子宫-卵巢血管平滑肌，显著降低子宫卵巢的血流量，从而使合成孕酮所需要的原料供应减少，进而抑制孕酮的合成。

（2）促进排卵。此机制研究尚不清楚。可能是 PG 通过激活卵泡壁降解酶，或通过刺激卵泡外膜组织的平滑肌纤维收缩，增加卵泡内压，导致卵泡破裂和卵子排出。

（3）促进生殖道收缩。PGE_1 和 PGE_2 能使输卵管上端（卵巢端）3/4 松弛，下段 1/4 收缩。$PGF_{1\alpha}$ 和 $PGF_{2\alpha}$ 则能使各段肌肉收缩。这些对于精子和卵子的运行都有一定的作用，因而能够影响受精卵附植。输卵管下段收缩，能够保证卵子在壶腹末端停留时间较长，有利于受精。相反，$PGF_{2\alpha}$ 能够加速卵子由输卵管向子宫移行，使其没有机会受精。PGE_2 和 PGF_2 类可使子宫颈松弛，但 $PGF_{2\alpha}$ 的作用并不稳定。动物分娩过程时，血中 $PGF_{2\alpha}$ 水平升高是触发分娩的重要因素之一。

（4）影响生殖激素的合成与释放。PG 能促进垂体 LH 及 FSH 的分泌与释放，增加催产素的自然分泌量。

2. 对雄性动物的作用　在 LH 的影响下，睾丸也能分泌 PG。PG 对雄性动物生殖的影

响如下：

（1）影响睾酮的生成。用大剂量的 PG 处理，可以降低外周血中睾酮含量。

（2）影响精子生成。给大鼠注射小剂量 $PGF_{2\alpha}$，可使睾丸重量增加，精子数目增多；注射大剂量 PGE 或 PGF，能引起睾丸和副性腺重量降低，造成生精小管生精功能障碍、生精细胞脱落和退行性变化。

（3）影响精子活率。PGE 能提高精子活率，$PGF_{2\alpha}$ 却能降低精子活率。

（四）临床应用

前列腺素主要用于诱导雌性动物发情排卵、同期发情、促进产后子宫复原、控制分娩，以及治疗黄体囊肿、持久黄体、子宫内膜炎、子宫积水和子宫积脓等疾病。此外，还可用于提高雄性动物的繁殖力。

二、外激素

外激素（pheromone）是生物体向环境释放的，在环境中起着传递同种个体间信息，从而引起对方产生特殊反应的一类生物活性物质。

（一）分泌来源和结构特性

一般是由有管腺或外分泌腺合成产生的生物活性物质。外激素种类很多，成分复杂，不同动物产生的外激素结构差异较大。

（二）生物学作用

1. 引诱异性　外激素可以引诱异性接受交配。

2. 刺激求偶行为　性外激素可诱导发生性行为反应，如使雄犬嗅闻雌犬外阴及其分泌物，雌犬向雄犬靠拢。

此外，性外激素对异性和同性的生殖内分泌调节，以及发情、排卵均有一定程度的影响。

单元七　生殖激素对宠物生殖活动的调控作用

下丘脑-垂体-性腺轴在宠物生殖内分泌调节活动中起着重要作用。但是由于雌、雄个体的生殖生理特点不同，以及分泌的生殖激素在生殖过程中所起的作用不同，所以它们的生殖内分泌调节机理也不尽相同。现以犬为例，介绍它们各自的生殖内分泌调控特点。

一、雌犬生殖内分泌调控特点

雌犬生殖生理的主要特点是机体在下丘脑-垂体-卵巢轴调节下，生殖活动表现明显的周期性。

1. 下丘脑、垂体和卵巢在内分泌功能上的相互作用　下丘脑通过释放 GnRH 作用于垂体前叶，引起促性腺激素分泌增加，促性腺激素又作用于卵巢，促进卵巢上的卵泡生长发育或黄体形成，并分泌相应的激素。同时，卵巢所产生的激素又能通过反馈机理作用于丘脑下部和垂体，控制其内分泌保持在合适的状态。实验证明，卵巢激素对丘脑下部和垂体的反馈作用决定于其剂量、时间及机体的状态。若在早期卵泡时用雌激素处理，可抑制 GnRH 的分泌，降低垂体对 GnRH 的敏感性，结果使 FSH 分泌量减少（负反馈）；而在卵泡期应用雌激素处理，则可诱导 LH 大量分泌（正反馈），形成 LH 排卵前峰。正是下丘脑、垂体和卵巢分泌的激素相互促进或相互制约，才使机体内的生殖内分泌保持动态平衡，并使雌犬出现周期性生殖活动。

2. 发情周期的内分泌调控　雌犬发情周期的调控是下丘脑-垂体-卵巢轴所分泌的激素相互作用的结果（图 2-2）。在发情周期的黄体期晚期，子宫内膜分泌的 $PGF_{2\alpha}$ 使黄体退化，孕酮分泌减少，此时孕酮和雌激素均处于低水平，对下丘脑和垂体的负反馈作用减弱。同时，下丘脑 GnRH 分泌量逐渐增加，刺激垂体分泌 FSH 和 LH。初始阶段主要是 FSH 分泌量增多，血浆 FSH 水平升高，作用于卵巢，刺激卵泡生长发育，并分泌雌激素。当血液中雌激素达到一定水平时，一方面刺激性中枢神经引起发情；另一方面通过正、负反馈分别作用于下丘脑，使 GnRH 分泌脉冲发生改变，在抑制垂体 FSH 分泌的同时又促进 LH 的分泌。在卵泡发育成熟时，高水平的雌激素诱导 LH 突发性释放，形成排卵前峰，诱导排卵。排卵后，雌激素和促性腺激素水平降低，雌犬发情也随之停止。随着黄体的形成和孕酮分泌量增多，抑制 GnRH 和促性腺激素的分泌，雌犬进入黄体期状态。在未妊娠状态下，功能黄体持续一段时间。待功能黄体在子宫分泌的 $PGF_{2\alpha}$ 作用下发生退化，又开始下一个发情周期。

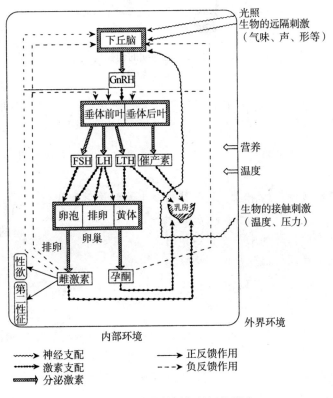

图 2-2　雌犬发情周期的调控模式

（杨利国，2003. 动物繁殖学）

二、雄犬生殖内分泌调控特点

雄犬生殖活动的周期不如雌犬明显。可能是雄犬下丘脑的周期中枢因受雄激素抑制而处于不活动状态，只有紧张中枢维持雄性生殖激素的分泌。与雌犬相似，雄犬的生殖活动受下丘脑-垂体-睾丸轴调控（图 2-3）。

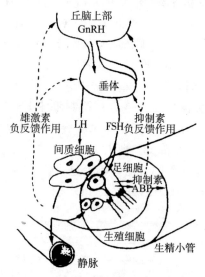

图 2-3　雄犬发情周期的调控模式

（杨利国，2003. 动物繁殖学）

复习思考题

1. 生殖激素的分类方法有哪几种？根据来源、分泌器官可分为哪几种？
2. 生殖激素的作用特点是什么？
3. 促性腺激素释放激素的来源、化学结构和生物学作用是什么？
4. 简述 FSH 的生物学作用及临床应用。
5. 简述前列腺素的来源和主要生物学作用。
6. 简述宠物发情周期的内分泌调控特点。

模块三　犬的繁殖

单元一　雄犬的生殖生理

一、性成熟及性行为

（一）性成熟

出生后的雄犬生长发育到一定时期时，开始表现性行为，并具有第二性征。其生殖器官及生殖机能已经基本发育成熟，能够产生成熟的生殖细胞（精子），一旦在此期间交配就可能使发情雌犬受孕。这个时期通常称为雄犬的性成熟。

雄犬的性成熟时间受品种、气候、地区、温度及饲养管理条件的影响，即使是同一品种，甚至同窝的雄犬，在性成熟期上也存在着个体差异。一般来讲，小型犬性成熟较早，大型犬性成熟较晚；管理水平较高、营养状况好的雄犬性成熟较早。小型雄犬出生后 8～12 月龄，大型雄犬出生后 18～24 月龄达到性成熟。一般来说，雄犬在 9 月龄以后才能达到性成熟。通常情况下，雄犬性成熟稍晚于雌犬。性成熟后，雄犬可以交配并使发情的雌犬受孕产仔，但还不宜投入配种繁殖，因为此时的雄犬尚未达到体成熟。体成熟是指雄犬具有成年犬的固有体况，体内各器官功能生长发育基本完成的时期。体成熟一般在性成熟之后，目前国内外犬业界公认的雄犬的适宜配种年龄为 18～24 月龄，具体视品种和个体发育情况而定。

（二）性行为

雄犬的性行为是在性激素的作用下，通过嗅觉、视觉、听觉的感觉神经接受刺激，对雌犬产生性反射，其中嗅觉起主要作用。雄犬的性行为不受季节和时间的限制，而雌犬则只在发情期才产生性兴奋。雄犬在达到性成熟以后随时可产生性欲，最能引起雄犬性欲的刺激因素是发情雌犬尿液的气味。发情雌犬尿液中含有能引起雄犬性欲的物质——甲基（对）羟苯甲酸，它在尿中的含量比阴道分泌物中的多。把这种化学物质涂抹到非发情雌犬的外阴部即能引起雄犬的性兴奋。雄犬可通过气味寻找雌犬，对雌犬表现一些求爱行为。

雄犬的性行为表现为对雌犬的性兴奋和交配两个方面。雄犬的爬跨行为是雄犬的基本性行为方式。5 周龄的小雄犬就出现爬跨动作。据报道，最早表现爬跨行为的雄犬在 22 日龄，雌犬在 27 日龄；最早表现嗅闻生殖器行为的雄犬在 34 日龄，雌犬在 41 日龄。16 周龄，41% 的雄犬和 23% 的雌犬表现爬跨行为，63% 的雄犬和 55% 的雌犬表现嗅闻生殖器行为。但这时并不是真正的性行为，只是犬的一种游戏行为，是对成年性行为的一种模仿。

与许多其他哺乳动物一样，雄犬的爬跨行为可作为一种优势信号。群养时，犬群中地位较高的雄犬才能爬跨，如果地位较低者敢越轨，很可能会引起争斗。年轻雄犬在没有优势个体的压制时，性成熟稍提前。雄犬在与雌犬隔绝的环境中饲养，长大以后可能表现出不正常的爬跨行为，甚至不会爬跨雌犬。

（三）影响性行为的因素

影响雄犬性行为的因素很多，概括起来有以下几个方面。

1. 遗传因素 不同品种乃至不同个体之间，犬的性行为都有很大差异，这些差异表现在个体间交配行为的强度、频率、精力、体力以及性兴奋高峰期持续时间长短等方面。这是由个体的基因构成，以及作用于该个体的环境因素决定的。雄犬性行为表现变化很大，也很灵活，不同个体的性欲水平高低不同，有的雄犬对雌犬特别感兴趣，有的则不感兴趣。

2. 环境因素 季节和气候对雌、雄犬都有影响。炎热的季节，精子生成量减少，精液品质下降，性欲降低，受胎率也明显降低。

把陌生雌、雄犬放在一起使其熟悉，比起让它们仓促相遇更容易解除交配时的焦虑。没有性经验的年轻雄犬在初次交配时，如果遇到的是凶暴的雌犬，可能会产生性抑制，进而影响以后交配的积极性。

犬在选择配偶方面是有偏好的。据观察，经常在一起嬉戏、追逐的雌、雄犬，发情时很少频繁地相互接触。相反，非发情期很少共同嬉戏的雌、雄犬，在发情时都较频繁地相互接触，这可能是由于新异刺激的缘故。

雄犬交配过程中易受外界环境的影响。如果雄犬与雌犬相距很远，应把雌犬运往雄犬处，以免陌生的环境影响雄犬的性欲；害怕主人的雄犬交配时，如果主人站在旁边，会使雄犬的性欲受抑制；但有的雄犬则喜欢主人在旁边。

有些雄犬有时不受某些雌犬的欢迎，即使发情也不接受该雄犬的交配。有时即使是优秀的雄犬，也可能不被雌犬接受。至今，雌犬挑选雄犬的原因尚不清楚，可能雄犬的性情和其求爱方式会影响雌犬对它的接受程度。这种行为在东非猎犬和拉布拉多犬表现得特别明显。

3. 性经验 有的雄犬在与雌犬交配前有挑逗游戏等求偶行为，有的则没有，但都不影响交配的结果。

有的雄犬用鼻子嗅闻雌犬的外阴部或舔舐耳朵。嗅闻雌犬时间的长短，与雄犬过去的经验、雌犬所处的发情阶段和双方的性欲水平都有关系。雄犬愿意爬跨站立不动的雌犬。

性经验对雌、雄犬的行为都有明显的影响。从小将犬从群体中隔离出来饲养，对性行为的发生有影响。被隔离的雌犬有的表现为不能正常交配，有的则缩短性欲高潮所持续时间；被隔离的雄犬性行为缺陷主要表现在对雌犬的空间定位能力上，最初与雌犬交配时往往慌张、犹豫或不经勃起就急于爬跨。隔离不仅影响犬的性行为，而且使犬缺乏更多的感觉信息。在正常群体生活中，这种信息参与犬性行为的调节过程。

4. 性抑制 性抑制是由于内、外因素造成的性反应缺陷。除前几种因素能引起性抑制外，通常多因错误或粗暴的管理手段所致。如交配和采精时的恐惧、痛感、干扰及过分的刺激等，这些因素对于容易建立条件反射的犬来说，影响特别明显。

5. 配种前的性刺激 性刺激对配种有利。配种前雄犬与雌犬的逗玩和几次爬跨，能激发雄犬的性行为。这种配种前的性刺激还有助于提高精液质量和精液数量，能引起间质细胞刺激素（ICSH）的分泌，提高血液中雄激素的浓度。

6. 疾病与性行为异常 有的雄犬会发生性行为反常，可能是由于器质性疾病造成雄犬阴茎不能勃起或丧失性欲，或者由于关节炎以及后躯外伤造成的疼痛所致。雄犬在幼年时与同类的接触很少，也会影响其交配行为。

二、精子与精液

（一）精子的发生

精子的发生是指精子在睾丸内形成的全过程。睾丸产生精子的能力取决于遗传因素，并受垂体促性腺激素和其他因素的控制，这些因素有的间接通过垂体作用，有的直接作用于睾丸组织。睾丸的生精小管是精子生成的部位，其上皮主要由生精细胞和营养（支持）细胞组成。一般犬在出生时生精小管还没有管腔，只有性原细胞和未分化细胞，它们在胎儿期就已形成，精子的发生始于性原细胞变成精原细胞，以牧羊犬为例，在 5～6 月龄时，未分化细胞变成支持细胞，它虽不直接参与精子的发生，但对精细胞起着营养和支持作用。

精子的发生过程

由精原细胞变成精子，需经过复杂的分裂和形成过程，大致可分为以下 4 个阶段：

1. 第 1 阶段 精原细胞的分裂和初级精母细胞的形成。精原细胞可分 3 类：①A 型精原细胞。由它分裂为 A_1～A_4 型细胞。②中间型精原细胞。由 A_4 型精原细胞分裂而成，核内富含染色质。③B 型精原细胞。由中间型精原细胞分裂产生，最后由 B 型精原细胞分裂产生初级精母细胞。B 型精原细胞经过 4 次分裂，先后成为 16 个初级精母细胞，这时生精小管内才出现管腔，此阶段大约需 14d。

2. 第 2 阶段 初级精母细胞的第 1 次减数分裂和次级精母细胞的形成。由初级精母细胞进行第 1 次减数分裂，形成 2 个次级精母细胞，其中的染色体数目减半。这个阶段经过的时间较长，大约需要 21d。

3. 第 3 阶段 初级精母细胞的第 2 次减数分裂和精子细胞的生成。由次级精母细胞再分裂形成 2 个精子细胞，然后移近生精小管管腔，附着在支持细胞尖端上。这个阶段经过的时间很短，需要 0.5d。

4. 第 4 阶段 精子细胞的变形和精子的形成。这时的精子细胞已不再分裂，并从支持细胞获得发育所必需的营养物质，经过形态改变过程，使圆形的精子细胞逐渐形成蝌蚪状的精子，并脱离生精小管上皮的支持细胞，游离于生精小管管腔内，这个过程称为精子形成，约需要 10.5d。

精子发生过程中，在生精小管任何一个断面上都存在着精子发生系列中不同类型的生精细胞，这些细胞群中的细胞类型是不断变化的、周期性的。从理论上讲，1 个 A 型精原细胞能够形成 64 个精子，整个过程在犬类大约需要 46d。

（二）精子的形态

犬的精子由头部、颈部和尾部 3 部分构成，呈蝌蚪状，总长度约为 60 μm。头部呈卵圆形，长约 7 μm，宽约 4 μm，厚约 1 μm；颈部长度约为 10 μm；尾部长度约为 44 μm。头部中间有核，由遗传物质脱氧核糖核酸（DNA）与蛋白质结合组成。颈部短，为供能部分。尾部最长，是精子的运动器官。精子的运动主要依靠尾部的鞭索状波动，而使精子朝某一方向移动。正常精子的尾是直的，边缘整齐。在睾丸内，刚形成的精子经常成群附集在生精小管的支持细胞游离端，尾部朝向管腔，精子成熟后脱离支持细胞进入管腔。

（三）精子的运动

运动能力是有生命力精子的重要特征之一。精子运动的动力是靠尾部

精子的运动方式

弯曲时出现自尾前端或中段向后传递的横波，压缩精子周围的液体使精子向前泳动。犬精子本身在静止液体中的游动速度为 $45\mu m/s$，其运动方式主要有直线前进运动、圆圈运动、原地摆动 3 种形式。其中，只有直线前进运动为精子的正常运动方式。

（四）精子的代谢

精子是特殊的单细胞，只能进行分解代谢，利用精清或自身的某些能源物质，而不能合成新的物质。精子的分解代谢主要有两种形式，即糖酵解和精子的呼吸作用。精子的糖酵解，是指在有氧或无氧的条件下，精子均可以把精清（或稀释液）中的果糖（或其他糖类）分解成乳酸释放能量的过程。精子的呼吸作用，是精子在有氧的条件下，可将果糖分解成为二氧化碳和水，产生比糖酵解更多的能量。在人工授精实践中，常用隔绝空气等措施来抑制精子的呼吸或降低其代谢强度，减少能量消耗以延长精子的存活时间来保存精液。

（五）精液的组成

精液由精清和精子组成。正常情况下呈白色或淡黄色，混浊而黏稠，有特殊的腥味，pH 平均为 6.4（5.8～7.0），渗透压与血浆相近。

精清是副性腺的分泌物。犬的副性腺包括壶腹腺、前列腺和尿道小腺体等，分泌物中含有蛋白酶、磷脂化合物、各种无机盐类和大量水分。其生理功能是为精子活动提供适宜的理化环境和营养，增加精液容量，以保证正常精子的受精能力和防止精液倒流。

雄犬射精时副性腺的分泌有一定顺序，这对保证受精有重要作用。首先是尿道小腺体开始分泌，其分泌物起冲洗和润滑尿道的作用；然后附睾排出精子，前列腺液开始分泌，它是一种稀薄的蛋白样液体，含有一些酶类，呈弱酸性，有特殊的腥味，能提高精子在雌犬生殖道内的活动能力；最后是壶腹腺分泌，分泌物在雌犬的生殖道内很快成胶冻状，起栓塞作用，防止精液从阴道外流，以保证足够的精子数量和精子在雌犬生殖道的停留时间，给受精过程的完成提供必要的条件。

（六）精液的特性

1. 精液量 指雄犬自生殖器官中射出的精液总量。它受品种、个体、年龄、营养状况、性准备、采精方法、技术水平、采精频率等多种因素的影响。一般雄犬的射精量约为 10mL，一般为 5～80mL。

2. 精液的颜色 因精子的密度不同，其颜色也不相同，由灰白色到乳白色。浓度越高，颜色越深；浓度越低，颜色越淡。精液颜色若呈黄色、绿色、淡红色或红褐色，则为不正常现象。色泽异常表明生殖器官有疾病，应立即停止配种并进行诊断治疗。

3. 精液密度 精液密度又称精液浓度，是指每毫升精液中所含精子的数目。犬每毫升精液中精子数平均为 1.25 亿个（0.4 亿～5.4 亿个）。

4. 精液的其他理化特性 精液的 pH 平均为 6.4（5.8～7.0），它与副性腺分泌有关。第 1 部分精液的 pH 居中，第 2 部分精液的 pH 最低，第 3 部分精液的 pH 最高。另外，采精方法不同，pH 也不同。

精液的相对密度为 1.011，冰点下降度为 0.58～0.60℃，电导性为（129～138）$\times 10^{-4}\Omega$。

（七）外界因素对精子的影响

很多因素能影响精子而使精液发生变化，特别是在体外或射精后，其生活环境发生变化，很多因素能直接影响精子的代谢和生活力。

1. 温度的影响 温度是影响精子的主要外界因素，不同的环境温度对精子有着不同影响，一些是有利的，一些是有害的。因此，在实际工作中常利用温度对精子的影响来保存精液。在体温状态下，精子的运动和代谢正常。

（1）高温。在高温环境下，精子的代谢增强，能量消耗增加，运动加快，使精子在短时间内死亡。精子能忍受的最高温度约为45℃。

（2）低温。在低温下，精子的代谢和运动能力下降，当温度降至10℃以下时，精子的代谢非常微弱，几乎处于休眠状态。新鲜精液从体温状态缓慢降到10℃以下，精子逐渐停止运动，待升温后恢复正常活力。如果精液的温度从体温状态急剧降到10℃以下，精子会不可逆地失去活力，这种现象称为"冷休克"。出现冷休克的原因是精子的细胞膜遭到破坏，使三磷酸腺苷、细胞色素、钾等从细胞膜渗出，渗透压增大，精子不能存活。将稀释的精液放在25℃条件下，由于低温能抑制精子的运动，减少精子的能量消耗，因此可以相对延长精子的存活时间。如用消毒的乳液做等量稀释，在4℃的温度下保存120h，其精子活率仍为50%，并能使雌犬妊娠。

（3）超低温。现在生产中常用液氮作冷源保存精液。经过稀释、降温、平衡等处理后的精液，在-196℃（液氮）条件下，精子代谢和活动完全停止，可长期保存，解冻后，精液中的精子仍具有活力，通过人工授精可使雌犬妊娠。在精液冷冻中要防止冰晶出现，-60～0℃的环境对精子存活不利，其中-25～-15℃为最危险区域，需加甘油等保护剂才能成功保存。

2. pH的影响 雄犬精液的正常pH为6.4（5.8～7.0）。有研究表明，精子易在弱酸性环境中生存，在精液中精子能进行糖酵解产生乳酸，使精液的pH下降，从而减弱精子的代谢活动，对精子存活有利；在弱碱性环境中，精子代谢和运动加快，能量消耗较快，不利于精子存活。但pH过高或过低均容易导致精子死亡。

3. 光和辐射的影响 日光中含有紫外线和红外线。红外线能使精液升温，精子代谢增强。紫外线对精子的影响取决于其强度，强烈的紫外线照射能使精子活率下降甚至死亡。荧光灯能发射紫外线，对精子有不利影响。因此，在处理精液时，应避免阳光直射，减少光的辐射，盛装精液的玻璃容器最好用棕色瓶，以阻隔光的影响。

4. 渗透压的影响 精子在等渗透压环境中才能正常代谢和存活。在高渗透压环境下，精子会失水皱缩，原生质变干，内部结构发生变化而死亡；在低渗透压环境下，精子吸水膨胀而死亡。精子对渗透压有逐渐适应的能力，但这种适应能力是有限度的。相对而言，低渗透压危害更大。

5. 化学药品的影响 凡消毒药、具有挥发性异味的药物对精子均有危害。在精液处理过程中，常加入一些化学药品，如抗生素、甘油等，使用时也要注意用量。

6. 稀释的影响 精液经一定倍数的稀释后有利于增强活力，精子的代谢和耗氧量增加。但高倍稀释后，精子膜发生变化，细胞的通透性增大，精子内各种成分渗出，而精子外的离子又向内入侵，影响精子代谢和生存，这就是所说的稀释打击。

单元二 雌犬的生殖生理

一、性机能的发育阶段

1. 初情期 初情期是指雌犬初次出现发情或排卵现象的时期。这时雌犬虽具有发情征状，其生殖器官仍在继续生长发育，发情和发情周期是不正常和不完全的，有时发情的外部表现较明显，但卵泡并不一定能发育成熟至排卵；有时卵泡虽然能发育成熟，但外部表现不明显，假发情和间断发情比例高。初情期是性成熟的初级阶段，经过一段时间才能达到性成熟。初情期受丘脑下部、垂体和性腺的有关生理机制控制，外界因素通过这些器官对初情期产生影响。雌犬初情期一般在 8～10 月龄，但是因品种、气候、营养等因素的影响而略有差异。一般来说，大型犬品种的初情期比小型犬品种晚；生活在高温地区的犬，其初情期要早；营养水平高的犬初情期比营养水平低的犬早。

2. 性成熟　雌犬生长发育到一定时期，开始表现性行为，具有第二性征，生殖器官及生殖机能已达到成熟，开始出现正常的发情和排卵，具备了繁殖后代的能力，此时称为雌犬的性成熟。性成熟后，雌犬具有正常的发情周期以及完善的生殖内分泌调节能力。但此时雌犬身体的正常发育还未完成，故一般不宜配种。过早配种妊娠，一方面，妨碍雌犬自身的生长发育；另一方面，也将影响胎儿的发育，导致母体本身和后代生长发育不良。雌犬出生后达到性成熟的年龄，因犬的品种、地理气候条件、饲养管理状况、营养水平及个体情况不同而有所差异。通常情况下，小型犬性成熟早，在出生后 8～12 月龄，大型犬性成熟较晚，在出生后 12～18 月龄。

3. 初配适龄　雌犬生长发育到一定阶段，适宜于进行繁殖的时期，通常称为初配适龄。犬性成熟后，虽然已经具备了配种繁殖的生理机能，但不适合立即配种繁殖，因为此时的幼犬还处在生长发育比较迅速的阶段，假若过早让幼犬进行交配繁殖，常会严重地阻碍其身体发育，甚至影响其终身的繁殖力，导致后代数量少、体型小、体质弱，甚至死胎增多。一般来说，犬的初配适龄因品种和个体发育不同而不同，一般在第 2～3 次发情时初配，即 18 月龄左右。

4. 繁殖季节　繁殖季节也称"性季节"，野犬由于受自然条件的影响，其性活动表现出明显的季节性，在对其有利的季节繁殖产仔，能获得较多的猎物哺育后代。但家犬由于长期和人类生活在一起，生活条件得到极大的改善，相对比较稳定，已基本上无季节性。大量统计资料表明，繁殖季节没有地区差异，不同品种的犬繁殖季节也不固定，一年中的繁殖时期均衡分布，纬度和光照时间对犬的发情影响不大。一般认为，单独饲养的犬在正常情况下，每年发情 2 次，上半年略多一些。群养的犬发情无明显季节性。经过调查表明，从 9 月到翌年 2 月的秋冬季节发情数比年内的平均值稍低一点，春夏期间则略有增加趋势。这主要是秋冬季节雌犬的休情期拖延所致。

过去国外曾经有一种说法，认为雌犬的发情有同步趋向，即一只雌犬发情能引起其他雌犬也发情。但后来有人经过 5 年时间对 400 只比格犬雌犬进行观察，并没证实有这种现象。

5. 繁殖能力停止期　繁殖能力停止期指雌犬基本停止受孕和产仔活动的时期。雌犬的繁殖能力有一定的年限，雌犬繁殖能力停止期到来的迟早，受品种、个体、地理气候、营养状况、管理水平等因素的影响。据统计，雌犬在 5 岁后，其受胎率和窝产仔数都低于同品种的平均数；当雌犬年龄超过 8 岁时，受胎率、窝产仔数显著下降，随着年龄的继续增长，绝大部分雌犬停止排卵。有些雌犬虽然停止排卵，但仍有性行为和发情征状。有些雌犬在 6 岁左右就不能繁殖了，个别犬在 10 岁时还能受孕产仔。通常情况下，雌犬繁殖能力停止期大约为 9 岁。

二、发情周期

发情是指雌犬发育到一定年龄时所表现的一种周期性的性活动现象，它包括3个方面的生理变化：雌犬的行为变化，如兴奋不安、敏感、排尿频繁、食欲减退、爬跨其他犬等；雌犬卵巢上的变化，如卵泡的发育及排卵等变化；雌犬的生殖道变化，如外阴肿胀、阴道壁增厚、排出血样分泌物等。上述生理变化的差异程度，因发情期的阶段不同而有所差异。

雌犬的发情活动有周期性，但不规则，大多为每年的春季（3—5月）和秋季（9—11月）各发情1次。从上一次发情开始到下一次发情开始的间隔时间称为发情周期。雌犬发情周期一般为6个月。根据雌犬的发情征状和行为反应的特点，可将发情周期分为发情前期、发情期、发情后期和休情期。

（一）发情前期

发情前期是发情周期的第1个阶段。从雌犬阴道排出血样分泌物起至开始愿意接受交配时为止。这一时期的主要生理特征是：外生殖器开始肿胀，触诊外阴部发硬、弹性差，阴道黏膜充血，排出血样分泌物，随着时间的推进，其分泌物逐渐变淡。阴道黏液涂片检查可见大量红细胞、角质化的上皮细胞、有核上皮细胞和少量白细胞。此期的雌犬变得兴奋不安、注意力不集中、服从性差，接近并挑逗雄犬，甚至爬跨雄犬，但不接受交配，饮水量增加，排尿频繁。发情前期的持续时间通常是5～15d，平均为9d。年龄较大的犬开始表现不太明显，要注意观察，不要错过交配日期，有条件的可利用输精管结扎的雄犬（试情犬）来试情。

（二）发情期

发情期是指雌犬接受交配的时期。它紧接在发情前期之后，两期之间是一种自然过渡，并没有严格的界限。此时的雌犬外阴部肿胀达到最大，触诊外阴部柔软而有弹性，并开始消退，内壁发亮，分泌物增多，颜色变成淡黄色。阴道黏液涂片检查可见很多角化的上皮细胞、红细胞，无白细胞。排卵时，白细胞消失是其特征变化。排卵后，白细胞占据阴道壁，同时出现退化的上皮细胞。雌犬表现较强的交配欲望，兴奋异常，敏感性增强，易激动，轻拍尾根部，尾巴偏向一侧，阴唇变软而有节律地收缩，喜欢挑逗雄犬，雄犬接近时站立不动，愿意接受雄犬的交配。发情期的持续时间为7～12d，平均为9d。

雌犬在此期排卵，卵巢上成熟卵泡破裂，释放卵子。当卵巢上的卵泡成熟时，由于卵泡液的不断增加，从而使卵泡突出卵巢表面，突出部分的卵泡膜变薄，同时颗粒层细胞变性，卵泡液浸入卵丘细胞之间，使卵丘与颗粒层逐渐分离。排卵前，卵泡膜的外膜分离，内膜则通过裂口而突出，形成一个乳头状的小突起，也称排卵点。它在卵巢的表面膨胀而变薄，膨胀的排卵点很快破裂，流出一些卵泡液，片刻之后，卵子移出裂口，裂口逐渐变长，接着大量卵泡液把卵子冲出，卵子被输卵管伞接纳，由输卵管伞内的纤毛将卵子移到输卵管中。排出的卵子尚未成熟，处于初级卵母细胞阶段，必须在输卵管中经过3～5d的减数分裂，放出第1极体而变为次级卵母细胞，才能获得受精能力。卵泡的发育在排卵前11d左右开始，到排卵前2～3d迅速生长成熟，在发情期的第1～3天内排卵，此时为交配的最佳时期。

犬是自发性持续排卵，虽然可以持续1～4d排出卵子，但大约80%的卵子在开始排卵后48h内排出。通常情况下，排卵的快慢受犬的年龄影响，年轻的雌犬比年老的雌犬排卵稍慢。卵子在输卵管中一般可存活4～8d，保持受精能力的时间可维持到排卵后108h。雌犬排出成熟卵子的大小与卵子排出后的时间有关。据报道，排卵后 1d 的卵子直径为 $280\mu m$，排卵后 2～4d 的卵子直径为 $228\mu m$，排卵后 5～9d 的卵子直径为 $188～200\mu m$。

（三）发情后期

发情后期是雌犬发情后的恢复阶段。以雌犬开始拒绝雄犬交配为标志，由于雌犬血液中雌激素的含量逐渐下降，雌犬性欲开始减退，卵巢中形成黄体。大约在 6 周时黄体开始退化。发情后期的雌犬无论是否妊娠，子宫黏膜都在孕酮的作用下增生，子宫壁增厚，尤其是子宫腺囊泡状增生非常显著，为胚胎的附植（也称着床）做准备。阴道黏液涂片检查可见有很多白细胞（开始的前 10d 数量增加，然后逐渐减少，20d 后已不存在）、非角化的上皮细胞及少量角化的上皮细胞。如雌犬已妊娠，则进入妊娠期，若未妊娠，则进入休情期。

（四）休情期

休情期也称为乏情期或间情期，是发情后期结束到下一次发情前期的阶段。犬与其他一些动物不同，它是单次发情动物，这个时期不是性周期的一个环节，是非繁殖期，此期中雌犬除了卵巢中一些卵泡生长和闭锁外，其整个生殖系统都是静止的。无阴道分泌物，阴道黏液涂片检查可见上皮细胞是非角质化的，直到发情前期止，上皮细胞才变为角质化。在发情前期数周，雌犬通常会呈现出某些明显症状，如喜欢与雄犬接近、食欲下降、换毛等。在发情前期之前的数日，大多数雌犬会变得无精打采、态度冷漠。偶见初配雌犬会拒食，外阴肿胀。休情期的持续时间为 90～140d，平均为 125d（图 3-1）。

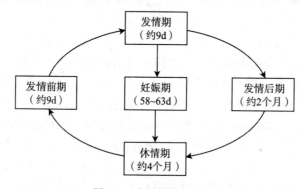

图 3-1　犬性周期模式图

（五）发情鉴定

发情鉴定是指用各种方法鉴定雌犬的发情情况。通过发情鉴定，可以判断雌犬发情是否正常，以便发现问题，及时处理；通过发情鉴定，可以判断雌犬的发情阶段，以便确定合适的交配时机，从而达到提高受胎率和产仔数的目的。

母犬的发情鉴定

雌犬发情时，既有外部特征，又有内部变化。因此，在发情鉴定时，既要注意观察外部表现，又要掌握本质变化，必须联系诸多因素综合分析，才能做出准确的判断。常用的发情鉴定方法主要有：外部观察法、试情法、阴道检查法、电测法等几种。

1. 外部观察法　通过观察雌犬的外部特征、行为表现以及阴道排出物，来确定雌犬的发情阶段。在发情前数周，雌犬即可表现出一些征状，如食欲状况和外观都有所变化，愿意接近雄犬，并自然地厌恶与其他雌犬做伴。在发情前数日，大多数雌犬变得无精打采、态度冷漠，偶见初配雌犬出现拒食现象，甚至出现惊厥。发情前期的特征是：外生殖器官肿胀，从阴门排出血样分泌物，并持续 2～4d，当排出物增多时，阴门及阴道前庭均变大、肿胀。雌犬变得兴奋不安、饮水量增加、排尿频繁，其目的是为了吸引雄犬，但拒绝交配。

从发情前期开始算起，大多数雌犬在 9～11d 接受雄犬交配而进入发情期。随后分泌物大量减少，颜色由红色变为淡红色或淡黄色。触摸尾根部时，尾巴翘起，偏于一侧，站立不动，接受交配。某些雌犬具有选择雄犬的倾向。发情期过后，外阴部逐步收缩复原，偶尔见到少量黑褐色分泌物，雌犬变得安静、驯服、乖巧。

2. 试情法 是以雌犬是否愿意接受雄犬交配来鉴定发情阶段的一种方法。一般情况下，处于发情期的雌犬，见到雄犬后会立即表现出愿意接受交配的行为，尾偏向一侧，故意暴露外阴，并出现有节律的收缩，站立不动等。最好采用输精管结扎的雄犬试情。

3. 阴道检查法 通过对阴道黏液涂片的细胞组织进行分析，来确定雌犬发情阶段。发情前期，阴道黏液涂片检查可见很多角化的上皮细胞、红细胞，少量白细胞和有核上皮细胞。发情期，阴道黏液涂片检查可见角化的上皮细胞，较多红细胞，而没有白细胞。排卵后，白细胞占据阴道壁，同时出现退化的上皮细胞。发情后期，阴道黏液涂片检查可见很多白细胞、非角化的上皮细胞，以及少量角化的上皮细胞。休情期，阴道黏液涂片检查可见上皮细胞是非角质化的，但到发情前期止，上皮细胞才变为角质化。

发情鉴定之阴道
检查法

4. 电测法 即应用电阻表测定雌犬阴道黏液的电阻值，以便确定最合适的交配时间。发情周期中，电阻变化太大。发情前期的最后 1d 变化为 495～1 216Ω，而在此之前为 250～700Ω。在发情期也有不同变化，特别是在发情期开始时，有些雌犬阴道黏液的电阻值下降，而有些雌犬与发情前期相比则上升。但所有的雌犬，发情后期部分时间内电阻值下降。

三、发情控制

犬的发情控制是指根据生产需要，结合雌犬的发情机制，采用科学的处理方法，调控雌犬卵巢机能，人为地改变犬的发情状况的一项繁殖技术。它包括诱导发情、超数排卵和同期发情等。

（一）诱导发情

诱导发情是指用人工方法引起雌犬发情的一种繁殖技术。即利用外源性激素或活性物质对犬进行处理，并配合环境的改变，诱导处于乏情期（或间情期）的适龄雌犬发情和排卵，其目的在于有效地控制雌犬的生殖节律。犬的诱导发情常用的方法有 3 种。

1. 促卵泡激素与促黄体素法 促卵泡激素是促使原始生殖细胞生长发育的促性腺激素类激素，能促进雌犬卵巢中卵泡的生长发育直至成熟。促黄体素除了与促卵泡激素共同促使卵泡成熟并促进雌激素分泌外，更主要的作用是使成熟卵泡的卵泡壁破裂，发生排卵并促使黄体分泌孕酮。科学地使用外源促卵泡激素及促黄体素，能提高血液中这两种激素的浓度，可用于诱导雌犬发情并促进排卵。

2. 孕马血清促性腺激素与人绒毛膜促性腺激素法 孕马血清促性腺激素与两种垂体促性腺激素（FSH 和 LH）有相似的生物活性。它既能促进卵泡发育成熟，又能促使成熟卵泡排卵，并形成黄体，但以促卵泡激素作用为主。而人绒毛膜促性腺激素主要是促进成熟卵泡排卵并形成黄体。实践证明，孕马血清促性腺激素与人绒毛膜促性腺激素联合使用可成功地诱导雌犬发情并排卵，但使用的剂量及方法不同，所取得的效果也不一样。用孕马血清促性腺激素诱导发情的雌犬，孕激素浓度的升高开始于注射后的第5天，而正常发情雌犬孕激素浓度的升高则发生在排卵后，这说明孕马血清促性腺激素可在排卵前刺激孕激素的分泌。有学者认为，单纯注射孕马血清促性腺激素只能引起雌犬表现发情行为，很少引起排卵，而人绒毛膜促性腺激素对发情后的排卵有着重要作用，排卵常发生于注射人绒毛膜促性腺激素后27～30h，使用人绒毛膜促性腺激素的发情雌犬的排卵数明显增加，最多可达46个。因此，只要应用方法得当，孕马血清促性腺激素和人绒毛膜促性腺激素合用是诱导间情期雌犬发情较为有效的方法。

3. 促性腺激素释放激素法　促性腺激素释放激素是由下丘脑神经内分泌细胞分泌的一种10肽化合物。现已发现，在垂体促性腺激素分泌细胞浆膜上存在分子质量约10万u的促性腺激素释放激素受体，促性腺激素释放激素与受体结合后，可使受体蛋白活化，刺激细胞核内特异基因转录，从而合成促黄体素和促卵泡激素。生理剂量的促性腺激素释放激素可刺激垂体释放并分泌促黄体素和促卵泡激素，但连续或大剂量应用促性腺激素释放激素则可使浆膜上的促性腺激素释放激素受体发生脱敏作用，从而降低对促性腺激素释放激素的反应性，抑制促卵泡激素及促黄体素的释放。因而必须按一定程序和剂量使用促性腺激素释放激素，才能成功地诱导雌犬发情和排卵。

（二）超数排卵

超数排卵是指在雌犬发情周期内，按照一定的剂量和程序，注射外源性激素或活性物质，使卵巢比自然状态下排出更多的卵子。其目的是在优良种犬的有效繁殖年限内，尽可能多的获得其后代，用于不断扩大核心种犬群数量。雌犬对施行超数排卵的反应，因品种、体况、体重、年龄、所处发情周期的阶段、产后时间间隔和营养水平及使用激素的效能、剂量、使用程序不同而有所不同。

（三）同期发情

同期发情是指对雌犬的发情周期及时间进行同期化处理，又称"同步发情"。一般利用某些激素制剂和环境刺激，人为地控制并调整雌犬群发情周期的过程，使之在某一预定的时间内集中发情。该技术有利于提高犬的繁殖率，批量提供统一年龄的受训犬，提高冷冻精液的利用率，以及为胚胎移植提供批量受体等。目前，同期发情技术有两种：①给一群待处理的雌犬同时使用孕激素，抑制卵巢中卵泡的生长发育和雌犬发情，经过一段时间同时停药，随之引起同期发情。②利用性质完全不同的另一种激素（前列腺素）促使黄体溶解，中断黄体期，降低孕酮水平，从而促进垂体促性腺激素（FSH和LH）的释放引起发情。若采用上述两种途径仍不能引起同期发情，则可使用促性腺激素释放激素。

四、性行为

（一）雌犬的性行为

雌犬发情时，多数雌犬在前期表现不安、易兴奋、不服从命令、饮水量增加、食欲减少、频频排尿。有的初产雌犬出现进食减少或不食的现象，甚至少数雌犬在发情前期出现痉挛或强直，有的则兴奋或震颤。雌犬主动接近雄犬，注视并挑逗雄犬。雌犬对雄犬有求爱行为，但不接受交配。

进入发情期后，雌犬接受雄犬交配。雌犬呈交配姿势，尾巴向背后高高卷曲或向一侧歪斜。初产犬在允许交配前，经常反复呈交配姿势。有些经产雌犬没有挑逗行为，直接接受雄犬交配。有些品种的雌犬有选择雄犬的行为，这可能与雄犬的性欲或其求爱方式有关。有的雌犬虽然呈交配姿势，但其子宫、阴道、阴唇等因肿胀、敏感而不允许雄犬交配。在发情雌犬中，经常可以看到雌犬爬跨其他雄犬，并有交配动作。当雌犬拒绝雄犬交配时，则发情期结束，进入发情后期后，各种发情征候逐渐减弱消失。

（二）影响性行为的因素

影响性行为的因素很多，概括起来主要有以下几方面。

1. 遗传因素 不同品种乃至不同个体由于遗传因素的不同使其在性行为上有一定的差异。休情期的长短是影响两次发情间隔的决定因素。小型品种的休情期较短（如可卡犬约 4 个月），大型品种的休情期较长（如大丹犬长达 8 个月）。

2. 外界环境 环境的改变对某些犬的性行为有一定影响。雌犬交配时，最好有专用的配种室，条件不允许时，可选择一个空旷安静的场所。将雄犬引入雌犬舍或将雌犬引入雄犬舍，应视各自的性欲水平和等级优势而定，一般将强者引入弱者犬舍，有利于配种。当然，让雌、雄犬相处一段时间，也可以慢慢适应。

3. 营养因素 有多种营养物质是直接影响生殖机能的。其中，维生素 E 被称作生育酚。此外，还有几种必需氨基酸和脂肪酸及微量元素对繁殖性能有重要影响。营养物质不足不利于雌犬发情，肥胖并不代表营养物质充足和完善；相反，肥胖不利于繁殖，但不一定影响发情。

4. 性经验 性经验对雌、雄犬的性行为都有明显影响。从出生就将雌犬离开群体饲养，有碍于性行为的出现。被隔离的雌犬有的表现不能正常交配，有的发情持续时间缩短。

单元三 犬的交配

一、交配过程

（一）交配适期

犬的交配适期是排卵前 1.5d 到排卵后 4.5d 之间，受胎的概率较大。一般的经验，发情出血后第 9～11 天首次交配，间隔 1～3d 再次交配。发情鉴定准确，仅交配 1 次也基本能保证受胎，并可减轻种雄犬的疲劳。

（二）交配方式

目前，采用自然交配和人工辅助交配两种方法。无论采用哪种方法，雌、雄犬必须是经过选定的，并由专人负责，做好交配记录。

自然交配是指雌、雄犬交配是在没有人为帮助下进行的，就是把雄犬与雌犬牵入交配场地让其自然交配，一般较顺利（图 3-2）。

有些情况下需要人工辅助交配，人工辅助交配是指雌犬虽已到交配期，但由于交配时慌乱、蹦跳并扑咬雄犬，或雄犬缺乏"性经验"，或雌、雄犬体型大小悬殊等原因而不能完成

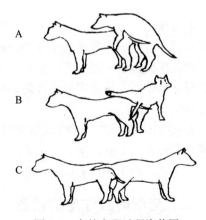

图 3-2 犬的交配过程姿势图
A. 交配初期爬跨 B. 射精结束 C. 锁结

交配时，有关人员可辅助雄犬将其阴茎插入雌犬阴道，或抓紧雌犬脖圈，协助固定，托住腹部，使其保持站立姿势，迫使雌犬接受交配。交配场所应选在固定场地，以免受陌生环境影响而增加交配的困难。交配前应让雌、雄犬彼此熟悉和调情。有些雌犬极不配合，甚至撕咬雄犬，此时应将雌犬用口笼套住，一人用皮带牵着，另一人抱着它并用手托着其后臀，不要让雌犬坐下或左右摆动身体；如果雄犬过高，就拿一块适当高度的木板放在雌犬脚下垫起来，让雄犬交配；有的雌犬因有选择雄犬的倾向而拒绝交配，此时可以换一只雄犬。往往调换雄犬后，交配即可顺利进行。若雌犬性情较温驯，还可让雌、雄犬同居一段时间，培养感情，以达到顺利交配的目的。一般通过观察雌犬阴户外翻程度来判断是否配上，交配后阴户外翻明显，则已配上；若阴户自然闭合则未配上。

（三）交配过程

对雄犬来说，大体上经过勃起、交配、射精、锁结、交配结束等过程。

1. 勃起　雄犬经发情雌犬刺激以后，阴茎勃起，但由于犬的解剖生理的特点与其他动物有明显不同，其阴茎勃起机制也不同。阴茎在插入雌犬的阴道前，海绵体窦呈充血状态，阴茎的静脉尚未闭锁，只是动脉血液流入多于静脉流出。因此，阴茎呈不完全勃起状态。犬的阴茎有阴茎骨，是靠阴茎骨支持而使阴茎呈半举起状态插入阴道的。阴茎插入阴道后，由于雌犬阴唇肌肉的收缩而使阴茎静脉闭锁。阴茎动脉血液仍继续流入，使阴茎龟头体变粗，龟头球膨胀。此时，阴茎才完全勃起。

2. 交配　雄犬爬跨到雌犬背上，两前肢抱住雌犬，此时的雌犬站立不动，脊柱下凹，使会阴部抬高，便于阴茎插入阴道。雄犬的腹部肌肉，特别是腹直肌突然收缩，后躯来回推动，而将阴茎插入雌犬的阴道内。

3. 射精　雄犬的射精过程可分为3个阶段：第1阶段是当雄犬阴茎刚插入阴道时，就开始射精，这时的精液呈清水样液体，没有精子；第2阶段是经过几次抽搐动作后，再加上阴道节律性收缩，阴茎充分勃起，而将含有大量精子的乳白色精液射入子宫内，射精过程在很短的时间内即可结束；第3阶段射精是在锁结时发生的，此时的精液为不含精子的前列腺分泌物。

4. 锁结　犬是多次射精动物，当完成第2阶段射精（含有精子的部分）以后，还有第3阶段射精，这时的阴茎尚处于完全勃起状态，阴道括约肌仍在收缩。因此，雄犬从雌犬背上爬下时，生殖器官不能分离而呈臀部触合姿势，此状态称为锁结，也称闭塞、连锁或连裆。在这种相持阶段，雄犬完成第3阶段的射精。锁结阶段一般持续5～30min，个别的也有长达2h的。

5. 交配结束　第3阶段射精完毕后，雄犬性欲降低，雌犬阴道的节律性收缩也减弱，阴茎勃起停止而变软，由阴道中抽出，缩入包皮内。雌、雄犬分开后，各躺在一边舔着自己的外生殖器，雄犬不再表现出对雌犬的兴趣。

二、交配时应注意的问题

1. 雌、雄犬最适合繁殖的年龄　雌、雄犬初配年龄以体成熟为基准。雌犬约1.5岁、雄犬约2岁为宜。应防止未成年犬过早配种繁殖，影响其种用价值。超过8岁的雄犬已进入老年期，一般不再作为种用。

2. 雄犬的交配频率　由于种雄犬交配时体能消耗大，所以种雄犬要有良好的体质，旺盛的性欲。一只雄犬在一年中的交配次数不能超过 40 次。雄犬的精液排空试验表明，需要 24h 以后才能产生新的精子。因此，必须注意控制犬的配种次数，2 次交配至少要间隔 24h 以上。否则，不利于雌犬受孕。

3. 交配时间和地点选择　雌、雄犬清晨时精神状态良好，此时交配最佳。要选择安静的地方，使雌、雄犬在不受外界不良刺激和影响的情况下自然交配，必要时可人工辅助。雌、雄犬相距较远时，应将雌犬运送到雄犬处交配，以雄犬因长途运输的颠簸而影响其配种效果。

4. 注意事项　对缺乏性经验的初配雄犬，可令其观摩其他雄犬交配，或令其与经产雌犬交配以激发其正常的性行为。发情明显的经产雌犬性兴奋强烈，可引诱初配雄犬进行交配。雌犬性反射不强导致自然交配困难时，辅助人员可抓紧雌犬脖圈，托住其腹部，使其保持交配姿势，并辅助雄犬将阴茎插入雌犬阴道，迫使雌犬接受交配。对咬雄犬或咬人的雌犬应戴上口笼。交配中要防止雌犬蹲坐挫伤雄犬阴茎。因犬的交配特殊，锁结状态持续时间较长，不能强行使它们分开，应等交配完毕后自行解脱。采食后 2h 内不要交配，以免雄犬发生反射性呕吐。在交配前，先让雄犬与雌犬接触几次，这样可使雄犬有强烈的性欲。交配完毕后，最好用短皮带牵雌犬，不准其坐下。此外，雌犬不宜年产两窝；否则会造成雌犬消瘦、多病、不孕。如果一味地追求产仔数量，即使妊娠，对胎儿发育也是有害的。对于达到体成熟的雌犬，也不要发情即配种，而应有计划地合理安排配种。

单元四　犬的人工授精

人工授精就是用人工的方法获取雄犬的精液，经过检查、处理、保存，再输入发情雌犬的生殖道内，使其受孕的方法。开展犬的人工授精，对于充分发挥优秀种犬的作用、提高繁殖潜力有重要意义。

一、犬人工授精、冷冻精液的研究现状及应用价值

（一）犬人工授精、冷冻精液的研究现状

在动物中，犬的人工授精开展得最早。1780 年，意大利生理学家 Spallanzani 首次用犬进行人工授精试验取得成功。1959 年，Seager 首次报道了犬的冷冻精液人工授精获得成功。之后，又相继建立了有关精液品质、冷冻精液及人工授精的一系列参数。1976 年，武石昌敬等也曾报道犬的冷冻精液人工授精成功。

美国养犬俱乐部（AKC）早在 20 世纪 70 年代即投入了大量资金用于冷冻精液和人工授精的研究，并详细制订了冷冻精液生产及人工授精各主要环节的操作规程；同时规定，从 1981 年起，只有经过 AKC 审验合格的配种站才能提供犬的冷冻精液。

我国在这方面的研究起步较晚，目前尚处于试验研究阶段。1985 年，潘寿文等对德国牧羊犬的冷冻精液和人工授精进行了研究，输精 9 只雌犬，2 只妊娠，受胎率为 22%，平均窝产仔 2 只；1988 年，洪振银用冷冻精液为 9 只雌犬输精，受胎产仔结果同上；1991 年，王力波等对德国牧羊犬的冷冻精液的研究也获成功，输精 5 只，4 只妊娠，平均窝产仔 7 只；1993 年，安铁洙等对比格犬的精液进行冷冻获得成功，冷冻后精子活率达 0.4 以上；1994 年，刘海军等对德国牧羊犬精液进行冷冻研究，结论为在最优条件下，解冻后的精子

活率为 0.47，复苏率为 52.2%，存活时间为 8.23h，存活指数为 1.08，顶体完整率为 43%；1995 年，张居农等对犬精液稀释液进行筛选并对犬的人工授精技术进行研究，结果表明，一次发情 3 次处理的初产、第 2 胎、第 3 胎德国牧羊犬的受胎率和产仔数分别为 100%、6.5 只，100%、6.0 只，100%、7 只，不同品种雌犬的产仔数和受胎率不同。

（二）人工授精及冷冻精液的应用价值

1. 提高优秀种雄犬的利用率　自然交配时，一只雄犬每次只能与一只雌犬交配，每天最多只能交配 1~2 次。采用人工授精技术，一次采出的精液经过稀释处理后，可供给几十只雌犬。这就大大地提高了优秀种雄犬的利用率。目前的精液冷冻技术，可长期保存精液，将精液冷冻技术与人工授精技术相结合，就能成百倍地提高种雄犬的利用率，从而减少种犬饲养数量、减少饲养和管理费用，充分发挥优秀个体的遗传潜力和在品种改良中的作用，加速品种改良进程。

2. 改变引种方式和保种方式　由于冷冻精液可长期保存，便于运输，可在不同地区甚至国际间进行品种交流。将引进种犬的传统方式改变为引进精液，可降低运输和检疫费用，减少因引进种犬而传入疫病的可能性。精液冷冻的成功，可以建立犬的精子库，收集、储藏具有种用价值和濒临绝种的犬的精液，精液冷冻是一种理想的保种手段。冷冻精液可以长期保存，能够不受距离限制，可以运送到任何地方、区域，有效地解决无种雄犬或种雄犬不足地区的雌犬配种问题。同时，有利于犬精液商品化，促进各国和地区之间的种犬精液交流。

目前，世界多数国家都在建立各种动物精液基因库，这种方法的最大优点是提高种畜的利用率，延长种畜利用年限，甚至在种畜衰老或死亡后几十年，还可以继续利用其冷冻精液。国外一些研究机构和私人公司已建立犬科动物精子库，国内也在着手研究建立犬精液基因库。

3. 提高种犬质量，加快育种步伐　由于人工授精技术，特别是冷冻精液的应用，极大地提高了种雄犬的利用率和选择强度。依据血缘关系从众多的雄犬中选择最优秀的个体作为种犬，从而提高种犬质量。

4. 提高雌犬的受胎率　人工授精使用经严格处理的优质精液，每次输精的时间经过科学的判断，输精部位准确，所以提高了受胎率。

5. 克服了雌、雄犬交配困难的问题　有些雌犬由于先天或后天的因素，造成交配困难或不接受雄犬交配，使用人工授精技术可以有效解决这个问题。

6. 防止疾病传播　人工授精避免了雌、雄犬的直接接触，使用的器材都经过严格消毒，可以防止疾病感染，特别是某些因交配而感染的传染病。

二、人工授精技术

借助器械或徒手操作，以人工的方法采集雄犬的精液，经过精液品质检查、稀释和保存等一系列处理后，在雌犬发情后的适当时机，再把精液输入发情雌犬的生殖道内以达到受胎的目的。这种代替自然交配的技术，称为人工授精技术。它包括采精、精液处理和输精 3 个技术环节。

（一）采精

采精是人工授精技术操作的第 1 个环节。采精的方法有多种，如假阴道法、手握按摩法和电刺激法。犬的采精多采用手握按摩法，同时辅以发情雌犬的刺激或发情雌犬阴道分泌物的刺激。因为这种方法基本可以采集到雄犬各阶段精液，同时不降低精液品质，也不会损伤雄犬的生殖器官，采精器械相对简单。

1. 采精场地 采精应在良好的环境中进行，既有利于雄犬形成稳定的性条件反射，又能避免精液受污染。因此，要求室外采精场地宽敞、平坦、安静、清洁、避风向阳；室内采精场地应宽敞明亮、地面平坦，注意防滑。总之，采精场地要固定，同时避免损害种雄犬性行为和健康的一些不良因素。采精环境不良，会影响采精效果并可能使犬形成不良的条件反射或恶癖。

实际工作中，许多人喜欢在犬舍内采精，认为犬的交配多在种犬舍内完成，在犬舍内采精，很容易唤起雄犬的性欲，对获得良好的精液有好处。其实，犬舍内采精至少有两个弊端，一是大多数犬舍面积不大，地面不平坦，影响雄犬的性行为和健康；二是犬舍内采精不能保证精液不被污染，并不利于全天候采精。

2. 雄犬的调教 采精前，必须对所要采精的种雄犬进行调教，以便犬在采精场地形成良好的条件反射。调教的方法有：

（1）发情雌犬的刺激。在采精场地牵入一只处于发情期的雌犬后，将种雄犬带进。此时，种雄犬不需要任何刺激，就会与雌犬嬉戏、嗅闻雌犬生殖道，在较短的时间内，雄犬就发生爬跨、插入等交配行为。此时，采精员应很好地把握时机，在种雄犬阴茎勃起后，将阴茎引导到雌犬生殖器外，用手按摩刺激，种雄犬便会射精。

种雄犬必须经过数次这样的调教才可获得良好的效果。同时，调教的场地、时间以及采精员都应相对固定，直至将种雄犬带进采精场地后，采精员稍加刺激，种雄犬就产生性条件反射为止。

（2）发情雌犬阴道黏液和尿液的刺激。处于发情期的雌犬，阴道黏液和尿液中含有大量的外激素，雄犬对这种气味很敏感。调教时，将蘸有发情雌犬阴道黏液或尿液的棉球给种雄犬嗅闻，雄犬就会因外激素的刺激而引起性欲并爬跨，经几次采精后即可调教成功。

3. 消毒 采精前，需用温水及肥皂将雄犬的阴茎部及其周围清洗干净，以避免皮屑及被毛对精液的污染。这也是对雄犬阴茎部的刺激，使雄犬在清洗以后就要采精这一过程形成条件反射。采精用集精杯等器械，一般需经过清洗、烘干、封装、干烤箱消毒等过程，才能使用。

4. 采精 雄犬的采精一般采用手握按摩采精法。用雌犬或雌犬阴道分泌物诱导成功后，采精员用手（戴乳胶手套）握住雄犬阴茎，将阴茎拉向侧面，同时给阴茎球体适当的压力并前后按摩，当阴茎充分勃起后经30s左右即开始射精，射精过程持续3～5s。采精时注意不能让雄犬的阴茎接触器械，否则会抑制射精。雄犬射出的精液一般分为3个阶段：第1阶段为尿道小腺体分泌的稀薄水样液体，无精子；第2阶段是来自睾丸的富含精子的部分，呈乳白色；第3阶段是前列腺分泌物，量最多，不含精子。采精时，3个阶段的精液很难截然分开，只有第1阶段的精液区别较明显，呈水样，可弃掉不用，后两段可一起收集。收集时，集精杯上覆盖2～3层灭菌纱布进行过滤。

雄犬的射精量因品种、个体、年龄、性欲情况、采精方法、技术水平、采精频率和营养状况等多种因素不同而不同。

在自然交配后，雄犬抬起后腿而调转身体。在采精时，雄犬仍保持这种习惯动作，抬起一条后腿，企图越过采精者的手臂。

对于没有雌犬或雌犬阴道分泌物诱导，以及诱导失败的雄犬，必须用按摩方法采精。即采精员一手戴上灭菌乳胶手套，另一手握集精杯，蹲于雄犬一侧，清洗、消毒雄犬包皮及其周围后，手指紧握阴茎并有节律地施加压力，数秒后，雄犬阴茎开始膨大，尤其是球体膨大部，采精员继续对阴茎球体进行节律性按摩 5s 左右，雄犬便产生抽动、射精等性行为。采精员按上述要求即可采集到精液。

5. 采精频率　是指每周雄犬的采精次数。生产上，为既能持续地获得大量优质精液，又能维持雄犬的健康水平和正常生殖生理机能，合理安排雄犬的采精频率极为重要。

采精频率应根据雄犬在正常生理状态下可产生的精子数量与储存量；每次射精量及其精子数、精子活率、精子形态正常率；雄犬的饲养管理状况和表现的性活动等因素决定。过度采精不仅会降低精液质量，而且会造成雄犬生殖生理机能降低和体质衰弱等不良后果。

增加采精频率，会影响精液品质，若每天采精 2 次，从第 4 次开始精液量减少一半，活精子数明显降低。采精频率增加时，精液 pH 没有变化。随着采精频率的提高，第 1 阶段精液量呈增加的趋势，第 2 阶段精液在间隔 24h 采精时减少最明显。因此，雄犬人工采精应间隔 48h 以上。正常雄犬间隔 48h 采精的精液特性（狼种犬）见表 3-1。

表 3-1　正常雄犬间隔 48h 采精的精液特性（狼种犬）

射精量/mL	pH	密度/（亿个/mL）	精子活率	畸形率/%	顶体完整率/%
3.8	6.3	5.20	0.65	17.2	88.0

注：射精量是第 2 阶段精液。

（二）精液处理

1. 精液品质检查与评定　精液品质直接影响受胎率，采出的精液必须经过检查与评定，才能确定是否用于输精以及确定精液稀释比例。

（1）精液品质检查。精液品质检查是对种雄犬种用价值的检验。精液品质检查要求快速准确，取样要有代表性。操作室要清洁无尘，室温应保持在 18～25℃。精液品质检查的模块一般分为常规检查模块和定期检查模块。常规检查模块有射精量、颜色、气味、pH、精子活率、精液密度等。定期检查模块有精子计数、精子形态、精子存活时间、精子指数、精子死亡率、精子微生物污染、精子代谢等。

（2）精液品质评定。精液品质评定包括精液的感官检查、精子密度、精子活率、精子畸形率、精子顶体异常率、精子存活时间及存活指数、精液细菌学检查等方面。生产实际中，通常采用外观检查、显微镜检查进行评定。精子代谢测定法往往应用于科学试验，以深入研究精子的生理特性，反映精液品质。

①精液的感官检查。

射精量：将采集的精液倒入带有刻度的试管或集精杯中，测量其容量。一般情况下，狼种犬的射精量为 10.0～13.0mL，第 2 阶段精液量平均为 3.8mL。

色泽、气味：正常雄犬精液的颜色为乳白色或灰白色，略带有腥味。

云雾状：犬的精液在静止状态下与牛羊等动物的精液不一样，不呈现翻腾滚动的云雾状态。

犬精液品质的
感官检测

②精子密度。也称精子浓度，指精液的单位容积（通常是 1mL）内所含有的精子数目。

由此可计算出每次采集的精子总数，因此也是评定精液品质的重要指标之一。通常犬每毫升精液中精子数为 1.25 亿（0.4 亿~5.4 亿）个。

a. 估测法。一般在显微镜下进行。这种方法不能准确测出每毫升精液中的精子数，但方便易行，是生产中最常用的测定方法。估测法是根据精液的黏稠度不同，将其分为稠密、中等和稀薄 3 个等级，分别以"密""中""稀"表示（图 3-3）。该模块每次采精都要检查。

 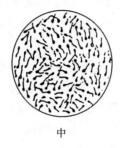 

密 中 稀

图 3-3 精子浓度示意

精液密度检测
之估测法

密：精子彼此之间的空隙小于 1 个精子的长度，非常拥挤，很难看清楚单个精子的活动情况。

中：可以看到精子分散在整个视野中，彼此间的空隙为 1~2 个精子的长度，能看到单个精子的活动情况。

稀：精子在视野中彼此的距离大于 2 个以上精子的长度。

b. 计数法。检测精子密度也可用血细胞计数器计数法。按计数操作规定稀释精液，再用白细胞吸管进行稀释计算，检查计数板内 5 个方格内的精子个数。直接计数可信度差，国际标准是测定活精子数，其计数方法是第 1 次在 37℃下只计不动的死精子数，然后将计数板放在 50℃的温箱中 10~15min，杀死活精子后，再次计数，第 2 次计数结果为精子总数，从总数中减去死亡精子数即为存活精子数。此法比较精确。

精子密度测定
之计数法

精子密度可用下列公式计算：

1mL 精液中精子密度＝5 个方格内的精子总数×5×10×1 000×稀释倍数

c. 光电比色计测定法。该方法是目前用于评定精子密度的一种较准确的方法。它是根据精子数越多，精液浓度越高，其透光性越低的特性，通过反射光和透光度来测定精子密度的。因此，在利用光电比色计测定精子密度时，应避免精液内的细胞碎片等干扰透光性，造成误差。我国自行设计生产的精子密度测定仪，也能迅速、可靠地测出精子密度。

③精子活率。是指精液中呈直线运动的精子所占的百分率。

精液采出后立即在 35~37℃的温度下进行精子活率测定。用玻璃棒蘸取 1 滴被测精液于载玻片上，盖上盖玻片，其间应充满精液，没有气泡存在，置于 250~400 倍显微镜下观察。

精子的活动有 3 种类型：即直线前进运动、旋转运动和原地摆动。评定精子活率是根据直线前进运动精子数的多少而进行的。目前，评定精子活率等级的方法大多采用 10 级评分，在显微镜视野中估测呈直线前进运动的精子占全部精子的百分率，以下列公式表示：

$$精子活率＝直线前进运动精子数/总精子数×100\%$$

显微镜视野中呈直线前进运动精子数为100%者为1.0级，90%者评定为0.9，以此类推。

在评定精子活率时应观察多个视野进行综合评定。正常精液的精子活率应在0.7以上。

④精子畸形率。形态和结构不正常的精子称为畸形精子。精子畸形率是指精液中畸形精子数占精子总数的百分率。正常精液中不可能没有畸形精子，适量的畸形精子对受精能力影响不大。犬的畸形精子率一般不会超过20%。若超过20%，则会影响受精能力，表示精液品质不良，不宜用于输精。

畸形精子

畸形精子有多种类型（图3-4），按其精子形态结构一般可分为3大类：头部畸形，如缺损、巨大、瘦小、膨胀、皱缩、细长、圆形、梨形、双头、轮廓不清等；颈部畸形，如粗大、纤细、曲折、断裂、双颈等；尾部畸形，如粗大、纤细、短尾、长尾、双尾、弯曲、曲折、回旋等。

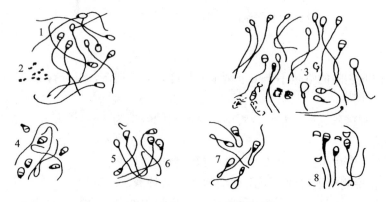

图3-4　正常精子与畸形精子示意

1. 正常精子　2. 游离原生质滴　3. 各种畸形精子　4. 头部脱落
5. 附有近端原生质滴　6. 附有远端原生质滴　7. 尾部扭曲　8. 机体脱落

（叶俊华，2003. 犬繁育技术大全）

畸形精子检查方法：取一滴被测精液（精子密度大的精液需用生理盐水稀释）于载玻片上，将样品滴以拉开的形式制成抹片。用0.5%龙胆紫乙醇溶液或蓝墨水染色3min，自然干燥、水洗后即可镜检。查数不同视野的300个精子，计算出其中所含的畸形精子数，求出畸形精子百分率。一般情况下，狼种犬精子畸形率为17.2%左右。

⑤精子顶体异常率。顶体异常，一般表现为顶体膨胀、缺损、部分脱落、全部脱落等情况（图3-5）。精子顶体异常率为精液中顶体异常的精子数占精子总数的百分率。由于精子顶体在受精过程中具有重要的作用，因此一般认为只有呈直线前进运动和顶体完整的精子才具有正常的受精能力。

精子顶体异常

a. 顶体完整型。精子头部外形正常，细胞膜和顶体完整，着色均匀。顶脊、赤道段清晰、核后帽分明。

b. 顶体膨胀型。顶体着色均匀，膨大呈冠状，出现明显条纹。头部边缘不齐，核前部细胞膜不明显或部分缺损。

c. 顶体缺损型。顶体着色不均匀，顶体脱离细胞核，形成缺口或凹陷。

d. 顶体全脱型。赤道段以前的细胞膜缺损，顶体已经全部脱离细胞核，核前部光秃，核后帽的色泽深于核前部。

精子顶体异常发生的原因，可能与精子生成过程和副性腺分泌物有关，离体精子遭受低温打击和冷冻伤害等因素更易造成精子顶体异常。因此，精子顶体异常率是评定新鲜或冷冻精液品质的重要指标之一。

检查方法：将被检精液制成精液抹片，自然干燥2～20min，以1～2mL福尔马林磷酸盐缓冲液固定。含有卵黄、甘油的精液样品需用含2％甲醛的柠檬酸液固定，静置15min，水洗后用吉姆萨染液染色90min或用苏木精染液染色15min，水洗、风干后再用0.5％伊红染液复染2～3min。经上述染色后，再水洗、风干后置于1 000倍显微镜下用油镜观察，或用相差显微镜（10×40×1.25倍）观察。采用吉姆萨染液染色时，精子的顶体呈紫色，而用苏木精-伊红染液

图3-5 精子顶体异常示意
1. 正常顶体 2. 顶体膨胀
3. 顶体部分脱落 4. 顶体全部脱落
（叶俊华，2003. 犬繁育技术大全）

染色时，精子的细胞膜呈黑色，顶体和核被染成紫红色。每张抹片必须观察300个精子，统计出精子顶体完整率。

正常狼种犬精液精子顶体异常率应在12％以下。

⑥精子存活时间及存活指数。精子存活时间是指精子在一定条件下（稀释液、稀释倍数、保存温度和方法等）的总生存时间。精子的存活指数是精子存活时间和精子活率两种指标的综合反映，它是反映精子活率下降速度的标志，指数大说明活率降低慢，反之则快。

检测精子存活时间时，将精液样品每隔48h抽1次样，在37～38℃中镜检精子活率，直到精子全部死亡或只有个别精子摆动为止。具体方法是：由第1次检查时间至倒数第2次检查之间的间隔时间，加上最后1次与倒数第2次检查时间的一半，其总的时间即为精子存活时间。每前后相邻两次检查的精子平均活率与其间隔时间乘积的总和（无计量单位）即为精子存活指数。

⑦精液细菌学检查。目前，国内外都十分重视精液的微生物检验，精液中含有的病原微生物及菌落数量已列入评定精液品质的重要指标，并作为海关进出口精液的检验模块。检查方法是：取溶解后的10mL普通琼脂冷却至45～50℃，加入无菌脱纤维血液5～10mL，混合均匀，倒入灭菌平皿内，置于37℃恒温培养箱内1～2d，确认无菌后方可使用。

取1mL新采集的精液和液态保存精液送检。将样品用灭菌生理盐水稀释10倍，取0.2mL倾倒于血琼脂平板，均匀分布，在普通培养箱中37℃恒温培养48h，观察平皿内菌落数，并计算每剂量中的细菌菌落数，每个样品做两个平行，取其平均数。计算公式如下：

每剂量中的细菌数＝菌落数×取样品量的倍数

例如：0.25mL细管中的细菌数＝菌落数×12.5（取样品的倍数）

精液中不应含有病原微生物，每毫升精液中的细菌菌落数不得超过1个；否则，视为不合格精液。目前，犬还没有统一的规定。

2. 精液稀释 在精液中添加一定数量的、适宜于精子存活并保持其受精能力的溶液称

为精液的稀释,添加的溶液称为稀释液。只有经过稀释的精液,才适于保存、运输及输精等。因此,精液稀释是犬人工授精中的一个重要技术环节。

精液稀释的目的是扩大精液的容量,提高每次射出精液的配种雌犬数。所采用的稀释液的pH、渗透压必须满足精子生存的条件,并能为精子提供营养物质。

(1)稀释液中的成分及作用。

①稀释剂。主要用于扩大精液的容量,要求稀释液和精液的渗透压相等,如生理盐水、糖类及某些盐类溶液。

②营养剂。主要是提供营养物质,补充精子所消耗的能量。如稀释液中的糖类、卵黄、乳类可以作为精子的营养物质,此类物质参与精子代谢,为精子提供外源性能量,减少内源性物质消耗,从而延长精子在体外的存活时间。

③保护剂。对精子起保护作用的各种制剂,包括:

a. 缓冲物质。保持精液稳定的pH。常用的无机缓冲剂包括柠檬酸钠、磷酸二氢钾、磷酸氢二钠、酒石酸钾钠等盐类;有机缓冲剂如三羟甲基氨基甲烷(Tris)、乙二胺四乙酸二钠(EDTA)等。

b. 抗冷物质。精液温度急剧下降到10℃以下会降低精液品质。卵黄和乳类含有卵磷脂,其熔点低,在低温下不易被冻结,加入精液中可透入精子体内以代替缩醛磷脂而被精子所利用,故可以保护精子,防止冷休克的发生,降低精液中的电解质浓度。

c. 抗冻物质。精液在冷冻和解冻过程中,精子体内环境的水分必将经历液态和固态的转化过程。这种转化对精子的存活极其有害。而甘油、二甲亚砜(DMSO)、Tris和 N-三(羟甲基)甲基-2-氨基乙磺酸(TES)等则有助于减轻或消除这种危害。

d. 抗菌物质。在稀释液中加入抗生素可以防止精液遭受微生物的污染。常用的抗生素有青霉素、链霉素等。

④其他成分。这类添加剂主要用于改善精子外在环境的理化特性,以及雌犬生殖道的生理机能,提高受胎率、促进胚胎早期发育。常用的有酶类、激素类和维生素类等。

(2)稀释液的配制。

①药品试剂。品质要求纯净,应选用化学纯或分析纯试剂,称量要准确。

②灭菌。稀释液中可耐高温的部分,需一次配制,并进行高压蒸汽灭菌。

乳液和乳粉溶液需新鲜,可采用水浴加热到92~95℃经10min消毒灭菌。鸡蛋要新鲜,卵黄中不应混入蛋白和卵黄膜。经加热消毒过的稀释液,待温度降至40℃以下再加入卵黄,并注意充分溶解。

③抗生素。青霉素、链霉素需在稀释液加热灭菌后温度降至40℃以下加入,磺胺类可事先加入稀释液一并加热消毒。

(3)精液的稀释和稀释倍数。

①精液的稀释方法和注意事项。采出的精液经品质检查合格,在温度下降前应立即稀释。稀释液温度应与精液温度一致。稀释后应做精子活率检查,将稀释后精子活率与原精精子活率比较,观察稀释效果。

②精液稀释倍数。精液以适当的稀释倍数稀释时,可提高精子活率,延长其存活时间。决定犬精液稀释倍数的主要依据有:

a. 原精的精子密度。密度越大,稀释倍数就越大。添加与精液等量的稀释液做1倍稀释，则以1∶1表示。

b. 有效精子数。根据每次采出精液中的有效精子数和每头份的输精量中必须含有的有效精子数计算出稀释倍数，以便确定原精中应加入的稀释液量。做高倍稀释时，应将加入的稀释液总量分次加入，以使精子适应环境。

c. 稀释液种类。乳类稀释液可做高倍稀释，而糖类稀释液的稀释倍数不宜过大。

（4）目前应用最广泛的稀释液。有两类：一是卵黄-Tris稀释液，其主要成分是Tris、柠檬酸、果糖、甘油和卵黄，使用的抗生素多为青霉素、链霉素或庆大霉素；另一类是卵黄-乳糖稀释液，其主要成分是卵黄、乳糖、甘油和抗生素类。就研究结果看，卵黄-Tris稀释液优于卵黄-乳糖稀释液。常用配方如下：Tris 2.422g、果糖1.0g、柠檬酸1.36g、卵黄20mL、甘油8mL、双蒸馏水100mL、青霉素10万U、链霉素10万U。

3. 精液的液态保存 精液保存的目的是为了延长精子在体外的存活时间，并通过运输扩大精液的使用范围。

精液的液态保存按照保存温度可分为常温（15～25℃）和低温（0～5℃）两种。此种形式的有效保存期较短，一般为0.5～5d。

（1）常温保存。此种方法是将稀释后的精液在15～25℃保存，也称室温保存法或变温保存法。

（2）低温保存。是将稀释后的精液置于0～5℃的低温条件下保存。一般是用冰箱或装有冰块的广口保温瓶冷藏。输精之前，应将冷藏的精液温度回升到35～38℃，使精子的运动恢复正常，保持其正常的受精能力。在降温过程中，急速达到10℃以下时，会对精子造成不可逆的冷休克作用。因此，在低温保存的稀释液中需加入卵黄、乳液等抗低温打击的保护剂。

4. 精液冷冻 犬的精液冷冻保存，是将采集的新鲜精液经过品质鉴定、稀释和冻前处理，按特定的程序降温，最后在超低温（-196～-79℃）下长期保存。

精液冷冻保存

犬精液冷冻后，它的代谢几乎停止，活动完全消失，生命以相对静止的状态保持下来，一旦温度回升，又能复苏活动。所以，从理论上讲，冷冻精液的有效保存时间是无限的。然而在目前的冷冻方法中，精液内只有部分精子能经受冷冻，升温后可以复活，而另一部分由于在冷冻过程中造成不可逆的变化而死亡。

精液冷冻保存技术的一般程序为：精液品质检查、精液稀释、降温与平衡、精液分装、精液冻结、冷冻精液解冻与检查、冷冻精液保存与运输。

（1）精液品质检查。精液品质好坏与冷冻效果密切相关。将新鲜精液置于30℃左右的环境中，迅速准确地检查每只雄犬的精液品质，检查方法基本同精液检查。

（2）精液稀释。稀释方法有两种：一次稀释法，按照精液稀释的要求，将含有甘油的稀释液按一定比例一次加入精液内。二次稀释法，为了减少甘油对精子的有害作用，在第1次稀释时不加甘油。即精液在等温条件下用不含甘油的稀释液做第1次稀释，稀释后的精液经1h缓慢降温至3～5℃；在3～5℃下再用含甘油的稀释液做第2次稀释。

（3）降温与平衡。稀释后精液必须由室温经1～2h缓慢降温至3～5℃，然后在此温度下进行平衡。精液用含有甘油的稀释液稀释后，需在3～5℃环境下放置一段时间，使甘油充分渗透进入精子体内，产生抗冻保护作用。甘油稀释液对精液作用的时间称为平衡过程。

通常平衡时间以 2~4h 为宜。

（4）精液分装。冷冻精液的分装有颗粒、细管和安瓿 3 种方法或剂型。犬的冷冻精液多采用 0.25mL 的耐冻、无毒的聚氯乙烯复合塑料细管分装，而且用自动细管冻精分装装置一次完成灌注、标记。如法国卡苏公司生产的细管精液分装机，以及北京生产的细管精液分装机等。细管上应明确标明犬名、品种、精子活率、精液生产日期及生产单位等。

（5）精液冻结。在液氮面上 1~2cm 处放置一个铜纱网或其他冻精器材，将平衡后的细管平铺在铜纱网上，停留 3~5min 冻结，最后将合格的冻精移入液氮内储存。

精液解冻

（6）冷冻精液解冻与检查。解冻是应用冷冻精液的一个重要环节。犬冷冻精液的解冻通常使用 38~40℃ 的温水，时间为 10s。

解冻后的精液质量检查指标有：精子活率、精子密度、精子畸形率及精子顶体异常率和存活时间等。其中，要求任何动物的冷冻精液精子活率均应在 0.35 以上，其他指标应符合相关的输精要求。1984 年，我国颁布了有关牛冷冻精液质量的国家标准（GB 4143—1984），而有关犬的冷冻精液质量还没有统一的国家标准。

（7）冷冻精液保存与运输。经过检查合格的冷冻精液，才能进行包装、标记（犬名、品种、冻精日期、批号、精子活率、数量等），最后放入液氮中长期保存。

细管精液可以每 10 支装入小塑料筒内，然后将塑料筒装入纱布袋中。长期保存的冷冻精液，每隔一段时间需抽样检查精子活率，每隔一周检查一次液氮容量。

冷冻精液的运输，应有专人负责，办好交接手续，附带运送精液清单。同时，要保证液氮容器放置安全，防止暴晒和强烈震动，若是长途运输还应注意及时补充液氮。

（三）输精

输精是将符合标准的精液，适时而准确地用输精器械输入发情雌犬的子宫内，以达到妊娠为目的的技术操作。整个操作过程均应做到慢插、适深、轻注、缓出。

1. 输精前的准备

（1）输精场地准备。包括精液处理室和输精室，要求屋顶、墙壁清洁，地面平整，光线充足，方便操作。

（2）输精器材的准备。输精用的各种器材（图 3-6）使用前必须彻底清洗、消毒，用灭菌稀释液冲洗。玻璃和金属输精器可在高温干燥箱内消毒或蒸煮消毒；阴道开腔器或其他金属器材等用具，可高温干燥消毒，也可浸泡在消毒液内或酒精灯火焰消毒。输精管以每只雌犬 1 支为宜。需重复使用时，必须先用湿棉球由尖端向后擦拭干净外壁，再用酒精棉球涂擦消毒，其管腔内先用灭菌生理盐水冲洗干净，再用灭菌稀释液冲洗后方可使用。切忌用酒精棉球涂擦后立即使用。

（3）雌犬的准备。经发情鉴定确定可以输精的雌犬，在输精前应尽量实行站立保定。雌犬保定后，将尾巴拉向一侧，对阴门、会阴部进行清洗消毒，即先用清水洗净，再用消毒液涂擦消毒，后用生理盐水冲洗，最后

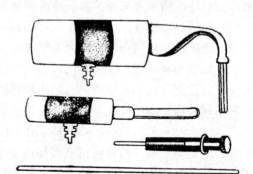

图 3-6　不同规格的犬用假阴道与输精管

用灭菌布擦干。

（4）输精人员的准备。输精人员身着工作服，两手消毒后，戴上输精专用手套操作。

2. 输精　将雌犬放在适当高度的台上站立保定或做后肢举起保定，输精人员将输精枪与雌犬背腰水平线大约成 45°向上插入 5cm 左右，随后以平行的方向向前插入。输精枪到达子宫颈口时，输精人员会感到明显的阻力，此时可将输精枪适当退后再行插入，输精枪通过子宫颈口后，输精人员会有明显的感觉。这时，可将输精枪尽量向子宫内缓慢推送，有的甚至可达子宫角。当输精枪不能再深入时，输精人员将输精枪向后退少许，即可缓慢注入精液。输精后抬高雌犬的后躯 3～5min，以防止精液倒流（图 3-7）。

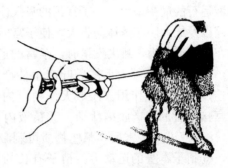

图 3-7　母犬的输精

每次输入精液的标准为：精子活率不低于 0.35，输精量 0.25mL，含有效精子数不低于 1 500 万个。

对于冷冻精液，解冻后应立即输精。有效精液量应为 0.25mL 含 1 500 万个精子，其存活率不低于 50%～70%。由于犬的冷冻精液目前仍在试验阶段，因此建议每天输精 1 次，连续输精 3d。

犬的输精操作

单元五　受　　精

受精是两性配子（精子和卵子）相结合形成一个新的细胞即受精卵的过程。它标志着胚胎发育的开始，是一个具有双亲遗传特征的新生命的起点。犬的受精方式是体内受精。受精卵形成后，在雌犬体内继续进行胚胎早期发育，其中的主要过程是卵裂，继之形成胚囊，胚胎着床，通过胎盘与母体组织和生理的联系，完成发育过程。

一、配子的运行

（一）射精类型

犬属于子宫射精型动物。发情雌犬子宫颈松弛开张，使雄犬的尿道突起有可能插入子宫颈管，同时由于雄犬的阴茎球体在射精时高度膨胀阻塞阴道，致使精液可直接射入子宫颈和子宫体内。

精子卵子的运行

（二）精子运行

1. 精子在雌犬生殖道内的运行　精子的运行，是指精子由射精部位到达受精部位的过程。进入雌犬子宫内的精子，到达输卵管壶腹部受精，必须经过子宫体、子宫角、宫管连接部，最后进入输卵管，到达输卵管壶腹部受精。

雌犬发情时，尤其是交配时，雌犬释放的催产素和精液中的前列腺素，可增加子宫的活性，使子宫肌层收缩增强，是精子进入和通过子宫到达宫管连接部的主要动力。子宫的收缩波由宫颈传向输卵管，推动着子宫内液体的流动，从而带动精子到达宫管连接部。精子运行中，雌犬生殖道对精子有选择作用。

2. 精子在雌犬生殖道内运行的动力 精子由射精部位向受精部位的运行，受以下因素的影响。①射精的力量。射精时，尿生殖道肌肉有次序地收缩，将精液推出尿生殖道。这是精液运行的最初动力。②子宫颈的吸入作用。犬交配时，雄犬阴茎的抽动、雌犬阴道的强直收缩以及雄犬阴茎球体的膨大，使子宫内形成负压，精液可被吸入子宫内。③雌犬生殖道的内在自发运动力。雌犬发情时，子宫的逆蠕动强而有力；交配时，雄犬对雌犬生殖道的刺激，能反射性地刺激垂体后叶产生催产素，使子宫收缩加强，这对子宫内精子运行到宫管连接部有促进作用。④雌犬生殖道内液体流动，使精子随液流而运行，液流又有赖于子宫输卵管的肌肉收缩活动。⑤精液内某些能刺激子宫活动的物质（如前列腺素和收缩素）。精液进入子宫后，某些物质可刺激雌犬生殖道吸收，同时对子宫输卵管肌肉发挥作用。⑥精子本身的运动力。精子有长的尾部可以活动，这种活动对其到达受精部位是不容忽视的。

3. 精子在雌犬生殖道内的运行速度 精子在雌犬生殖道内的运行速度受精子活率、雌犬子宫的收缩力度等因素的影响。一般情况下，精子活率高、子宫收缩有力，精子运行的速度就快；经产老龄雌犬子宫松弛，精子运行的速度慢；其他因素，如交配（授精）质量等都会影响精子的运行速度。

犬精子到达输卵管壶腹部的时间为15min，快者在交配后30s即可到达受精部位。

4. 精子在雌犬生殖道内的存活时间与保持受精能力的时间 由于精子缺乏大量的细胞质和营养物质，同时又是一种很活跃的细胞，所以离体后的生命就比较短暂，有的即使还具有活动能力，但已丧失受精能力。精子的活动能力和受精能力是有区别的，一般活动能力比受精能力时间长。

确定精子在雌犬生殖道内受精能力的时间，对于确定配种间隔时间，以保证有受精能力的精子在受精部位等待卵子很重要。此外，精子在雌犬生殖道内的存活时间和保持受精能力时间的长短，不仅与精子本身的品质有关，也与雌犬生殖道的生理状况有关。一般情况下，精子在雌犬生殖道内存活的时间为268h，保持受精能力的时间为134h。

（三）卵子运行

1. 卵子在输卵管内的运行方式及机理 卵子自身并无运动能力。被输卵管伞部接纳的卵子，借纤毛颤动，沿着伞部的纵行皱襞，通过漏斗口进入壶腹部。由于平滑肌的收缩，靠输卵管内纤毛向子宫方向颤动，以及壶腹部管腔变大，卵子较快地到达壶腹部，在此与运行到此处的精子相遇完成受精，然后受精卵在壶峡连接部停留达2d之久。壶峡连接部是一生理括约肌，对受精卵的运行有一定的控制作用，可以防止受精卵过早地从输卵管进入子宫。

若卵子到达受精部位后，没有精子与其受精，则继续运行，此时卵子逐渐衰老，而且外部包裹一层输卵管分泌物形成隔膜，阻碍精子进入，不易受精。

在卵子的运行上，纤毛颤动起主要作用，管壁的收缩只起一部分作用。

卵子在输卵管内的正常运行，必须有适当水平的雌激素和孕酮。卵巢激素能影响到输卵管上皮的结构、分泌物的质量、输卵管肌层的活动、壶峡连接部和宫管连接部的作用，从而影响卵子运行的方式和速度。激素水平失常，能加速卵子向子宫运行的速度，或引起壶峡连接部的管腔闭合而禁锢卵子，使卵子迅速变性或不能附植。卵子在输卵管内的运行，并非直线移行，而是随着壶腹管壁的收缩波呈间歇性向前移行。

2. 卵子运行的速度 卵子在输卵管内的运行时间包括从伞部到达壶峡连接部的时间、

在壶峡连接部停留的时间及通过峡部进入宫管连接部的时间。有资料表明，犬的卵子在输卵管内运行的时间长达 67h，一般不超过 100h。卵子进入峡部后即失去受精能力，而进入子宫后则完全失去受精能力。

3. 卵子维持受精能力的时间　卵子维持受精能力的时间和卵子本身的品质及输卵管的生理状态有关，而卵子的品质又与雌犬的饲养管理有关。卵子受精能力的丧失不是突然的，如果延迟配种，卵子可能在接近其受精寿命的末期受精，这种胚胎的活力不强，有的能够附植，有的则不能附植，可能在发育的早期被吸收，或者在出生前死亡。卵子过于衰老时，就不易受精，或者完全不可能受精。

所以在实际工作中，最好在排卵前配种，受精部位能有活力旺盛的精子等待新鲜的卵子，以提高受精率。

犬的卵子维持受精能力的时间，是排卵后 60～108h（成为次级卵母细胞后才获得受精能力）。

二、配子在受精前的准备

在受精前，精子和卵子分别要经历一定的生理成熟阶段，才能完成受精过程，并为受精卵的正常发育奠定基础。

（一）精子在受精前的准备

1. 精子获能　新射入雌犬生殖道内的精子，不能立即和卵子受精，必须经过一定时间，经过形态及某些生理生化变化之后，才能获得受精能力。精子获得受精能力的过程称为精子获能。

精子获能

获能后的精子耗氧量增加，运动的速度和方式发生改变，尾部摆动的幅度和频率明显增加，呈现一种非线性、非前进式的超活化运动状态。一般认为，精子获能的主要意义在于使精子做顶体反应的准备和精子超活化，促使精子穿过透明带。

2. 精子获能的机理　犬的精液中存在一种抗受精的物质，来源于精清，能溶于水，并具有极强的热稳定性，称为去能因子。它可抑制精子的获能、稳定顶体，与精子结合后可抑制顶体水解酶的释放，因此也称作顶体稳定因子。

精子顶体内的酶是溶解卵子外周的保护层，使精子和卵子相接触并融合的主要酶类。附睾或射出精液中的去能因子由于与顶体酶结合，抑制了顶体酶的活性和精子的受精能力。而雌性生殖道中的 α 和 β 淀粉酶被认为是获能因子，尤其是 β 淀粉酶可水解由糖蛋白构成的去能因子，使顶体酶类游离并恢复其活性，溶解卵子外围保护层，使精子得以穿越完成受精过程。因此，获能的实质就是使精子去掉获能因子或使去能因子失活的过程。经获能的精子若重新放入精清中与去能因子相结合，又会失去受精能力，这一过程称"去能"。而经过去能处理的精子，在子宫和输卵管内又可获能，称"再获能"。

精子的获能过程还受性腺类固醇激素的影响。一般情况下，雌激素对精子获能有促进作用，孕激素则为抑制作用。

3. 精子在雌犬生殖道内的获能部位　不同动物精子在雌性生殖道内开始和完成获能过程的部位不同。阴道射精型动物，其精子的获能开始于阴道，但最有效的部位是子宫和输卵管。子宫射精型动物，获能开始于子宫，但主要部位在输卵管。一般认为，获能过程先在子宫内进行，最后在输卵管内完成，子宫和输卵管对精子的获能起协同作用。除子宫和输卵管外，其他组织液也能使精子获能，但这种获能是不完全的。

现已发现，精子获能不仅可在同种动物的雌性生殖道内完成，还可在异种动物的雌性生殖道内完成，也可在体外人工培养液中完成。最有利于精子获能的部位是发情雌犬的生殖道，即处于雌激素作用期的雌犬生殖道对获能有促进作用，在孕激素作用下则抑制获能。

4. 精子获能所需要的时间　犬射精后，精子在 15min 基本可以到达输卵管，在此期间精子得以获能。其获能所需时间在 6h 左右。

（二）卵子在受精前的准备

卵子排出后，在受精前也有类似精子获能的成熟过程，在这段时间内进行的确切生理变化尚不清楚。犬的卵子在受精前，也就是从卵巢进入输卵管后，还不能与精子结合，必须继续发育并进行第 1 次成熟分裂，放出第 1 极体，由初级卵母细胞变为次级卵母细胞后才具备受精能力。

三、受精过程

（一）受精

受精分为单精受精、多精受精、体内受精、体外受精几种。只有 1 个精子进入卵内的受精为单精受精；有 2 个以上的精子同时进入卵内，但一般只有 1 个雄原核和雌原核结合的受精为多精受精；精子进入雌犬生殖道内的受精为体内受精；精卵在雌犬体外结合的为体外受精。

犬的受精过程非常迅速，若精子和卵子的受精能力均强，这一过程可在 1h 内完成。

当配子相遇后，经过顶体反应，精子即主动钻入卵子内部而进行受精，从而出现一系列复杂的细胞生化的变化。

犬排出的卵子仅为初级卵母细胞，尚未完成第 1 次成熟分裂，需要在输卵管内进一步成熟，达到第 2 次成熟分裂的中期，才具备被精子穿透的能力。精子和卵子相遇受精是一系列复杂的细胞生化变化过程。受精变化过程包括精子溶解放射冠、精子穿过透明带、精子进入卵黄膜、原核形成、配子配合、融合成为新个体，完成受精。

精卵受精过程

1. 精子溶解放射冠　放射冠是包围在卵子透明带外面的卵丘细胞群，它们以胶样基质相粘连，基质主要由透明质酸多聚体组成。犬的精子与卵子在受精部位相遇，大量精子包围着卵子，获能的精子与卵子放射冠细胞一接触便发生顶体反应。获能后的精子，在受精部位与卵子相遇，会出现顶体帽膨大，精子质膜和顶体膜相融合。融合后的膜形成许多泡状结构，随后这些泡状物与精子头部分离，造成顶体膜局部破裂，顶体内酶类释放出来，以溶解卵丘、放射冠和透明带。这一过程称作顶体反应（图 3-8）。顶体内释放出透明质酸酶、顶体素，溶解放射冠细胞的胶样基质，使精子接近透明带。

顶体反应过程

精子溶解放射冠过程中，精子的浓度对溶解放射冠有重要意义。参加受精的精子数目太少，释放的透明质酸酶不足，几乎不能溶解放射冠，精子无法接触透明带；但浓度过大，放射冠加速破坏，卵膜内同时有几个精子钻入，或使卵子完全溶解，失去受精能力。

2. 精子穿过透明带　精子在穿过透明带前，必须先附着于透明带。这种附着只有获能

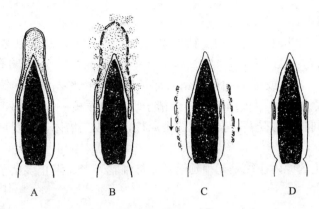

图 3-8　顶体反应过程模式示意

A. 顶体反应前　B. 顶体帽膨大　C. 脱落阶段　D. 顶体反应后

（桑润滋，2006. 动物繁殖生物技术）

和发生顶体反应的精子才能发生。经顶体反应的精子，通过释放顶体酶将透明带溶出一条通道而穿过透明带并与卵黄膜接触。精子在穿过透明带时，其头部以斜向或垂直方向穿入。通常精子附着于透明带后 5～15min 穿过透明带，留下一条狭长的孔道。

当精子触及卵黄膜的瞬间，会激活卵子，使之从休眠状态下苏醒过来。同时，卵黄膜发生收缩，由卵黄释放某种物质，传播到卵的表面以及卵黄周隙，使透明带阻止后来的精子再进入透明带。这一变化称为透明带反应。迅速而有效的透明带反应是防止多个精子进入透明带，进而多精子进入卵子的屏障之一。

精子获能后的超活化运动、顶体反应后酶类的释放和对透明带的溶解作用，对精子穿过透明带具有重要的作用。

3. 精子进入卵黄膜　精子进入透明带后，到达卵周隙。在此精子头部附着于卵黄膜表面。由于卵黄膜表面具有大量的微绒毛，当精子与卵黄膜接触时，即被微绒毛抱合，通过微绒毛的收缩将精子拉入卵内，随后精子质膜和卵黄膜相互融合，使精子的头部完全进入卵细胞内。这时，在精子进入卵黄膜的部位形成一个明显的突起，称受精锥。

当精子进入卵黄膜时，卵黄膜立即发生一种变化，具体表现为卵黄紧缩、卵黄膜增厚，并排出部分液体进入卵黄周隙，这种变化称为卵黄膜反应。具有阻止多精子进入卵子的作用，又称为卵黄膜封闭作用，是受精过程中防止多精受精的第 2 道屏障。

4. 原核形成　精子进入卵子后不久，头部开始膨大，精核疏松，核膜消失，失去固有的形态，同时卵母细胞减数分裂恢复，释放第 2 极体。最后在疏松的染色质外又形成新的核膜，核内出现多个核仁。这种重新形成的原核称为雄原核。进入卵子的精子尾部最终消失，线粒体解体。雌原核的形成类似于雄原核。两性原核同时发育，体积不断增大，几小时可达原来的 20 倍。一般情况下，由于雄性染色质开始疏松增大的时间比雌性早，所以雄原核形成比雌原核大。

5. 配子配合　雄原核和雌原核经充分发育，逐渐相向移动，两原核紧密接触，然后两核膜破裂，核膜、核仁消失，染色体混合、合并，形成二倍体的核。随后，染色体对等排列在赤道部，出现纺锤体，达到第 1 次卵裂的中期。从两个原核彼此接触到两组染色体结合的过程，称为配子配合。至此，受精结束。受精后的卵子称为合子。

（二）异常受精

在受精过程中有时出现非正常的受精现象，占 2%～3%，其中以多精子受精、单核发育和双雌核受精较为多见。

1. 多精子受精 两个或更多的精子钻入卵子细胞质内参与受精，即称为多精子受精。但一般只有 1 个精原核与卵原核结合，多余精子形成的原核一般比较小，不干扰正常的发育。若有 2 个精子同时参加受精，会出现 3 个原核，形成三倍体，可发育到妊娠的中期，随后萎缩死亡。

多精子受精发生的原因往往是配种延迟、卵母细胞衰老、阻止多精子受精的屏障功能失常。

多精子受精

2. 单核发育

（1）雄核发育。精子进入卵子激活卵子后，雌核消失，只有雄原核发育，是一种异常受精形式。一般只有初始阶段的雄核发育，但不能继续维持。

（2）雌核发育。精子进入卵子后只激活卵子而不形成雄原核，称为雌核发育。雌核发育的可能性极小，且不能正常发育。

3. 双雌核受精 卵子在成熟分裂中，由于极体未能排出，造成卵内有 2 个卵核，并发育为 2 个雌原核，出现双雌核受精现象。延迟交配、输精或在受精前卵子的衰老都可能引起双雌核发育、受精。

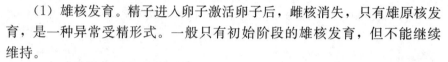

单元六　犬的妊娠

妊娠是指从受精开始经过胚胎及胎儿的生长发育，到胎儿从雌体中产出为止的生理变化过程。在此过程中胎儿与雌体均发生一系列的生理变化，本单元的目的在于阐述这些生理变化的规律，为妊娠雌犬的科学饲养管理和先进繁殖技术的应用提供理论依据。

一、妊娠雌犬的生理变化

妊娠雌犬体内因胎儿生长发育的刺激会发生一系列的生理变化，为了维持妊娠和胎儿的生长发育，子宫的血液循环旺盛、卵巢和子宫等机能也明显活跃，而且妊娠雌犬在行为及代谢等方面也发生了一系列变化。

（一）妊娠雌犬的全身变化

妊娠后雌犬的行动本能地变得缓慢而谨慎、温驯、安静、嗜睡、喜欢温暖安静的场所。

妊娠雌犬全身变化

妊娠期间雌犬的食欲发生变化，食欲增强、采食量明显增加，有时会出现孕吐现象。此时，食欲有所下降，短期内即恢复正常。

妊娠后期由于腹腔内压增高，使雌犬由腹式呼吸变为胸式呼吸，呼吸次数也随之增加，粪、尿的排出次数增多。

雌犬体尺和体重在妊娠期间均有所增加，增加的幅度主要受妊娠期和胎儿数量的影响：妊娠前期和胎儿数量少时变化不明显；妊娠后期和胎儿数量多时，体尺和体重的增加幅度较大。体尺的增加主要是腹围随着胎儿

妊娠后期的母犬

的生长发育而增大。体重的增加包括两部分：一部分是子宫内容物，包括胎儿、胎膜、胎盘和羊水。另一部分是雌犬本身增重，妊娠期间雌犬体内代谢水平增强，对饲料的利用率提高，孕体营养状况改善，吸收的营养物质除了能满足胎儿生长发育的需要外，在体内也有一定的沉积。

（二）妊娠雌犬生殖器官的变化

1. 卵巢　未妊娠时，黄体消退。当有胚胎存在时，妊娠黄体持续存在，以维持雌犬的妊娠生理机能。妊娠后随着胎儿体积的增大，胎儿下沉入腹腔。卵巢也随之下沉，子宫阔韧带由于负重变得紧张并被拉长，以至于卵巢的位置和形状有所变化。

2. 子宫　随着妊娠的推进，子宫逐渐扩大以满足胚胎生长需要，子宫的变化有增生、生长和扩张。

胚胎植入前，子宫内膜由于孕酮的作用而增生。其特征性的变化是血管分布增加、子宫腺的增长、腺体卷曲以及白细胞浸润。胚胎植入后，子宫开始生长，包括子宫肌肉的肥大、结缔组织基质的广泛增加，纤维成分及胶原含量的增加。结缔组织基质的变化对于适应孕体的生长发育以及产后的复原过程是很有意义的。在子宫扩张期间，子宫的生长减缓，而其内容物则快速增长。在妊娠前半期，子宫体积的增长主要是子宫肌纤维的肥大及增长；后半期，则是由于胎儿使子宫壁扩张，因此子宫壁变薄。

3. 子宫颈　妊娠时，子宫颈内膜的腺管数量增加，并产生黏稠的黏液，称为子宫栓塞。同时子宫颈的括约肌收缩得很紧，子宫颈管完全封闭。

4. 子宫阔韧带　妊娠后，子宫阔韧带中的平滑肌及结缔组织增生，使其变厚。由于子宫的重量逐渐增加，子宫下垂，所以子宫阔韧带伸长并且绷得很紧。

5. 子宫动脉　由于子宫的下垂和扩张，子宫阔韧带和子宫壁血管也逐渐变得较直。为了满足胎儿生长发育所需要的营养，血管不但分支增加而且扩张变粗，使运往子宫的血液量增加。

6. 外阴部的变化　受精后雌犬外阴迅速回收，阴门紧闭。阴道黏膜上覆盖有从子宫颈分泌出来的浓稠黏液。在妊娠末期，外阴部水肿并且柔软。

（三）妊娠雌犬激素的变化

妊娠期间，雌犬内分泌系统发生明显变化，这种改变使得雌犬体内也发生相应的生理变化，以维持雌犬和胎儿之间必要的平衡，这对母体来说既适应了内外环境的变化，又为胎儿创造了有利的生长发育环境。

妊娠需要一定的激素平衡来调节，妊娠雌犬的卵巢长期存在有黄体，持续分泌的孕激素对维持妊娠有重要作用，妊娠中摘除卵巢或黄体，可导致妊娠中断，胎儿死亡。

妊娠雌犬血和尿中含有雌激素，妊娠虽然抑制卵泡的发育，但是雌激素仍能在妊娠期间维持一定的水平，因其来源并不仅限于卵泡，黄体及胎盘也能产生。

妊娠期间孕酮不仅由黄体产生，肾上腺和胎盘组织也能分泌，孕酮直接作用于妊娠期生殖系统，直到接近分娩数日内，孕酮数量才急剧减少，或完全消失。

在妊娠期，垂体分泌促性腺激素的功能受孕酮的负反馈作用而逐渐降低。

妊娠雌犬出现的一系列变化是受生殖激素调节的。孕酮是维持妊娠的重要生殖激素，在维持子宫继续发育的同时，减少了子宫肌肉的活动，抑制催产素对子宫肌肉的收缩作用，保持子宫内环境适宜于胚胎或胎儿的发育。雌激素和孕激素可以增加子宫血管的分布，促进子宫内膜的分泌机能。妊娠期游离的雌激素能阻止子宫分泌的前列腺素 $PGF_{2\alpha}$ 向卵巢输送，在子宫建立 $PGF_{2\alpha}$ 储存库，从而维持了黄体的寿命。雌激素可以引起 LH 的释放，刺激黄体使其合成并分泌孕激素。孕激素在体内生理效应的发挥必须有雌激素的配合，这是因为雌激素可以促进孕酮的合成。

二、胚胎早期发育、迁移、附植、死亡及其原因

（一）胚胎早期发育

1. 卵裂　受精的结束标志着合子（早期胚胎）开始发育，其特点是 DNA 的复制非常迅速；细胞仅限于分裂而没有生长，其分裂是在透明带内进行的，所以总体积并未增加。这种分裂称为卵裂，卵裂所形成的细胞又称卵裂球。受精卵的发育，以形态特征大体可分为以下 3 个阶段：

胚胎的早期发育

（1）桑葚胚。第 1 次卵裂，沿动物极（极体所在一端）向植物极方向，将单细胞受精卵一分为二。分为两个卵裂球之后，继续进行卵裂，但卵裂球并不同时进行分裂，通常较大的一个首先进行第 2 次分裂，形成 3 细胞的胚胎，然后较小的卵裂球进行分裂形成 4 细胞胚胎，第 2 次卵裂与第 1 次卵裂方向垂直。4 卵裂球完成第 3 次分裂形成 8 细胞胚胎，继而分裂为 16 细胞胚胎以至 32 细胞胚胎。由于受透明带内孔隙的限制，随着分裂的细胞数目不断增加，细胞体积逐渐缩小，并从球形变为楔形，互相扁平，使细胞最大限度地接触，产生各种连接，以至 16～32 细胞在透明带内形成致密的细胞团。其形状像桑葚，故称为桑葚胚。

（2）囊胚。当受精卵分裂到 16 细胞后，细胞团中央开始出现裂隙。裂隙扩大而成腔，内部逐渐充满液体。此时细胞也开始分化，一部分细胞仍集聚成团，另一部分细胞逐渐变为扁平形状围绕在腔的周围，于是成为囊胚。在桑葚胚、囊胚发育过程中可以看到细胞定位的现象。较大的、分裂不太活跃、核蛋白和碱性磷酸酶密集的细胞聚集在一个极，偏向囊胚腔的一边，称为内细胞团，也称胚结，它将来发育成胚体；小而分裂活跃、富含黏多糖和酸性磷酸酶的细胞聚集在另一个极，形成胚胎的外层，继而形成滋养层，将来发育为胎膜和胎盘；中间的腔便是囊胚腔，以后内细胞群变为扁平到盘状。囊胚初期细胞被束缚于透明带内，随后突破透明带，体积增大，成为泡状透明的孵化囊胚或称为胚泡。

（3）原肠胚。胚胎进一步发育，出现内、外胚 2 个胚层，此时的胚胎称原肠胚。原肠胚出现后，在内胚层和滋养层之间出现了中胚层，中胚层又分化为体壁中胚层和脏壁中胚层。

（二）早期胚胎迁移

在卵裂中的早期胚胎，沿着输卵管运行，在排卵后 6～9d 进入子宫角内，此时正是桑葚胚或囊胚的早期。在移动期间，胚胎除消耗自己储存的有限营养外，还有赖于输卵管及子宫内膜的分泌物。胚胎进入子宫内不是立即着床，而是有一个呈游离状态的间隔期。

由于子宫壁的收缩，在迁移中可能使囊胚改变在子宫内的位置，以至一侧子宫角的胚胎或一侧卵巢排出的卵子在受精后可能迁移至另一侧子宫角，然后在子宫定位。Cunther 和 Bucklitsh（1967）报道，摘除 63 只大马士革犬一侧卵巢，交配后 45 周，观察两侧子宫角胚胎的着床情况，47 只犬的两侧子宫角都有胚胎，有卵巢侧子宫角的胚胎多。因此，一侧卵巢的黄体数目不能决定其同侧子宫角内胚胎数的多少。胚胎之所以能在子宫均匀分布是因为其在子宫内游离而得以移动的结果。当胚胎在输卵管及子宫内尚处于游离状态时，采取冲洗

技术较易将这些早期胚胎冲出，以供早期胚胎在体外培养或做胚胎移植。

（三）胚胎附植

胚泡在子宫腔内游离一段时间后，即准备附着于子宫内膜，开始和子宫建立密切的联系，这一过程称为胚胎附植。

犬的带状囊胚扩展时，它在子宫腔内的运动越来越受限制，位置被逐渐固定下来。囊胚的外层（滋养层）逐渐与子宫内膜发生组织及生理上的联系，胚胎始终存在于子宫腔内。附植是胚泡和子宫的相互作用，胚泡着床之前除子宫内膜增殖外，子宫的分泌活动增强，子宫组织内的糖原、脂肪储备及各种酶的活性也同时增加。

1. 附植部位 胚胎大体上都是在对胚胎发育最有利的地方附植。所谓有利是指子宫血管稠密，可获得丰富的营养；距离均等，避免拥挤，使胚胎各得其所。实际上胚胎附植的具体部位是固定的，即胚体位于子宫系膜的对侧，这样可使滋养层靠近血管稠密而营养丰富的子宫系膜侧。犬的胚胎在左、右子宫角内的附植情况大致数量相同、间隔相等。

2. 附植过程 附植是一个渐进的过程。起初在胎膜和子宫相接触的部位发生反应。随着囊胚的扩展，接触面加大，发生反应的部位也随之扩展。胚胎附植的子宫变化，是在卵巢的卵泡激素及孕激素的协同作用下进行的。先是在卵泡激素的作用下，子宫内膜明显增厚，接着在孕激素的作用下，子宫内膜增厚更加明显，子宫腺体增殖，分泌能力增强，发生所谓前驱妊娠或着床性增殖。此时，胚泡接触子宫内膜，即开始附植。

3. 犬受精卵的附植时间 由于排卵的时间和排出的初级卵母细胞成熟分裂的时间不同而难以确定。多数观点认为，犬的受精卵是在排卵后第 8.5 天进入子宫，大约在第 9 天定位，第 11～12 天囊胚覆盖物消失，局部子宫内膜基质水肿，13d 后新分化的滋养层合胞体代替子宫上皮，并侵入子宫内膜腺。星修三的研究结果认为，犬受精卵的着床是在交配后的第 18.5～24 天，排卵后的第 21～23 天，变动范围大小受犬的排卵时间、卵子状态、卵子获得受精能力和保持受精能力的时间以及精子保持受精能力的时间影响。

4. 影响胚胎附植的因素 胚胎附植是胚胎与子宫内膜相互作用而附着于子宫的过程。其中包括极为复杂的形态学、生理学和生物化学方面的变化。所以，影响胚胎附植的因素也极其复杂。

（1）母体激素的制约。胚胎附植受体内激素的控制，通常需要雌激素和孕激素的协同作用，才能引起子宫内膜的一些变化，产生分泌性内膜。雌激素还可以引起一些有利于附植的变化，如抑制腔上皮的胞吞作用，使子宫产生接受性，引起基质细胞的细胞分裂等。

（2）胚泡激素。母体对妊娠的识别，有赖于胚泡所产生的信号，胚泡能合成某些激素，它们在胚泡附植过程中起着重要作用。首先是促进和维持黄体的功能。孕酮对于子宫具有抗炎剂的作用，抑制炎性反应。然而在预期的附植部位会呈现一种炎症样反应（如毛细血管的通透性改变）。胚泡合成并分泌的雌激素，可以拮抗孕酮的抗炎症作用，从而使胚泡附植部位抑制附植的孕酮作用降低，使局部毛细血管壁通透性增高，有利于胚泡在子宫内实现附植。

（3）子宫的接受性。子宫并不是在任何情况下都允许胚泡附植的，它仅在一个极短的关键时期产生接受性，允许胚泡附植。在雌激素和孕激素相互作用的调控下，才能使子宫产生接受性。除子宫对胚泡有接受性外，胚泡对子宫环境也具有依附性，子宫分泌液中的特殊蛋白，对胚泡附植起着关键作用。此时，如果子宫环境受到干扰和破坏，使胚泡发育与子宫环境变化不同步，则胚泡不能附植。胚泡和内膜之间任何一方发生问题（子宫特殊蛋白缺乏、子宫分泌物不能进入胚胎），都会使附植中断。

母体子宫液蛋白、雌激素与cAMP都能促进子宫合成蛋白质、RNA、DNA。附植前后子宫液中含有多种蛋白成分，其中以子宫球蛋白（也称胚激肽）最为特异。它对胚泡的发育具有刺激作用，所以被称为胚激肽，它的合成与分泌受孕酮和雌激素的控制。它能控制附植时子宫腔与滋养层细胞蛋白溶酶的分泌量，并能与孕激素结合，胚泡不能受孕激素的毒性影响被分解，所以它也是附植不可缺少的关键因素。

（四）胚胎死亡及其原因

胚胎发育过程中由于受一些因素的影响，可能发育会中断而导致胚胎早期被吸收，较大的胎儿则引起流产，或在子宫内发生变性等。

胚胎死亡在妊娠任何时期均可发生，以胚胎附植阶段最高。早期胚胎死亡，受精卵被吸收，一般较难发觉或确证，往往仅能从产仔率的显著降低来推算，检查黄体数量和实有胎儿数虽然并非完全可靠，但仍不失为当前的一种研究方法。

死胎的种类很多，必须分析其原因、发生时间及母体状况等。造成胚胎死亡的原因也很多，虽可由遗传、营养、不良药物、在子宫内过于拥挤、生殖器官疾病以及内分泌失调等引起，但是精子和卵子的质量应该是早期胚胎死亡的主要原因之一。资料证明，精子、卵子衰老使胚胎死亡率明显提高。雌犬生活环境不适宜更是胚胎死亡的重要原因。外界温度偏高极易引起胚胎死亡，尤其是高温高湿季节，犬舍温度过高或散热不畅时。其他动物的实验证明，在配种前后雌性动物处于高温环境时，异常形态的卵子增加。另外，由于高温，甲状腺机能有被扰乱的可能性，也是对胚胎有害影响的因素。

三、胎膜与胎盘

在胚胎发育的早期，出现胚外体腔，经过胚层复杂的分化，形成胎膜及其与子宫接触联系的胎盘，其功能是通过胚外附属系统为胚胎提供营养，进行代谢，保护胚胎继续生长发育，是子宫内胎儿生长发育阶段的临时器官。

（一）胎膜

胎膜是胚胎的附属膜，其作用是与母体子宫黏膜交换养分、气体及代谢产物，对胚胎的发育极为重要。胎膜主要指卵黄囊、羊膜、尿膜、绒毛膜和脐带。

1. 卵黄囊　是受精卵附植后不久发育形成的，起着原始胎盘的作用，通过它吸取子宫分泌物，供给胚胎生长发育需要的营养。随着胚胎的发育，卵黄囊逐渐萎缩，最终埋藏在脐带内，成为没有机能的残留组织。

卵黄囊来源于内、中两胚层，内胚层形成卵黄囊壁的内层，中胚层形成卵黄囊壁的外层。卵黄囊形成的同时，中胚层出现血岛，血岛内部有幼稚细胞团，其周围的细胞稍偏离中心，形成一层扁平的血管上皮。幼稚细胞逐渐变圆，产生血红蛋白而呈红色。这种血岛初期为散在，随着发育逐渐结合，形成毛细血管网和发达的血管。卵黄囊的血管（卵黄血管）通过胚胎的卵黄动脉和卵黄静脉共同构成卵黄循环。血岛中出现的血细胞进入血液循环。

卵黄囊的血岛是胚胎初期的原始造血器官，肝、脾、骨髓、淋巴及胸腺器官形成后，取代了原始造血器官。

犬的卵黄囊从发生到分娩时，在脉络膜内伸长，其前、后端附着在脉络膜内壁上。可以使胚胎在胎膜中心保持悬垂状态，似鸡蛋的卵黄附着的"卵带"作用，以保护胚胎。

2. 羊膜 胚胎形成以后，其腹侧的外胚层和中胚层生出皱褶，向外伸展，然后向胚胎之上隆起，形成皱褶，最后愈合，皱褶的内层和外层分离，内层形成羊膜囊，将胚胎包围起来。羊膜是胎儿最内侧的一层膜，其形状自形成后到分娩前保持不变。羊膜外侧覆盖有尿膜，两膜之间有血管分布。羊膜包围脐带形成脐带鞘，在胎儿的脐轮处与胎儿皮肤相接。羊膜囊内有羊水，妊娠初期羊水量少，随着胎儿的发育而逐渐增加。

羊水清澈透明、无色、黏稠，在妊娠末期可达 8～30mL。羊水的量比尿囊液少得多，初期大约为尿囊液的 1/3，妊娠后半期羊水约为尿囊液的 1/4。羊水中含有电解质和盐分，整个妊娠期间其浓度很少变化。此外，还含有胃蛋白酶、淀粉酶、脂解酶、蛋白质、果糖、脂肪、激素等，并随着妊娠期的不同阶段而变化，目前对其循环和起源还不十分清楚。羊水的成分近似血清过滤液，来源于羊膜上皮或消化液，通过肠道吸收。分娩时羊水带有乳白色光泽，稍黏稠，有芳香气味。正常情况下，羊水中含有脱落的皮肤细胞和白细胞。

羊水可以保护胎儿免受震荡和压力的损伤，同时还为胚胎提供了向各方向自由生长的条件；还有防止胚胎干燥、胚胎组织和羊膜发生粘连的作用；分娩时有助于子宫颈扩张并润滑胎儿体表及产道，有利于胎儿产出。

3. 尿膜 最初由原肠后部（后肠）翻出胚体外而成，因此和卵黄囊一样也是由脏壁层构成。其功能一方面是储存胚胎排出的尿，因而它是胚体外临时的膀胱，并起着和羊膜相似的缓冲保护作用；另一方面则代替在胚胎早期的卵黄囊的生理机能，由尿膜上的血管分布于绒毛膜，构成胎盘的内层组织。随着尿液的增加，尿囊也逐渐增大，终于在胚外体腔占据大部分位置，有一部分和羊膜融合而成尿膜羊膜，大多数是和绒毛膜融合形成尿膜绒毛膜。

尿囊液可能来自胎儿的尿液和尿膜上壁的分泌物，或从子宫内吸收而来。尿囊液起初清澈、透明、呈水样、琥珀色，含有白蛋白、果糖和尿素。尿囊液量在妊娠期间是有很大变化的，犬的为 10～50mL。

尿囊液有助于分娩初期子宫扩张。子宫收缩时，尿囊也受到压迫即涌向抵抗力小的子宫颈，尿囊也就带着尿囊绒毛膜挤入颈管中，使它扩张开大。偶尔可发生尿水过多，此种情况称为尿囊积水，多数是尿膜血管受阻所致，性腺对尿囊液的容量也有影响。

4. 绒毛膜 在羊膜发育的同时，滋养层和体中胚层共同形成体壁层，是绒毛膜形成的基础，最终成为胎膜的最外层，包围着整个胚胎和其他胎膜。由于其外面被覆有绒毛故称为绒毛膜。绒毛膜在胎盘的形成上具有重要作用，而且和尿膜的关系很密切。但是犬的尿膜不与绒毛膜融合形成血管网，而是卵黄囊与绒毛膜融合形成卵黄囊-绒毛膜胎盘。

5. 脐带 由包着卵黄囊残迹的两个胎囊及卵黄管延伸发育而成，是连接胎儿和胎盘的纽带，其外膜的羊膜，形成羊膜鞘，内含脐动脉、脐静脉、脐尿管、卵黄囊的遗迹和黏液组织。

动脉和静脉各有 2 条，血管弯曲程度不大。脐静脉接近胎儿体时汇合成一条，脐动脉是胎儿下腹动脉的延续。胎儿通过脐动脉把体内循环的无营养静脉血液导入胎盘。脐静脉把在胎盘处与母体进行气体交换的新鲜动脉血运送给胎儿。

脐带的长度一般为犬体长的 1/2，很坚韧，不能自然断裂。脐带内的血管肌肉层断裂时可剧烈收缩，因此脐带被咬断（或切断）时出血少。初生仔犬腹部残留的脐带断端经数天后，逐渐干燥而自然脱落。

(二) 胎盘

胎盘通常是指胎膜的尿膜绒毛膜和母体子宫黏膜发生联系所形成的一种复合体，由两部分组成。胎儿绒毛膜的绒毛部分为胎儿胎盘，子宫黏膜部分为母体胎盘。胎儿的血管和子宫血管分别分布到胎儿胎盘和子宫胎盘上去，并不直接相通，但彼此发生物质交换，从而构成完整的胎盘系统，保证胎儿发育的需要。此外，胎盘也能产生某些激素，而且能使胎儿保持在子宫内，以保持胎儿的安全发育。

犬的胎盘在绒毛膜中央呈环状，所以称为带状胎盘。其特征是绒毛膜的绒毛聚合在一起形成一个宽带，环绕在卵圆形的尿膜绒毛膜囊的中部（即赤道区上），子宫内膜也形成相应的带状母体胎盘。带状胎盘有 2 种：一种是完全带状胎盘；另一种是不完全胎盘。犬属于完全带状胎盘。完全带状胎盘在妊娠早期是由卵黄囊形成有功能的绒毛-卵黄胎盘，以及绒毛膜-尿膜在赤道区生长发育，侵入子宫上皮而形成的。因而，紧靠着尿膜的中胚层细胞的滋养层细胞与母体子宫内膜毛细血管内皮细胞紧密相贴。卵黄囊是唯一退化的器官，漂浮在尿水中；绒毛膜-尿膜仍然形成一个充满液体的长椭圆形的囊（图 3-9）。

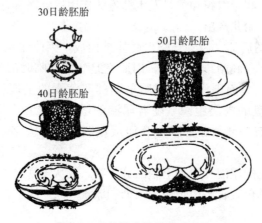

图 3-9 犬的胎儿胎膜模式示意

胎盘是维持胎儿生长发育的器官，它的主要功能是气体交换、运输、排泄废物、防御、内分泌、药物渗透等。

1. 气体交换 胎盘的气体交换与肺的气体交换本质是一样的，其不同之处是：前者为液体与液体系统进行交换，后者则为气体与液体系统进行交换。胎盘通过扩散进行气体交换来代替胎儿肺的呼吸作用。如果胎盘血液循环发生障碍，胎儿在子宫内就会窒息。

2. 运输 胎儿所需要的营养物质均需由母体通过胎盘供给。根据物质的性质及胎儿的需要，胎盘采取不同的运输方式运输营养物质。

(1) 简单扩散。物质自高分子浓度区移向低分子浓度区，直到两方取得平衡的运输方式。如水、二氧化碳、氧、电解质等都是以此方式运输的。

(2) 氮代谢。胚胎在囊胚期的附植过程中，囊胚附着处的子宫上皮发生某种程度的蛋白分解，绒毛膜细胞可以吞噬组织碎片，未经改变的蛋白质可由母体进入胚胎。胎盘形成以后，并不能输送蛋白质，胎儿血液中蛋白质和非蛋白氮物质均来自子宫黏膜细胞的分解产物及血浆成分。大部分蛋白质需经绒毛上皮的蛋白分解酶分解成分子质量低的氨基酸，并在胎盘中再合成后，才能被吸收。

（3）糖代谢。胎盘能储存糖原，糖原和血糖浓度的高低可影响糖原进入胎盘，胎盘中的糖原是其组织代谢产物，在不同妊娠期糖原含量也不同。胎儿血液中以果糖居多，葡萄糖含量低于母体。

（4）脂肪代谢。胎儿脂肪来自2个途径，一是由胎盘输送；二是由糖类和乙酸合成的游离脂肪酸，以简单的弥散方式进入胎盘。

（5）矿物质代谢。胎儿血浆中的铁主要来源于子宫分泌物，绒毛直接摄取母体血红蛋白所含的铁及含铁色素。随着妊娠期的推进，血红蛋白量增加，因而子宫及胎儿的铁含量增多。胎儿肝可储存铁，但储存量的多少并不能完全说明铁通过胎盘的数量及其利用率。钙和磷是以逆渗透梯度吸收通过胎盘进入胎儿体内的，并在胎儿血液中保持较高水平，而且随着妊娠期的进展而增加。钠很容易通过胎盘进入胎儿体内。

（6）维生素和激素。维生素B_2和维生素C很容易通过胎盘。脐静脉中维生素C的浓度高于脐动脉。胎儿血液中维生素B_2的浓度高于母体血液。维生素A、维生素D和维生素E都难以通过胎盘，所以脐血中这些维生素的浓度较低。

3. 排泄废物　胎儿的代谢产物，如尿酸、肌酐等是由胎盘经母体血液排出的。

4. 防御　母体可经胎盘使胎儿对某些疾病有被动免疫力。一般病原体是不能通过胎盘的。但是某些病原可在胎盘上先形成病灶，然后再进入胎儿体内。

5. 内分泌　胎盘可分泌雌激素、孕激素。母体内的雌激素、孕激素早期是由卵巢分泌的，以后则由胎盘分泌而成为维持妊娠及胎儿发育的主要激素。

6. 药物渗透　某些药物可通过胎盘进入胎体，如镇静剂、吸入性麻醉剂、抗生素等，因此妊娠期对母体应谨慎选用药物。

（三）胎儿的发育

胎儿是由囊胚的内细胞团分化发育起来的。囊胚胚盘的细胞分为3层：最内层为内胚层，由此将形成肠道的基本结构及其腺体和膀胱；最外层是外胚层，在发育的初期，沿胚盘的中轴形成一长嵴，即神经外胚层，继而发育为肾上腺髓质、脑和脊髓，以及神经系统的所有其他衍生组织，如乳腺和其他皮肤腺、蹄爪、毛发及眼的晶体等；中间为中胚层，由此将形成结缔组织、脉管系统、骨骼、肌肉和肾上腺皮质。原始的生殖细胞可能来源于中胚层和外胚层，这两种来源都有其证据。

胚胎的体节是由体壁中胚层发育而来的，体节分化成三区，由此再形成胎儿的不同部分。第1部分形成脊椎，将神经管封入其中；第2部分靠近神经管上部，形成骨骼肌；第3部分是体节的下部，形成皮肤的结缔组织。

犬的妊娠期是58～63d，受精卵着床之后，胎儿生长发育到出生的时间为40～55d。在这么短的时间内完成个体发育，可见胎儿发育速度非常快。一般表示胎儿生长发育程度的方法有2种：一种是以胎儿的体重来表示；另一种是以胎儿的体长来表示。由于妊娠各阶段影响胎儿体重的因素较多，因而多以体长来衡量胎儿的发育状况。表3-2为德国牧羊犬不同胎龄的胎儿体长变化情况。

表3-2　德国牧羊犬不同胎龄的胎儿体长变化

胎龄/周	2.5	3	4	6	7	8
胎儿体长/cm	0.4	0.7～1.0	1.0～3.0	4.4～4.7	12.0～13.0	16.0～21.0

胎儿体长是指头顶端至尾根部的长度，所以又称顶尾长。但是，早期的胎儿腹部有弯曲，所以应该测量背部的圆弧。胎儿体长因犬的品种、年龄、个体不同而差异很大，每窝胎儿数、胎儿性别以及在子宫内的位置也影响胎儿体长。

四、妊娠诊断

妊娠诊断的目的是为了掌握动物配种后妊娠与否、妊娠月份以及与妊娠有关的其他情况。妊娠过程中，雌犬生殖器官、全身新陈代谢和内分泌都发生变化，而且这些变化在妊娠的各个阶段具有不同的特点。妊娠诊断就是借助雌犬妊娠后所表现出的各种征状来判断是否妊娠以及妊娠的进展情况。

临床上早期妊娠诊断的价值较大，对确诊已经妊娠的雌犬，要加强饲养管理、改善雌犬的健康、保证胎儿正常生长发育、防止流产以及预测分娩日期，做好产仔准备。对未妊娠的雌犬，可以及时检查，找出未妊娠的原因，采取相应的治疗或管理措施，提高雌犬的繁殖率。

目前，犬常用的妊娠诊断方法主要有以下几种。

（一）外部观察法

雌犬妊娠以后因体内新陈代谢和内分泌系统的变化导致行为和外部形态特征发生一系列变化，这些变化是有一定规律可循的，掌握这些变化规律就能据此来判断雌犬是否妊娠及妊娠进展状况。

犬的妊娠诊断之外部观察法

1. 行为的变化 妊娠初期无行为变化。妊娠中期雌犬行动迟缓而谨慎，有时震颤，喜欢温暖的场所。妊娠后期，雌犬易疲劳，频繁排尿，接近分娩时有做窝行为。

2. 体重的变化 妊娠雌犬体重的增加与食欲的变化相平衡。排卵后到第 30 天时的体重与排卵时体重相比略有增加，但幅度不大；在此之后到妊娠第 55 天雌犬的体重迅速增加；妊娠 55d 到分娩，体重的增加不明显。胎儿数越多，体重增加越快。

3. 乳腺的变化 妊娠初期乳腺的变化不明显，妊娠 1 个月以后乳腺开始发育，腺体增大。临近分娩时，有些雌犬的乳头可以挤出乳汁。

4. 外生殖器的变化 雌犬发情结束后，其外阴部仍然肿胀，非妊娠犬经过 3 周左右逐渐消退，妊娠犬在整个妊娠期外阴部持续肿胀。妊娠犬肿胀的外阴部常呈粉红色的湿润状态，分娩前 2～3d，肿胀更加显著，外阴部变得松弛而柔软。

雌犬阴道分泌大量的黄色黏稠不透明的黏液，配种以后，不管妊娠与否，仍然间断性地分泌。但是，妊娠雌犬分泌的黏液变为白色稍黏稠而不透明的水样液体，这种黏液并非都是分泌的。临近分娩时（分娩前数小时），子宫颈管扩张，分泌 1～3mL 非常黏稠的黄色不透明黏液。

（二）触诊法

此法是指隔着母体腹壁触诊胎儿及胎动的方法。凡触及胎儿者均可诊断为妊娠，但触不到胎儿时也不能否定妊娠。此法可用于妊娠前期。

犬的妊娠诊断之触诊法

经腹壁触诊子宫可早期诊断出妊娠，其准确性因犬的性情、大小、妊娠阶段、胎儿数目、肥胖程度以及施术者的经验不同而不同。妊娠 18～21d，胚胎绒毛膜囊呈半圆形的膨胀囊，位于子宫角内，直径约 1.5cm，经腹壁很难摸到；妊娠 28～32d，胚囊乒乓球大小，直径 1.5～3.5cm，经腹壁很容易触摸到；妊娠 30d 后，很难摸到子宫角，胎囊体积增大、拉长、失去紧张度，胎儿位于腹腔底壁；妊娠 45～55d，子宫膨大部 5.4cm×8.1cm，而且迅速增长、拉长（体瘦皮薄的犬可触到胎儿），接近肝部，子宫角尖端可达肝后部，胎儿位于子宫角和子宫颈的侧面及背面；妊娠 55～65d，胎儿增大，很容易触摸到。

（三）超声波诊断法

此法是通过线形或扇形超声波装置探测胚泡或胚胎的存在来诊断妊娠的方法。将妊娠犬采取仰卧或侧卧保定，剪掉下腹部被毛，探头及探测部位充分涂抹螯合剂，使探头与皮肤紧密接触。

犬的妊娠诊断之
超声波诊断法

最早可以确认胚泡的时间是交配后第 18～19 天。此时图像不十分清楚。交配后第 20～22 天的图像清晰。交配后第 35～38 天可以观察到胎儿的脊柱。

妊娠诊断还可以利用超声多普勒法通过子宫动脉音、胎儿心音和胎盘血流音来判断是否妊娠。让雌犬自然站立，腹部最好剪毛，把探头触到稍偏离左右乳房的两侧。子宫动脉音在未妊娠时为单一的搏动音，妊娠时为连续性的搏动音。胎儿心音比雌犬心音快得多，类似蒸汽机的声音。胎儿心音及胎盘血流音只有妊娠时才能听到。

超声多普勒法在交配后第 23 天即可以诊断，交配后第 25 天可以听到胎儿心音及胎盘血流音，其诊断准确率很高。

（四）X 线诊断法

交配后第 20 天前，X 线尚不能确定妊娠。交配后第 25～30 天，受精卵已经着床，胚胎内潴留液体，此时 X 线可以确定稍膨大的子宫角；妊娠 30～35d 时，根据犬体大小，腹腔内注入 200～800mL 空气进行气腹造影，可以确定子宫局限性肿块的阴影；妊娠 45d 时，根据子宫内胎儿的位置不同，X 线可照出胎儿的头部或脊柱，但有时不能确定胎儿数目；妊娠 50d，X 线摄像的胎儿骨骼明显，胎儿数目清晰。

犬的妊娠诊断之
X 线诊断法

X 线诊断法一般不作为早期妊娠诊断来使用，因为射线对胚胎早期的发育影响很大。一般主要用于妊娠后期确定胎儿数或比较胎儿头骨与母体骨盆口的大小，以预测难产的可能性，而且应该尽量避免反复使用。

单元七 分娩与助产

一、分娩征兆

随着胎儿发育成熟和分娩期的临近，雌犬的生理机能、行为特征和体温都会发生变化，这些变化就是分娩预兆。对这些变化进行全面观察，可以预测分娩的时间，从而有利于做好雌犬分娩的接产工作。犬的正常分娩多在凌晨或傍晚进行。雌犬分娩预兆主要表现在以下 3 个方面。

分娩预兆

（一）生理变化

1. 乳房 分娩前乳房迅速膨胀增大，乳腺充实，乳头增大变粗。有些雌犬在分娩前 2d 可挤出乳汁，极少数雌犬在分娩前 1 个月就已有乳汁了，而大部分雌犬则需要等分娩 1h 后才有乳汁。

2. 外阴部　在分娩前 1～2d，雌犬外阴部和阴唇肿胀明显，呈松弛状态；阴道黏膜潮红，阴道内黏液变得稀薄、润滑，子宫颈松弛。

3. 骨盆　临近分娩时雌犬的荐坐韧带开始变得松弛，臀部坐骨结节处下陷，后躯柔软，臀部明显塌陷。

（二）行为变化

1. 精神状态　临产前雌犬表现精神抑郁、徘徊不安、呼吸加快。越临近生产时其不安情绪越明显，并伴以扒垫草、撕咬物品、发出低沉的呻吟或尖叫等行为。初产雌犬表现尤其明显。

2. 食欲状况　多数雌犬在分娩前 24h 内表现为明显的食欲下降，只吃少量爱吃的食物，甚至拒食，有的雌犬食欲正常。

3. 排便状况　雌犬分娩前粪便变稀，排尿次数增加，排泄量减少。

（三）体温变化

分娩前雌犬体温有明显的变化。在妊娠的最后几周，雌犬的体温要比正常体温略低一些。体温变化最明显的是在临产前 24h 内，体温会下降到 36.5～37.2℃。大多数雌犬在分娩前 9h 体温会降到最低，比正常体温要下降 1℃ 以上。当体温开始回升时，就预示即将分娩。雌犬分娩前明显的体温变化，是预测分娩时间的重要指标之一。

二、分娩过程

犬分娩是指犬正常妊娠期满，胎儿发育成熟，雌犬将胎儿以及其附属物从子宫内排出体外的生理过程。

（一）分娩的机理

分娩是胎儿发育成熟后的自发生理活动，引起分娩发动的因素是多方面的，是由机械因素、激素因素、神经因素及胎儿因素等诸多因素相互联系、协调而促成的。

1. 机械因素　随着胎儿的迅速生长，子宫也不断地扩张，一是增强了子宫肌对雌激素和催产素的敏感性；二是由于子宫壁扩张后，胎盘血液循环受阻，胎儿所需氧气和营养得不到满足，引起胎儿强烈反射性活动，而导致分娩。

2. 激素因素　对分娩启动有作用的激素很多，包括催产素、孕酮、雌激素、前列腺素、肾上腺皮质激素、松弛素等。这些激素通过共同作用启动分娩。其中，催产素能使子宫发生强烈收缩，对分娩起着重要作用。

3. 神经因素　对分娩的启动并不起决定性的作用，但对分娩具有很好的调节作用，可以接受并传导分娩期间的各种信号。

4. 胎儿因素　胎儿的丘脑下部-垂体-肾上腺轴对分娩的启动有决定性作用，它的缺乏和异常会阻止雌犬分娩，延长妊娠期。

分娩启动的过程：在临近分娩前，子宫肌对机械性及相关激素的敏感性逐渐增强。当胎儿完全发育成熟时，它的脑垂体分泌大量促肾上腺皮质激素，从而使胎儿肾上腺皮质激素分泌增多。大量的肾上腺皮质激素又引起胎儿胎盘分泌大量的雌激素，同时也刺激子宫内膜分泌大量的前列腺素。在这些激素刺激下，胎儿就对子宫颈和阴道产生刺激，使雌犬垂体后叶释放大量催产素。在高浓度的雌激素、催产素和前列腺素共同作用下，子宫平滑肌发生强烈的阵缩，从而发动分娩排出胎儿。

（二）分娩动力

雌犬分娩主要依靠子宫平滑肌和腹肌有节律地共同收缩产生的力量来完成。

母犬的分娩动力

1. 阵缩 是分娩的主要动力。分娩时子宫平滑肌一阵一阵有节律性地收缩，称为阵缩。阵缩是由于分娩时子宫平滑肌在血液中的催产素等作用下的收缩，子宫平滑肌收缩时血管受到压迫，血液循环和氧供给发生障碍，血液中引起子宫平滑肌收缩的催产素等就减少，子宫平滑肌的收缩也就减弱、停止。子宫平滑肌收缩停止时，解除血管压迫，恢复正常血液循环和供氧，如此循环产生阵缩。每次阵缩都是由弱到强，持续一定时间后就减弱消失，这样对胎儿的安全非常重要，因为长时间的持续收缩会阻止胎盘血液供应，使胎儿缺氧死亡。同时，每2次阵缩之间有一定时间的间歇，有利于雌犬恢复体力。

2. 努责 是分娩的辅助动力。腹壁肌和膈肌的收缩称为努责，是随意性的收缩，是伴随阵缩而进行的，对胎儿的产出也有重要的作用。

（三）胎向与胎位及分娩的姿势

1. 胎向与胎位 胎向是胎儿的背与母体腹背所取的方向。胎儿的背朝向母体腹侧的称为上胎向，朝向母体背侧的称为下胎向，朝向母体横腹的称为侧胎向。犬和猪一样都是多胎动物，妊娠的左、右侧子宫角很长，而且弯曲，甚至反转，所以胎向完全不能确定。胎位是表示胎儿体纵轴与子宫纵轴之间的关系，互相平行的为纵位，互相交叉的为斜位。胎儿的头部向雌犬头部方向（或胎儿尾部朝产道方向）的为尾位，胎儿头部向雌犬后部（或胎儿的头部朝产道后方向）的为头位。

犬的胎儿胎位没有规律性，与胎儿性别也无关系。临近分娩时的胎位和胎向，是影响正常分娩的因素之一。

2. 分娩的姿势 雌犬分娩一般是侧卧姿势，偶见排便姿势。因为雌犬侧卧时，胎儿容易进入骨盆腔；而且腹壁不必负担内脏器官和胎儿的重量，使腹肌收缩更有力。另外，侧卧可使两后肢向后呈挺直姿势，促使骨盆韧带以及附着的肌肉充分松弛，从而能使骨盆腔充分扩张，有利于胎儿通过。因此，雌犬通常表现为侧卧努责，后肢挺直的分娩姿势。

分娩的姿势

（四）分娩的过程

整个分娩期是从子宫颈口张开、子宫开始阵缩到胎衣排出为止，一般分为3个阶段。

1. 第1阶段（开口期） 是从子宫开始阵缩，到子宫颈充分扩张为止。这一阶段持续的时间差别较大，一般为3~24h。这一阶段的特点是：一般只有阵缩，没有努责。雌犬行为上的表现：轻微的不安、烦躁，时起时卧，来回走动；常做排尿动作，有时也有少量粪尿排出；呼吸、脉搏加快。一般初产犬表现明显，而经产雌犬相对比较安静。

2. 第2阶段（产出期） 是从子宫颈充分扩张，至所有胎儿全部排出为止。这一阶段持续时间的长短取决于雌犬的状况和仔犬的数目，一般在6h之内，仔犬数多的不应超过12h。这一阶段的特点是：阵缩和努责共同发生，而且强烈。雌犬行为上的表现：极度不安，烦躁情绪增强，并伴有努责。当第1只仔犬进入骨盆时，阵缩和努责更加强烈，而且持续时间更长、更频繁。同时，雌犬常常会将后肢向外伸直，强烈努责数次后，

母犬分娩之胎儿
产出期

休息片刻继续努责，直到胎儿排出。

当雌犬发现包着胎膜的胎儿出现在阴门时，就会用牙齿撕破胎膜，露出胎儿。撕破胎膜可润滑产道，利于胎儿排出。胎儿产出后，雌犬会拽出并吃掉胎膜和胎盘，咬断胎儿的脐带，并不停地舔舐仔犬的全身，特别是舔去仔犬的鼻和嘴处的黏稠羊水，确保仔犬呼吸畅通，并舔干全身的被毛。同时，还会舔舐自身外阴部，以清洁阴门。

一般在分娩出第 1 只仔犬后的 2h 内，第 2 只仔犬就会娩出。当第 2 只仔犬要娩出而产生阵缩时，雌犬就会暂时撇开第 1 只仔犬，来处理第 2 只仔犬的出生。如此重复这一行为直到所有仔犬产出。在产仔间隔时间里雌犬有站起来走动和喘气的习惯。当所有仔犬娩出后，雌犬就安静下来精心地保护和照顾仔犬，不停地用力舔舐仔犬的肛门及其周围，以刺激仔犬胎粪排出。在分娩期间雌犬不会专注地哺乳，分娩结束后才会专心为仔犬哺乳。

一般在这一阶段，雌犬不需要人为帮助，而且多数雌犬还会厌恶有人在其附近（包括主人）。但对初产雌犬在这一阶段要特别加强观察，以便随时提供帮助。

3. 第 3 阶段（胎衣排出期）　是从胎儿排出后到胎衣完全排出为止。这一阶段的特点是：轻微的阵缩，偶有轻微的努责。胎盘和胎膜一般是在每只仔犬娩出后 15min 内排出，有的可能与下一只仔犬娩出时一起排出。胎盘含有丰富的蛋白质，雌犬通常会吃掉胎盘和胎膜，用于补充能量，有利于分娩。同时，舔舐外阴部流出的黏液，清洁阴门。这一阶段的雌犬比较安静，处于疲劳状态。

母犬产后胎膜和胎盘的处理

三、助产

雌犬一般能自然生产，无须人为助产。由于各方面因素的影响，有些雌犬往往不能独立完成分娩，这就需要人为地帮助雌犬分娩，这个过程就是助产。发生分娩异常时，应及早助产，可避免雌犬和仔犬受到危害。

（一）助产的准备

在临近分娩前要做好助产准备，以便随时解决雌犬分娩时出现的异常情况，确保雌犬分娩顺利进行。

1. 物品及人员的准备

（1）产房应该宽敞明亮、清洁、干燥、通风良好，冬暖夏凉，温度保持在 30℃ 左右，有产床。

助产物品的准备

（2）药品包括 75% 乙醇、2%～5% 碘酊、刺激性小的消毒液（如新洁尔灭等）、催产素等。

（3）常用外科器械、产科器械、一次性注射器、体温计、听诊器等。

（4）物品包括毛巾、肥皂、脸盆、热水等。

（5）繁育员（主人）和兽医。

分娩过程中产床的要求

2. 分娩雌犬的准备　分娩前用消毒液擦洗雌犬外阴部、肛门、尾部及后躯，再用温水擦洗干净。如果是长毛品种的雌犬，应将阴门周围的长毛剪掉。

（二）正常分娩的助产

正常分娩的助产应在严格消毒的原则下进行，助产员的手臂要洗净并消毒。

1. 分娩时的助产　雌犬分娩正常时不必助产，如果出现下列情况则要及时助产。

（1）雌犬不撕破胎膜。当胎儿露出阴门后，雌犬不主动去撕破胎膜时，要及时帮助雌犬把胎膜撕破。撕破胎膜要掌握时机，不要过早，以避免胎水过早流失造成产出困难。

分娩助产

（2）雌犬产力不足。有些雌犬特别是初产雌犬和年老的雌犬，由于生理原因出现阵缩、努责微弱，无力产出胎儿。此时要使用催产素，同时用手指压迫阴道刺激雌犬反射性地增强努责。

（3）胎儿过大或产道狭窄。出现这种情况必须采取牵引术进行助产。方法是消毒雌犬外阴部，向产道注入充足的润滑剂。先用手指触及胎儿，掌握胎儿的情况，再用两手指夹住胎儿，随着雌犬的努责慢慢将胎儿拉出，同时从外部压迫产道帮助挤出胎儿，或使用分娩钳拉出胎儿，使用分娩钳时应尽量避免损伤产道。

（4）胎位不正。犬正常的胎位是两前肢平伸将头夹在中间，朝外伏卧。产出的顺序是前肢、头、胸腹和后躯，正常胎位的分娩一般不会出现难产，而且有40%左右的以尾部朝外的胎位分娩也属正常。当胎位不正引起产出困难时，就要进行整复纠正，即用手指伸进产道，并将胎儿推回，然后纠正胎位。手指触及不到时，可使用分娩钳。

正常助产如果没有效果，就可能发生难产，应及时做进一步处理，必要时应进行剖宫产。

2. 对产出仔犬的处理　仔犬产出后，雌犬因各种原因不能护理时，要进行人工护理。

（1）清除黏液。仔犬产出后，雌犬不去舔舐仔犬时，要用卫生纸或柔软的干毛巾及时擦掉仔犬鼻孔及口腔内的黏液，并将后肢提起倒出鼻孔和口腔内的液体，确保仔犬呼吸畅通，防止窒息。对假死状态的仔犬，清理后马上进行人工呼吸，轻压其胸部和躯体，抖动全身直到仔犬发出叫声并开始呼吸。

（2）处理脐带。如果雌犬不会咬断脐带或脐带过长，则要给仔犬剪断脐带。在仔犬脐带根部用缝线结扎好，距离仔犬腹壁基部2cm处剪断，断端用碘酊涂擦。涂擦碘酊不仅有杀菌作用，而且对断面有鞣化作用。也可直接用手指拧断，不需结扎止血，也会自然止血。仔犬产出后脐带血管会迅速封闭，处理脐带只是为了避免细菌侵入，防止感染。

新生仔犬脐带的处理

（3）擦净羊水。母犬不会舔舐仔犬身体时，要用卫生纸或柔软的干毛巾擦干仔犬全身，特别是被毛。但除非绝对需要这样做，一般尽量让母犬自己舔干，即使需要帮助擦干也应留些给母犬，以增加母犬对仔犬的关注。

新生仔犬羊水的处理

四、新生仔犬及产后雌犬的护理

（一）新生仔犬的护理

新生仔犬也称初生仔犬，是指从出生到脐带断端干燥、脱落这段时间（大约3d）的仔犬。

1. 加强观察　新生仔犬的活动能力很差，而且眼睛和耳朵都完全闭着，随时有被雌犬压死、踩伤的可能，也有爬不到雌犬身边因受冻、吃不

新生仔犬的护理

到初乳而挨饿等现象，这些都需要有人随时发现并进行处理。所以对新生仔犬的观察护理非常重要，对母性不好、体质弱的仔犬尤其重要。

2. 保温　新生仔犬的体温较低，为 36～37℃，最低体温会降到 33～34℃。新生仔犬的体温调节能力差，体内能量储备少，对温度反应敏感，不能适应外界温度的变化，所以对新生仔犬必须保温，尤其是在寒冷的冬季。1 周龄内的仔犬的生活环境温度以 28～32℃ 为宜，对体质较弱的新生仔犬，恒定的环境温度尤其重要。1 周龄以后，随着年龄的增长，新生仔犬对环境温度变化的调节能力逐渐增强。但新生仔犬生活的环境温度也不宜过高，过高会使机体水分排出过多，容易发生脱水。一般以稍低于健康新生仔犬的体温为好。为了提高新生仔犬的环境温度，可采用多种方式：一是在犬床内使用电暖器；二是在产床上使用电热毯；三是在犬箱里放热水袋；四是在犬床上方悬挂红外线灯泡。为防止新生仔犬被烫伤等，应保证新生仔犬与红外线灯泡之间的距离（图 3-10）。

图 3-10　产箱

3. 吃足初乳　初乳是指雌犬产后 1 周内分泌的乳汁。初乳中不仅含有丰富的营养物质，并具有轻泻作用，更重要的是含有母源抗体。新生仔犬体内没有抗体，完全通过消化初乳获得抗体，从而有效地增强抗病能力。因此，新生仔犬要在产出后 24h 内尽快吃上初乳。对不能主动吃乳的仔犬，应及时让其吃上初乳。最好先挤几滴初乳在乳头上，然后轻轻地把仔犬的嘴鼻部在母犬乳房上摩擦，再将乳头塞进仔犬嘴里，以鼓励仔犬吮吸母乳。必要时还需挤出初乳喂新生仔犬。

4. 人工哺育　雌犬产仔数过多（8 只以上）或雌犬乳汁不足甚至无乳时，应进行人工哺乳或保姆犬哺乳。但在进行人工哺乳或保姆犬哺乳之前，要尽量让新生仔犬吃到初乳。除非绝对必要（无乳或其他原因确实不能哺乳等），最好是经雌犬哺乳 5d 左右再离开，这样就可以提高仔犬的免疫力，增强抗病能力。

（1）人工喂养。首先要选好代乳品，一般使用牛乳，最好是鲜牛乳。开始时应按体积加 1/3 的水稀释，再在每 500mL 稀释乳中加入 10g 葡萄糖和两滴小儿维生素混合物滴剂。3～5d 后应逐渐减少水的比例，提高牛乳浓度。白天至少每隔 2h 喂 1 次，体质特别弱或食量小的，要每小时喂 1 次；晚上视情况每隔 3～6h 喂 1 次。每天喂食的乳料，最好现喂现配，也可将 1d 的乳料配好储存在冰箱里，喂食时将乳料加热到 38℃ 左右。喂食量可根据仔犬的胃容量来确定，以五至八成饱为宜。

①喂养方法。准备好一个特制奶瓶（婴儿用的奶瓶也可以），使用前先对奶瓶进行消毒，再把配制好的乳料倒入奶瓶中，加热至 38℃ 左右。抱起新生仔犬，托住它的胸廓，将奶嘴放入它的口中即可。喂乳时应让新生仔犬自己吸乳，不要让奶瓶高过头顶，更不要给新生仔犬强行灌喂乳（除非确实必要）。同时，注意喂乳时不要捏紧仔犬的腿，应让腿能够自由活动。

②刺激排泄。新生仔犬不会自己排泄粪尿，必须由雌犬舔舐肛门来清理。有些雌犬不会舔舐，必须人为地帮助仔犬擦拭。每次喂乳时，要模仿雌犬的净化活动，用棉球或柔软的卫生纸擦拭肛门，并擦干仔犬头部及身上的乳汁、水和其他污物等。同时，对仔犬的胃肠和膀

胱进行轻度的刺激（轻揉），以便促进其胃肠及膀胱蠕动。

③其他注意事项。一是防止便秘。人工喂食的代乳品无轻泻作用，容易引起便秘，一旦出现便秘，可用圆头的玻璃棒在新生仔犬肛门内及周围涂擦凡士林，也可在代乳品中加入1～2滴食用油或液状石蜡，严重的可直接将食用油或液状石蜡滴入仔犬口中，直到排便恢复正常。一旦正常应立即停止使用，以防引起腹泻。二是如果是由于新生仔犬数多而进行人工喂养的，在喂养间歇期应把新生仔犬放回雌犬身边，这样有利于其生长发育。但在放回时要特别注意观察雌犬对新生仔犬的反应，防止有的雌犬不接受人工喂养的新生仔犬，甚至会伤害它。如果雌犬不接受，则需完全移开进行人工喂养。

（2）保姆犬喂养。保姆犬哺乳对缺乳的新生仔犬的正常发育很有利，若做得好与原雌犬带的效果一样。有条件的可以为产仔数多的雌犬配备好保姆犬。一般选择性情温和的保姆犬，并应具备两个条件：①与原雌犬分娩时间基本相同；②有充足的乳汁。在给保姆犬喂养前，要在新生仔犬身上涂擦保姆犬的乳汁或尿，让新生仔犬身上带有保姆犬的气味，这样保姆犬就能很快接受。但开始几天要密切观察，防止保姆犬不接受并伤害新生仔犬。只有当保姆犬开始接受新生仔犬吃乳，并照顾它时，才能放手让其正常喂养。

5. 疾病预防 新生仔犬抗病力极差，很容易受到病原微生物的侵袭，因此产房一定要干净、卫生。注意新生仔犬的保温，防止感冒。保持乳房清洁卫生，防止肠道感染。如果新生仔犬出现肠道感染，可在其口腔滴几滴抗生素。

（二）产后雌犬的护理

1. 生理变化 产后雌犬生理上会发生一些变化，特别是生殖器官，产后这些器官有一个恢复的过程，要加强护理，避免损伤。

（1）子宫内膜的再生。分娩后子宫黏膜表层发生变性、脱落，由新生的黏膜代替曾经作为母体胎盘的黏膜。在再生过程中，变性的母体胎盘和残留在子宫内的血液、胎水以及子宫腺的分泌物被排出来，这些排出来的混合液体就称为恶露。恶露开始量多，因为含有血液而呈红褐色，以后随着血液减少颜色也逐渐变淡，直至停止排出。正常恶露有血腥味，但无臭味，大约需要1周排完。如果恶露有腐臭味，或排出时间延长没有停止迹象，表明雌犬出现异常，应及时处理。分娩后，卵巢内就有卵泡开始发育，但要到临近发情时，才发育成熟及排卵。分娩后45d阴道、前庭和阴门就能恢复，但不能恢复到产前状态。分娩后45d骨盆及韧带恢复原状。

（2）子宫复原。雌犬产后，其子宫的变化最大，随着胎儿和胎衣排出，子宫会迅速缩小，这种收缩使妊娠期间伸长的子宫肌细胞缩短，子宫壁也随之变厚。随着时间推移，子宫壁中增生的血管变性，一部分被吸收，另一部分肌纤维会变细，子宫壁变薄，恢复原状。但子宫的大小和形状不能完全恢复原状，比未产雌犬的大而且松弛下垂。

2. 加强营养 分娩期间雌犬体能消耗很大，加上需要哺乳，因此应给产后雌犬提供质量好、易消化的饲料，特别是需要高品质的蛋白质，量也要增加。同时，要补充维生素和矿物质，必要时还要补充钙。分娩过程中雌犬会失去很多水分，产后要提供足够的温水。同时，应供给利于产乳的食物。

产后母犬的营养护理

3. 加强卫生管理 产后雌犬由于整个机体，特别是生殖器官发生了剧烈变化，抗病能力明显降低，而且身体虚弱，很容易受到微生物的侵袭，因此要特别注意产后雌犬外阴部和乳房的清洁卫生。要经常用消毒液清洗雌犬的外阴部、尾巴和后躯，即先用消毒液浸泡过的温毛巾擦拭乳房，再用清水清洗干净，防止仔犬吸入消毒药水。同时，要保持产房的清洁卫生，特别是雌犬躺卧的产床，应经常用消毒的毛巾擦拭，防止雌犬外阴和乳房感染。

4. 适当运动　在气候适宜的季节，天气好时，每天要让雌犬到室外散步运动 2 次，每次 0.5h 左右，但要避免剧烈运动。

5. 保持安静　注意保持产房及周围环境的安静，避免噪声、强光等刺激。应尽量减少进出产房次数，以免影响雌犬的哺乳和休息。

6. 加强疾病预防　产后雌犬抗病能力差，而且分娩过程中有可能损伤，容易引起产后感染，因此产后要经常对雌犬进行检查。检查时主要注意恶露的排出量、颜色和排出时间的长短；生殖器官有无肿胀；乳房胀满程度、有无炎症、乳量多少等。每天测量体温 1～2 次，时刻注意体温变

母犬分娩后的
环境要求

化，如果体温升高，要查明原因及时进行处理。同时注意防止贼风侵袭引起感冒。在给哺乳期的雌犬用药时，应充分考虑药物的副作用，禁止使用影响乳汁分泌及仔犬生长发育的药物。

复习思考题

1. 雌犬发情鉴定常用的方法有哪些？
2. 如何调教种雄犬？
3. 外界环境对精子有哪些影响？
4. 怎样用估测法评定精子的"密""中""稀"等级？
5. 如何检查和评定精子活率？
6. 稀释液的成分有哪些？各有何作用？精液的稀释有何意义？
7. 精液低温保存和常温保存的原理是什么？
8. 外界因素对精子的影响有哪些？
9. 犬常用的妊娠诊断方法有哪些？
10. 新生仔犬的护理措施有哪些？
11. 产后雌犬的护理措施有哪些？

模块四　猫的繁殖

单元一　雌猫的生殖生理

一、初情期和性成熟

1. 初情期　雌猫的初情期是指猫从出生到第 1 次出现发情表现并排卵的时期。此时期因品种和季节不同而差异较大。绝大多数猫体重达到 2.3~2.5kg 时（大约 7 月龄），卵巢上的卵泡发育，开始表现出发情现象。

猫初情期受出生时所处的季节的影响较大。每年 10—12 月，猫一般不发情，为乏情期。如果在这几个月达到初情期体重，通常要等到翌年 1—2 月才发情。如果雌猫在夏季达到初情期体重，通常要提前发情。在 10—12 月出生的仔猫，经几个月就到了发情季节，这时它们尚未达到性成熟，而要到下一个发情季节才第 1 次发情。

此外，猫的饲养方式、血缘纯度、品种、断乳时间和光照长短等因素都会对初情期的到来产生一定影响。如纯种猫比杂种猫初情期晚，笼养猫比放养猫晚，单个饲养的比群养的晚，喜马拉雅猫或斑点短毛猫品种最晚，平均 13 月龄第 1 次发情（9~18 月龄），而伯曼猫最早，平均 7.7 月龄（4.5~15 月龄）。

2. 性成熟　雌猫的性成熟是指雌猫初情期以后，生殖器官发育成熟、发情和排卵正常并具有正常的生殖能力的时期。雌猫一般在 7~12 月龄达到性成熟。雌猫性成熟后就有周期性的发情表现，一般间隔 1~2 个月发情 1 次，每次持续 1 周左右。发情间隔长短，视猫的体质和营养状况而定，通常营养好、身体强壮的猫发情较为频繁。

雌猫性成熟时，虽然卵巢会排卵，并出现发情现象，但身体的正常发育尚未完成，故一般不宜配种。如果此时配种，对雌猫及其后代的身体健康均不利，不仅影响雌猫生长发育，使其早衰，而且其后代生长发育慢、体小、多病，本品种一些优良特性可能会出现退化。因此，一般要等到体成熟时才能配种。雌猫体成熟早，一般在 10~12 月龄配种为好，即在雌猫第 2 次或第 3 次发情时配种。若雌猫发育正常、体质健壮，性成熟可提前 2 个月左右。

二、繁殖年限

猫的正常寿命一般为 15 年左右，繁殖年限为 7~8 年，此后生理功能明显衰退：雌猫不发情，即使发情、妊娠也不再适合繁殖；雄猫失去配种能力。为了提高雌猫的利用年限，要严格控制雌猫的产仔窝次。

三、发情与发情周期

（一）发情

猫的发情是指由卵巢上的卵泡发育引起，同时受下丘脑-垂体-卵巢轴调控的生理现象。

（二）发情周期

猫是季节性多次发情和诱发性排卵的动物。多次发情是指在一个发情季节出现多次发情表现。诱发排卵又称刺激性排卵，必须通过交配或其他途径使子宫颈受到机械性刺激后才排卵，并形成功能性黄体。因此，猫发情周期没有严格的周期性，其持续时间取决于是否交配、排卵、妊娠，以及分娩后是否泌乳等。

发情周期是指雌猫从一次卵子成熟开始到下次卵子成熟开始的时期，一般21d左右，发情持续时间3～6d，具有持续交配能力的时间为2～3d。如果发情期未能排卵，则发情周期为2～3周。如果出现持续发情，周期就会延长。如果交配后排卵但未受孕，则发情周期延长至30～75d，平均为6周。根据发情征状与卵巢的变化可将发情周期分为以下5个时期：

1. 发情前期 卵巢上有3～7个卵泡得到发育，直径增大到2mm；阴门水肿不明显，阴道无血红色恶露；喜欢让人抚摸，排尿频繁，持续1～3d。

2. 发情期 猫性欲达到高潮的时期。此期的特征是：雌猫嗷嗷叫，性格变得较温驯，精神亢奋，食欲下降，若以手压其背部，有踏足举尾的动作，尾巴弯向一侧愿意接受雄猫交配。会阴部前后移动，如果轻敲骨盆区，表现更为明显；阴门红肿、湿润，甚至流出黏液，卵泡发育至直径为2～3mm。此期的持续时间因季节不同和是否排卵而异。在春季，持续时间延长（5～14d），在其他季节发情期缩短（1～6d）。如果交配后排卵，则发情期持续5～7d，于交配后24～48h消失；如果未能排卵，则发情一般要持续8d。然而，有时候无论排卵或不排卵，发情期都一样长；而未交配的猫，发情期却较短。

3. 排卵期 猫的排卵发生在交配后24～50h。交配刺激阴门和阴道，引起下丘脑释放促性腺激素释放激素，后者促进促黄体激素的分泌和释放，从而诱发排卵。

4. 发情后期 如果雌猫发情后未交配，发情后期持续14～28d，平均21d。如果雌猫交配后诱发了排卵，但未受精，则导致假妊娠，持续30～73d，平均35d。

5. 乏情期 此期雌猫卵巢体积缩小，卵泡直径为0.5mm，无发情表观。

四、发情季节

季节性变化是影响猫的繁殖活动，特别是发情周期的重要环境因素，它通过神经系统发挥作用。猫属于季节性多次发情动物，只在发情季节期间才发情排卵。发情季节是指雌猫在一年中仅在一定时期才表现发情的时间段。光照时间长短是影响雌猫发情季节的重要因素。缩短或延长光照时间能够抑制或促进雌猫发情，因此可通过改变光照时间来调节猫的发情活动。雌猫的发情季节及持续时间因地理位置不同而异。在北半球，发情季节从1月开始，持续到8月、9月光照时间变短时结束。接着进入乏情期，一直到下一个发情季节。在室内给予人工光照处理的雌猫可以全年发情交配。这种情况在短毛品种比长毛品种普遍，尤以泰国猫为多见。在应激情况下，如运输、搬动猫笼、转群等，都可能使猫发情中断。

雌猫产后第1次发情通常出现在断乳后8d，即平均产后第8周。持续泌乳可使产后发情推迟至第21周。但是，个别哺乳的猫，有时也可能在产后7～10d发情，有些猫在产后

18～26h 就可发情交配。

单元二 猫的配种

一、选种与选配

1. 猫的选种 猫的选种是指按照预定的育种目标，通过一系列方法，从猫群中选择优良个体作为种用的过程。对于宠物猫，由于人们的爱好和要求不同，选择的标准也就应该有所区别。如猫的毛有长有短，耳朵有大有小，眼睛的颜色有黄色、蓝色、白色和红色之别，尾巴有长有短，体型的大小以及身体各部位的特点等都是选择的条件。一般来说，人们更青睐毛长、性情温驯、活泼可爱、体型较大、毛色纯白或花纹美丽，以及眼睛呈蓝色、白色或红色的宠物猫。

2. 猫的选配 猫的选配是指为了获得优良的、有稳定遗传特性的不同用途的猫，而人为安排优良品种雄猫、雌猫进行配种。选配过程中禁止具有相同缺点的雄猫、雌猫交配。优良品种猫，要在本品种内选配偶，但严禁近亲（三代以内）繁殖。

二、猫的交配

猫的交配行为受交配经验及体内激素水平的影响。处女猫对雄猫，开始时抵抗，通过接触次数的增多才慢慢接受。因此，让雌猫与雄猫多接触，有助于交配的顺利进行。在乏情期和发情后期，雌猫和雄猫之间无性吸引。在发情前期和发情期，雌猫主要是通过叫声、行为以及尿味等来吸引雄猫的注意。

1. 外激素 雌猫在发情时，阴道分泌物中含有戊酸。戊酸作为一种外激素，不但可吸引雄猫，而且可刺激雌猫发情。此外，雄猫的气味也是一种外激素，这种气味用于雌猫识别一个雄猫的活动范围，并能促进雌猫发情。

2. 交配前性行为 雌猫进入发情期后，主要表现为活跃、紧张和叫声不断，到处摩擦头部，并在地上打滚。当雄猫接近时，这种表现更为突出。如果听到雄猫的叫声，或雄猫接近时，雌猫表现为腰部下弯，骨盆区抬高，尾巴弯向一侧，后脚做踏步运动，接受交配。如果轻敲或触摸雌猫腰部或骨盆区，或抓住雌猫颈部皮肤和轻击会阴部，均会出现上述行为。

3. 交配过程 猫的交配一般在光线较暗、安静的地方，以夜间居多。交配期平均2～3d。交配时，雄猫骑在雌猫的身后，用牙齿紧咬住雌猫颈部，前爪前腿抱住雌猫胸部，而后爪着地。在平时，雄猫阴茎方向朝后；而交配时，阴茎稍勃起，方向朝前下方，与水平方向成 20°～30°。阴茎进入阴道后立即射精。交配后，雌猫哀鸣，称为交配哀鸣，可能是由阴茎上角化的球状突起刺激所致。一旦交配结束，雄猫立即走开，以避免雌猫的攻击。此时，雌猫会炫耀自己，脚趾张开，爪子伸展，打滚，摩擦身体，伸懒腰并舔舐阴门区，5～10min 后，再次开始交配。发情期间，雌猫一天可以交配多次，通常由雌猫决定终止交配的时间。

三、人工授精

目前，国内在猫的繁殖中采用人工授精的报道还没有，但随着养猫业的发展，人工授精将作为猫的主要繁殖技术而得到发展。因为人工授精技术对提高优良品种雄猫的精液利用率，对促进猫的品种改良和防止疾病的传染等方面都有很大好处。猫的输精可采用新鲜精液或冷冻精液。成功的先决条件是雌猫要处于发情期。

（一）采精

进行精液品质分析或人工授精时，都需要采集精液。猫的精液采集可利用假阴道法或电刺激法。

1. 假阴道法　该方法是利用人工模拟发情雌猫的阴道环境，诱导雄猫在其中射精的方法。应用假阴道法进行采精的雄猫，必须在有试情雌猫存在的条件下进行训练，使其习惯于在假阴道内射精，一般经过2～3周训练后，约20％的雄猫可适应假阴道采精。

（1）假阴道的制作。取一根20mm长的橡皮球吸管，将球的末端剪断，做成一个合适的假阴道，橡皮管装在一根3mm×14mm的试管上。再把此装置插入装有52℃热水、60mm长的聚乙烯瓶内，使操作温度控制在44～46℃，橡皮管的开口端翻转过来拉伸过聚乙烯瓶口后，将瓶封好，在开口的橡皮管内涂以适量的凡士林或其他无刺激性的润滑油（图4-1）。

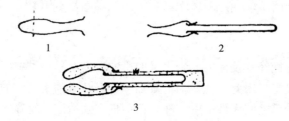

图 4-1　猫的假阴道装配示意
1. 橡皮球吸管剪去末端　2. 剪去末端的吸管装在试管上　3. 假阴道装配完毕
（马清海，1988. 猫的饲养与疾病防治）

（2）采精方法。采精时，操作人员右手把握假阴道，当雄猫爬跨试情雌猫时，操作者迅速把假阴道紧贴雄猫皮肤，且开口端对准雄猫阴茎，雄猫阴茎勃起后会自动插入假阴道内。在假阴道合适的温度、压力和润滑度的刺激下，雄猫会在1～4min射精，当射精结束后将假阴道略向下倾斜，使精液自动流入试管内。采精过程中，不要用力过大，以免刺激雄猫的阴茎，引起雄猫不适。

（3）采精频率。每周可采精2～3次。平均一次射精量为0.04mL，每毫升含精子$5.7×10^7$个，精子活率为80％～90％。

2. 电刺激法　该法是通过电流刺激雄猫射精的方法。

（1）电刺激采精器组成。由电刺激发生器和电极探头组成。

（2）采精方法。先将欲采精的雄猫进行全身麻醉，然后将电极探头涂以滑润剂后插入该雄猫的直肠内，调节电刺激采精器的频率，当刺激频率合适时，雄猫生殖器就会因刺激而勃起，并自动射精。刺激电压为2～8V，电流强度为5～22mA。

（3）采精频率。每周可采精1次，每次可采0.23mL，精子总数为$2.8×10^7$个，精子活率为60％。电刺激法采精量较大，可能是副性腺分泌物较多所致。

（二）精液品质检查和精子形态结构及精液生化组成

1. 精液品质检查　参见犬的精液品质检查方法。

2. 精子形态结构和精液生化组成

（1）精子形态结构。猫正常精子的平均全长（60±3）μm，头长（6.5±0.6）μm，头宽为（3±0.1）μm，主段长（11±0.2）μm，尾段长（50±0.3）μm。猫精液的 pH 为 7.0～7.9，平均为 7.4。

猫精子的异常类型及比例见表 4-1。

表 4-1 猫精子的异常类型及比例

头部异常	颈部异常	主段异常	主段异常＋胞质小滴	尾段异常
11%±1.4%	5%±1.5%	2%±0.5%	21%±5.0%	7%±0.8%

（2）精液生化组成。猫的精液中钠离子浓度最高，而钾、镁及钙的浓度非常低。阴离子主要是氯。此外，果糖、乳糖及柠檬酸浓度较低。前列腺的功能大小决定了精液中酸性磷酸酶及碱性磷酸酶的浓度，因此精液中这 2 种酶的浓度高低反映前列腺功能的变化。磷酸酶浓度与精子异常或损伤，以及精子活率有一定的关系。

在发生隐睾时，精液中乳糖、柠檬酸及磷酸酶浓度升高，而乳酸浓度降低，输卵管结扎后，钙离子浓度明显降低，可能是缺乏精子和睾丸液所致。乳酸浓度升高，可能是没有精子利用乳酸所致。

（三）精液冷冻保存及解冻

1. 冷冻稀释液的配制 猫的精液冷冻稀释液用去离子水配制，含 20% 卵黄，11% 乳糖及 40% 甘油，并加入硫酸链霉素和青霉素 G，使其浓度分别达到 1 000μg/mL 和 1 000U/mL。

2. 冷冻保存及解冻

（1）冷冻保存。采精后立即于室温条件下，加入灭菌生理盐水及稀释液各 200mL，并混合均匀。在进一步稀释前，应检查精子活率及密度。在 5℃ 平衡 20min 后，继续加入稀释液，使鲜精至少稀释到 1∶1。然后将稀释好的精液做成冷冻颗粒，保存于液氮中。

（2）解冻。猫冷冻精液以 37℃，0.154mol/mL 氯化钠溶液解冻效果最好。

（四）输精

1. 精液的稀释 新鲜精液可不进行稀释而直接用于输精。但将新鲜精液稀释后，有利于延长精子的存活时间。因此，如果采精后不能立即使用，可将精液稀释后存放一段时间。根据新鲜精液的浓度，可按 1∶（3～8）的比例稀释。经稀释后，精子在数小时内受精率不会下降。据报道，精液经稀释后，在 5℃ 条件下储存 24h 后人工授精与稀释后立即人工授精相比，受胎率无差异。

常用的稀释液有以下几种：

（1）去乳清乳，92～94℃ 加热 10min。

（2）含 2% 脂肪的消毒均质乳。

（3）2.9% 柠檬酸钠＋20% 卵黄。

2. 输精技术

（1）输精用品。主要包括长 9cm 的塑料输精管（可把牛用的塑料输精管截取一半使用，通过一段橡胶管与注射器相连），开腔器及润滑剂。

（2）精液要求。新鲜精液采集后应立即用生理盐水稀释到 1mL，每次输精 0.1mL。每次保证输入有效精子 $1.25×10^6$ 个才能受孕。如果使用冷冻精液，解冻过程一定要快,从液氮中取出精液,立即投入 37℃ 生理盐水中。解冻后的精液要立即用于人工授精。使用冷冻精液时,每次输入 $5.0×10^6$ 个活精子,至少需输精 2 次,每次输入量为 0.1mL。

(3)输精过程。输精时,将处于发情期的雌猫麻醉后保定,呈仰卧后肢抬高式。用顶端为球状的、长度为 9cm 的 20 号注射针头,接上干净、消毒好的小注射器,抽取上述备好的精液,小心插入雌猫阴道内,并以感觉到达子宫颈前部为止。每次输精量为 0.1mL。切忌动作粗暴和使用污染的器具,以防造成雌猫阴道和子宫颈的损伤及感染。

单元三　猫的妊娠

一、妊娠期

妊娠期是从受精开始(一般是从最后一次配种日期开始计算)到分娩为止的一段时间,是新生命在母体内生活的时期。猫的妊娠期为 57~71d,平均为 63d。妊娠期长短主要受遗传、品种、年龄、环境等因素的影响。一般老龄猫和体内胎儿少的雌猫妊娠期长。

二、妊娠生理

受精卵在输卵管运行 2~4d,在第 4~5 天进入子宫,10d 后附植。在妊娠的第 6~7 周,可以看到明显的妊娠表现,如乳房体积增大,乳头变硬,腹部扩大,妊娠猫休息时间增加等。在妊娠最后 2~3 周,从腹壁上可观察到胎儿的胎动。

猫的妊娠生理

猫的妊娠生理具体可参见犬的妊娠生理部分。

三、妊娠诊断

与犬的情况一样,妊娠诊断阳性只能说明一时的情况,并不能保证一定会生产活胎儿。妊娠期可能会发生流产,而且由于流产胎儿常被母体吸收掉,因此常不易被人们看到。如能经常称量孕猫体重,则不难发觉胎儿浸溶性变化。

猫的妊娠诊断常见的方法有以下几种:

1. 外部观察法　依据猫妊娠后体内新陈代谢和内分泌系统变化导致行为和外部形态特征发生一系列规律性变化,根据这些规律性变化来判断雌猫是否妊娠的方法。具体参见犬的妊娠诊断。

猫的妊娠诊断之
外部观察法

2. 腹壁触诊　是指隔着母体腹壁触诊胎儿及胎动的方法。由于猫腹壁通常比较松弛,因而容易触诊。此法可用于妊娠前期检查。最适触诊时间为妊娠后第 20~30 天,这是因为这一阶段各胎儿之间分隔最明显。触诊时用力应谨慎,以防用力过猛造成雌猫流产。此外,在妊娠后期,也可以通过腹壁触诊探及胎儿。

猫的妊娠诊断之
腹壁触诊法

3. X 线检查　在妊娠第 17 天以后,可借助 X 线透视,胚胎在子宫上形成多个突起。从这种突起的最小直径,还可以近似推断出妊娠的日期。此法一般不作为早期妊娠诊断来使用,因为射线对胎儿早期的发育影响较大。

4. 超声波诊断　是通过线形或扇形超声波装置探测胚泡或胚胎的存在来诊断妊娠的方法。猫最早可在妊娠第 19 天后就开始应用，具体操作参见犬的妊娠诊断。

猫的妊娠诊断之
超声波诊断法

5. 超声多普勒法　通过子宫动脉音、胎儿心音和胎盘血流音来判断是否妊娠的方法。猫一般在妊娠 30d 后，可用多普勒仪探测脐动脉血流、胎儿心跳或子宫动脉血流。

6. 血液学检查　根据猫体内血液成分是否发生一系列变化来判断是否妊娠的方法。测定这些变化不仅有助于妊娠诊断，而且有助于区分真妊娠与假妊娠。在妊娠后期时血红蛋白浓度和红细胞比容均降低，但产后 1 周内恢复正常。这种血液学变化不能单独用于确定猫是否妊娠，必须与其他检查模块结合起来分析。白细胞和血浆总蛋白质在妊娠期保持恒定，但在猫激动时，白细胞数会增加。

四、妊娠护理

猫在妊娠期间其生理机能及营养代谢与平时不同，所以必须对其加以精心护理，以避免流产或死胎情况的发生。

猫的妊娠护理

（一）营养护理

雌猫妊娠后，随着胎儿在母体内逐渐长大，其生活行为较过去有一些改变，如活动量减少、跑跳稳重、食量增加等。猫的妊娠期一般为 63d（57～71d）。妊娠初期，一般不需要补充特殊食物和进行特殊护理。妊娠中期，随着胎儿在母体内逐渐长大，妊娠猫采食量明显增多，此时除了增加食物的供应量外，还应给妊娠猫补充富含蛋白质的食物，如猪肉、牛肉、鸡肉、鸡蛋和牛乳等。在妊娠后期（最后 3 周），妊娠猫采食量增加 20%～30%，但由于子宫内胎儿已长大，占据了腹腔的一定空间，因此妊娠猫的每次采食量有限。为此，应采用少食多餐法饲喂，每天喂食增加至 4～5 次，夜间要补饲。但是，在保证妊娠猫营养需要的同时，还应防止过食，以免妊娠猫产前过于肥胖，造成难产。因此，应减少富含糖类的食物的供应量，而应补充蛋白质类食物。在产前适当给妊娠猫补钙，一般每天 0.3g。除此以外，还要注意蛋白质的摄入量。如果母体在妊娠期和泌乳期蛋白质吸收不足，则会导致一些不良后果，如仔猫在遇刺激时情绪反应过激。

（二）其他护理

1. 适当运动　妊娠猫适当运动，不仅有益于身体健康，而且也有利于正常分娩。在妊娠后期更应注意应有足够的运动。因为运动既可以增加肌肉的张力，又可防止脂肪的蓄积而造成过肥。

2. 保持安静　妊娠猫比较喜欢安静，除了要人为地让猫适当活动外，应尽量避免打搅或惊动它，并应将猫窝放置在安静、干燥、温暖、有阳光的地方。

3. 防止机械性损伤　妊娠猫的腹部受到不适当的挤压，或因受惊逃窜和剧烈运动时，往往会造成胎儿发育受损、流产以及胎儿死亡等情况。所以要提高警惕，防止人为地对妊娠猫造成机械性损伤。

4. 适应产房　妊娠猫愿意在比较安静和有安全感的地方分娩和育仔，这就需要选择合适的产房和产箱，同时饲养人员和食物等也应相对固定，最好在临产前 10d，让妊娠猫提前熟悉分娩环境，这些都有利于分娩和哺乳。

单元四 猫的分娩

分娩是指经过一定的妊娠期后，胎儿在母体内发育成熟，母体将胎儿及其附属物从子宫内排出体外的生理过程。

一、产前准备

猫和其他动物一样，具有正常繁衍后代的能力，所以一般不需要为妊娠猫的分娩做过多的准备工作。只需要准备好产箱，安置好产箱的位置即可。但对于可能发生难产的初产猫还应准备助产用具和药械。

1. 产箱 在预产期前 1 周左右，要为猫准备好产箱，产箱可以用木板钉制或用纸箱代替。产箱的大小以猫的四肢能伸直并有一定空隙为宜，体积一般为 50cm×35cm×30cm，箱的门要有 7~10cm 高的门槛，以防仔猫跑出。产箱顶无盖，以便于随时观察雌猫、仔猫的活动情况。产箱内壁要光滑，不能有钉子或其他尖状物突出。产箱的木板不能刷油漆，因为油漆的刺激性气味会使猫产生不良反应，且母猫衔咬后还会引起中毒。如产箱是已经用过的，再次使用前，必须对其进行彻底消毒（可用 1％的热碱水刷洗一遍后，再用清水冲洗干净，晾干后再用）。

产箱应放置在安静、温暖、空气新鲜的地方，产箱的底部可用砖头或木块垫高2~5cm，以利于通风，保持产箱内干燥。

2. 助产用具和药械的准备 雌猫临产前还要准备毛巾、剪刀、灭菌纱布、棉球、70％乙醇、5％碘酊、0.5％来苏儿、0.1％新洁尔灭以及温开水等，以备难产时用。

二、临产预兆

猫的妊娠期平均为 63d。雌猫交配后 40d，即可观察到妊娠猫腹部逐渐膨大、下垂，两排乳头逐渐肿胀。在临产前数日内，妊娠猫的活动量减少。随着产期的临近，妊娠猫表现为不安、不停地变换姿势、鸣叫或者蹲在地上，从腹壁上可以看到胎动，会阴部肌肉松弛变软，部分妊娠猫有乳汁自流现象。妊娠猫临产时出现造窝行为，对陌生人的敌对情绪增强。有些猫直肠温度降低，食欲减退或消失。

三、分娩机理

猫的分娩机理还有待研究，就目前的研究结果可做如下解释：在妊娠期末，胎儿成熟，胎儿下丘脑（可能受到某种因素的刺激）释放促皮质激素释放激素，引起促肾上腺皮质激素（ACTH）释放，ACTH 刺激肾上腺皮质，释放类固醇皮质激素，类固醇皮质激素诱发胎盘合成并释放前列腺素。前列腺素能够溶解黄体，因此分娩前，前列腺素释放导致卵巢上黄体溶解，孕酮水平急剧下降，孕酮与雌激素的比值变小，子宫平滑肌对催产素的敏感性不断提高。前列腺素还能诱发卵巢和胎盘释放松弛素，而松弛素与雌激素共同促进骨盆韧带和产道松弛，使雌猫顺利分娩。

此外，前列腺素还有诱发催产素释放的作用，它们共同作用于子宫，引起子宫收缩。胎儿及胎膜对子宫颈、阴道等部位的扩张性刺激，也引起催产素释放及腹壁收缩，从而促进胎儿排出。前列腺素的这种作用已被人们利用，成为诱导分娩（人工引产）中常用的一种激素。

四、分娩过程

分娩是雌猫借助子宫和腹肌的收缩，把胎儿及其附属膜排出母体外的过程。

猫的分娩可分为 3 个阶段：

1. 第 1 阶段　子宫颈开张期，胎膜由子宫角挤入子宫颈时，第 1 阶段就开始了。这一阶段可能持续 6h，这时子宫肌肉本能地收缩，雌猫呼吸开始加快，喉咙发出"呼噜呼噜"的响声，但并不痛苦。此外，可以看到阴道有透明的液体流出。第 1 阶段结束时，阴道流出透明或有点混浊的液体，有时还夹有一些血液。

2. 第 2 阶段　胎儿娩出期，此期指子宫颈完全开张到排出胎儿为止。由阵缩和努责共同作用，此阶段持续 10～30min。这一阶段开始时，由于仔猫及胎膜刺激母体，使雌猫腹壁肌肉收缩加强。此时，雌猫开始舔外阴部，一个混沌的灰色水泡在外阴口出现，这是包裹仔猫的胎膜出现的最初迹象。雌猫腹壁肌肉收缩的时间间隔逐渐缩短，从起初的每 15～30min 收缩 1 次到每 15～30s1 次。逐渐露出胎膜，可以看到仔猫的部分身体。最后一阵挛缩以后，仔猫就排出来了。

3. 第 3 阶段　胎衣娩出期，此期指从胎儿排出后到胎衣完全排出为止。胎衣是胎儿的附属膜的总称。仔猫排出来后，胎膜和胎盘往往随之很快排出体外。每只仔猫出生都分别经过这 3 个阶段，都有自己的胎膜和胎盘，只有同卵孪生仔猫例外，它们共有一组胎膜和胎盘。

仔猫一出生，母猫立即开始舔它，在离脐孔 2～4cm 处咬断脐带。大多数情况下，雌猫会将胎膜吃掉。

仔猫出生相隔的时间不确定，少则 5min，多则 2h，一般在产出 3～4 只仔猫后，经 1h 不再见雌猫努责，表示分娩已结束。但有些雌猫排出前 1～2 个胎儿后，分娩出现不明原因的生理性中断，12～24h 后再分娩其余的仔猫。

五、难产救助

猫的难产比较少。如果胎膜破裂后雌猫做分娩动作，努责频繁有力，但 0.5～1h 未能产出胎儿，或者产出 1 个胎儿后虽不断用力努责，但经过 2～3h 仍不能产出第 2 个胎儿，说明发生了难产；如果胎儿一部分露出，而其余部分产不出来，也说明发生了难产；如果分娩过程中未产出胎儿，而排出淡红色或暗红色恶露，也说明发生了难产。此时，应尽快采取助产方法。猫的助产方法包括：手指助产、借助产科器械助产及手术助产，如剖宫产和卵巢子宫切除手术等。在助产过程中使用足够的润滑剂，如使用 5～10mL 轻质矿物油，对难产的矫正及牵拉胎儿非常有利。

猫的剖宫产

在助产过程中，剖宫产用得较少，主要以波斯猫及泰国猫较多用。助产时需对猫进行麻醉，麻醉可用氟烷和一氧化氮吸入，或结合插管，静脉注射 5～10mg 水合氯胺酮及局部麻醉等。手术切口可在正中线，也可在欹部。在腹部正中线切口时，切口长度为 6～8cm。切开后，轻轻将子宫拉到切口处，在子宫大弯上血管最少的部位切开子宫，将胎儿及胎盘拉出子宫。

六、产后护理

1. 雌猫产后护理　雌猫分娩后，身体比较虚弱，生殖器官发生很大变化。如子宫颈松弛，子宫收缩，产道黏膜表层有可能受损伤，机体的抵抗力下降；分娩后子宫内沉积大量恶露，易引起病原微生物的侵入和繁衍。因此，产后护理必须加强。

雌猫产后的最初几天要给予品质好、易消化的饲料。雌猫分娩时由于脱水严重，一般都有口渴现象。因此，在产后要准备好新鲜清洁的温水，以便及时给雌猫补水。饮水中最好加入少量糖，有利于体质恢复。

此外，还要注意周围环境的温度，过冷或过热都不利于雌猫身体的恢复和抗病力加强，也影响正常哺乳。雌猫的食具和其他用具要经常消毒，保持环境卫生，以减少病菌的传播机会。注意环境安静，不随便更换周围的物品，使雌猫有充分的休息，有利于雌猫身体的恢复。

2. 新生仔猫护理　新生仔猫断脐后，通常在 1 周左右脐带干缩脱落。在脐带干缩脱落的前后，要留心观察脐带的变化情况，遇有滴血现象，要及时结扎。新生仔猫的体温调节中枢尚未发育完全，对环境温度的适应能力很差，因此要特别注意新生仔猫的保温工作。

单元五　猫的哺乳

哺乳是指雌猫允许仔猫吸吮乳汁，而将乳汁哺喂仔猫的母性行为，是泌乳雌猫先天的遗传特征。

一、自然哺乳

1. 及早吃上初乳　初乳是指雌猫产后 1 周以内所分泌的乳汁。其色泽较深，质地黏稠，成分与常乳有很大的不同，含有丰富的蛋白质、脂肪、维生素和镁盐类物质，具有缓泻和促进胎便排出的作用。初乳酸度高，有利于消化活动。初乳中含有多种抗体，新生仔猫体内还不能产生抗体，但其肠道却很容易吸收初乳中的抗体，从而获得被动免疫力，这对于保护新生仔猫的健康十分重要。仔猫出生后，最好在 24h 内吃到初乳，否则随着时间的延长，仔猫肠道对抗体的吸收率逐渐降低。

2. 雌猫哺乳能力　雌猫产后数小时即可以哺乳仔猫，一般可哺乳 4～6 只，超过此数量的可考虑人工哺乳或寄乳。

3. 雌猫哺乳的时间和次数　雌猫哺乳的时间和次数，一般由自己掌握，不受人为控制，且与雌猫自身母性和泌乳能力有很大关系。如果雌猫长时间不哺乳，则说明雌猫乳汁少或是有病，这时要考虑给仔猫进行人工哺乳。一般每天哺乳次数在 5 次以上。

4. 仔猫吮乳　仔猫一般在出生后 2h，依靠触觉、嗅觉和温度感觉来确定雌猫的乳头位置，吮住乳头吸乳。一旦适应了吸乳的位置后，仔猫间很少发生争乳头的现象。切忌人为改变仔猫哺乳的位置。

5. 及时补饲　在仔猫出生后的 30～40d，主要以母乳哺育。但是，从 20～25d 起，由于雌猫的泌乳量逐渐下降，而仔猫对母乳的需求量逐渐增加，如不及时给仔猫补饲，易造成仔猫营养不良，体质瘦弱，影响其正常的生长发育。及早补饲，还可锻炼仔猫的消化器官，促进肠道发育，有利于乳牙的生长，缩短过渡到成年猫正常饲养的适应期，并为顺利断乳奠定基础。补饲初期，应补喂一些味道鲜美、适口性好、易于消化的食物，如牛乳、米粥、豆浆等。

二、人工哺乳或寄养

人工哺乳是出现产后雌猫死亡、发生疾病、无乳或产仔过多情况时，所采取的一种饲喂仔猫的方法。人工哺乳通常喂以牛乳、羊乳或乳粉，可用注射器或水剂塑料眼药水瓶作为人工哺乳工具。人工哺乳时，动作不能过快，应让仔猫的头平伸而不要高抬，以防食物误入气管和肺中。挤压乳汁时也要缓慢，应边观察仔猫的吞咽动作，边有节奏地轻轻挤压哺乳器。饲喂时还应模仿雌猫哺乳时以舔舐仔猫来刺激其排尿、排粪的动作，用手

新生仔猫的
人工哺乳

指不断地轻轻抚摸仔猫的外生殖器部皮肤。仔猫出生后第1周内，每昼夜应保持每2h喂食1次，每次1～2mL。

寄养是将仔猫寄养给其他哺乳雌猫的一种方法。寄养雌猫最好选择刚生仔猫后仔猫死亡的雌猫或产仔少的雌猫。雌猫主要是通过气味来辨认亲子的，因此在寄养前，可以用寄养雌猫的乳汁或尿液等分泌物涂抹在欲寄养的仔猫身上，使其带有寄养雌猫的气味，这样易于被寄养雌猫接受。但在开始接触阶段，应加强观察和管理，防止踩、咬现象的发生，必要时可以给寄养雌猫戴伊丽莎白项圈，待雌猫对仔猫有了亲近感后，允许仔猫哺乳后再摘下。

三、断乳

断乳时间可根据仔猫的体质和雌猫哺乳情况而定。一般在2月龄左右断乳。断乳的方法有以下3种：

1. 按期断乳法　到预定的断乳日期，强行将仔猫和雌猫分开。此法的优点是断乳时间短，分窝时间早。缺点是断乳突然，容易造成仔猫和雌猫的应激，精神紧张，引起仔猫消化不良和雌猫乳腺炎。

2. 分批断乳　根据仔猫的发育情况和用途，分批断乳。发育好的仔猫先断乳，体质弱的适当延长哺乳时间，以便增强其体质。缺点是断乳时间延长，给管理带来不便。

3. 逐渐断乳　逐渐减少哺乳次数。在断乳前几天将雌猫和仔猫分开，隔离一定时间后，再合到一起实施哺乳，然后再隔离。这样反复几次，且逐渐减少哺乳次数，直至完全断乳。此法可避免雌猫、仔猫遭受突然断乳的应激，是一种比较安全的方法。

🐾 复习思考题

1. 猫的发情周期分为哪几个阶段？
2. 简述猫的输精操作过程。
3. 简述猫的妊娠诊断方法。
4. 简述猫的分娩机理。
5. 简述猫的妊娠诊断的方法、要点。
6. 简述猫的断乳方法。

模块五 犬、猫的繁殖障碍

宠物的繁殖障碍主要是指由于各种疾病或其他生殖生理因素导致雌雄个体的生育能力下降，大大影响了其经济价值。本章主要介绍常见犬、猫繁殖障碍的病因、诊断及治疗方法等内容。

单元一 概 述

一、概念

繁殖障碍又称不育或不孕，主要指雌性或雄性宠物暂时性或永久性不能繁殖。雌性宠物的繁殖障碍习惯上称不孕症。

二、引起繁殖障碍的原因

目前，引起宠物繁殖障碍的因素较多，归纳起来可分为以下两类。

（一）先天性因素

主要与父、母的遗传缺陷或近亲交配有关，或者是在胚胎发育过程中，受有毒物质、辐射等有害理化因子的影响，引起染色体异常。

先天性因素可引起动物生殖器官发育异常，造成永久性不育，如犬的睾丸发育不全、阴茎畸形、精子先天性异常、卵巢发育不全、生殖器官畸形等。

（二）后天性因素

1. 营养因素 营养与生殖具有密切的关系。营养水平过低引起性成熟延迟或性欲减退。例如，成年宠物长期低营养水平饲养后，引起生精机能下降。但营养水平过高，特别是能量水平过高，使成年宠物过肥，也会使其性欲减退。此外，饲料品质不良，日粮中缺乏蛋白质、矿物质、维生素等都可能造成繁殖障碍，如排卵率降低、受胎率下降、胚胎发育受阻和胚胎死亡等。

2. 管理因素 除了营养对于宠物繁殖造成影响外，良好的管理也十分重要。当宠物饲养在寒冷、潮湿、光线不足的环境中或无适当的运动时，导致宠物处于紧张状态，抗病力下降，使生殖系统机能发生改变，造成生殖机能异常。

3. 年龄因素 随年龄的增长，繁殖障碍的发病率有所增加，如雄性出现精液品质下降、性欲减退以致交配困难；雌性发情异常、排卵迟缓、屡配不孕等。

4. 环境因素 宠物特别是长毛宠物对于气候、光照的感受很敏感，如在夏季雄猫的精液品质下降，雌猫不发情等。

5. 疾病因素　宠物生殖器官疾病，如产后护理不当、流产、难产、胎衣不下等引起的子宫、阴道感染，或卵巢、输卵管疾病，以及传染病等均能引起宠物繁殖障碍。

6. 繁殖技术因素　主要是指雄性宠物利用过度，雌性宠物发情遗漏，人工授精操作不规范等引起的暂时性繁殖障碍。

三、繁殖障碍的诊断方法

1. 雌性　对于雌性宠物繁殖障碍的诊断目前仍依靠临床检查。但近十几年来，一些先进仪器和诊断技术，如激素分析、超声波检查等开始应用于繁殖障碍的诊断。临床检查主要是指对发病情况的了解（如年龄、饲养状况、既往病史等）和个体的外部检查与阴道检查；实验室检查主要是采用凝集反应、免疫荧光等技术检测生殖激素含量、抗精子抗体等指标。

2. 雄性　由于生殖系统机能损伤和外生殖器损伤所引起的生精障碍、不能交配或不能正常射精等在临床上比较容易发现。但一些外部症状不明显或呈慢性经过的生殖系统疾病却经常被忽视。检查的程序可按照临床检查（主要包括病史、体况、生殖器官、性欲及交配能力等方面）和实验室检查（主要包括精液、生殖内分泌功能、睾丸活组织、染色体等方面）进行。

单元二　犬的繁殖障碍

一、雌犬的繁殖障碍

（一）先天性繁殖障碍

1. 幼稚病　是指雌性宠物达到配种年龄时，生殖器官发育不全或者缺乏生殖机能。

【病因】主要是由于下丘脑或垂体的功能不全，或者甲状腺及其他内分泌机能紊乱引起的。

【症状】雌性宠物达到配种年龄时不发情，或发情后屡配不孕。

【诊断】临床检查可发现生殖器官发育不全，如卵巢小和阴门狭小等。

【治疗】刺激生殖器官发育。可雌雄混养，或使用 HCG、PMSG 等激素，促进生殖器官发育。

2. 两性畸形　是指宠物在性分化发育过程中，某一环节发生紊乱而造成的性别区分不明，表现为宠物既有雌性特征又有雄性特征。

（1）性染色体两性畸形。是指性染色体的组成发生变异，雄性不是正常的 XY，雌性不是正常的 XX，引起性别发育异常而形成的两性畸形。如在犬、猫身上均出现过 XXY 综合征（犬，79，XXY；猫，38，XXY）、XXX 综合征（犬，79，XXX）、真两性嵌合体（犬，78，XX/79，XY/79，XXY）和 XX/XY 睾丸生成不全嵌合体（犬的外生殖器开口形状似阴门，阴茎发育不全，尿道在它的前端开口，无阴囊及睾丸）。

（2）性腺两性畸形。是指个体染色体性别与性腺性别不一致，因此又称性逆转动物。如犬的 XX 真两性畸形（性染色体核型为 XX，通常具有雌性外生殖器官，但阴蒂很大，性腺位于腹腔，且多为卵睾体，有时也有独立的卵巢和睾丸组织）和 XX 雄性综合征（性染色体核型为 XX，但表型为雄性）。

（3）表型两性畸形。染色体性别与性腺性别符合，但与外生殖器不符合。如犬的睾丸雌性化综合征和尿道下裂（病犬性染色体核型为正常的 XY 雄性，外生殖器官异常，尿道开口于下部）。

3. 卵巢发育不全 是指一侧或两侧的部分或全部卵巢组织中无原始卵泡所导致的一种遗传疾病。

【病因】为常染色体隐性基因不完全嵌入引起。如犬为（79，XXX）。

【症状】不能正常发情、排卵、受胎。

【治疗】无治疗价值，淘汰。

（二）后天性繁殖障碍

1. 卵巢机能不全 卵巢机能不全是指卵巢机能暂时性紊乱引起的各种异常变化。主要包括机能减退、组织萎缩、性欲缺乏、卵巢静止或幼稚、卵泡中途发育停止等。

【病因】雌犬年龄偏大时，卵巢机能减退；饲养管理不当，长期患慢性病，体质弱等；继发于卵巢炎、子宫疾病或全身性严重疾病。

【症状】主要表现为性周期延长或不发情，发情征状不明显，或出现发情征状，但不排卵，严重时生殖器官出现萎缩现象。

【治疗】改善饲养管理；应用激素刺激性腺机能，如 HCG 100～1 000IU，FSH 20～25IU，肌内注射，每天 1 次，连用 2～3d，观察效果。

2. 持久黄体 持久黄体是指在分娩或排卵后，黄体超过正常时间不消失。犬持久黄体较为常见。

【病因】主要是营养不平衡、维生素和矿物质不足，造成内分泌紊乱，促黄体激素分泌过多，导致卵巢上的黄体持续时间过长而发生滞留；子宫疾病、中毒或中枢神经系统协调紊乱影响丘脑、垂体和生殖器官机能的其他疾病也是黄体滞留的部分原因。

【症状】雌犬产后或配种后，长期不发情。

【治疗】改善饲养管理，增强运动；应用促使黄体消退的激素，如前列腺素、促卵泡激素、孕马血清促性腺激素及雌激素等。

3. 卵巢囊肿 是指卵巢上有卵泡状结构，直径超过 2.5cm，存在时间超过 10d 以上，同时卵巢上无正常黄体结构的一种病理状态。分为卵泡囊肿和黄体囊肿。犬的卵巢囊肿发病率占卵巢疾病的 37.7%。

【病因】卵泡囊肿犬血浆雌二醇水平升高，从而雌犬表现为性欲亢进，持续发情；黄体囊肿可能与机体孕酮分泌紊乱有关。至今尚未完全阐明卵巢囊肿的发生机理，下列情况是本病易发生的因素：饲料中缺乏维生素、运动不足、注射大量的促性腺激素或雌激素，继发于子宫、卵巢的炎症。

【症状】卵泡囊肿主要表现为慕雄狂，即雌犬表现性欲亢进，持续发情，阴门红肿，爬跨其他犬，但拒绝交配。黄体囊肿时，雌犬不发情，性周期停止。

【治疗】分析囊肿原因，改善饲养管理条件，合理使用激素疗法。对于卵泡囊肿，可肌内注射人绒毛膜促性腺激素（HCG），每次 25～300IU，也可使用孕激素类药物，促使卵泡黄体化；对于黄体囊肿可肌内注射前列腺素。

4. 卵巢肿瘤 犬、猫的卵巢肿瘤相对较为多见，而且发病率随年龄的增长而增加。犬的卵巢肿瘤占整个肿瘤病例的 0.5%～1.2%。犬和猫常见的卵巢肿瘤有：

（1）乳头状囊腺瘤。在犬比较常见，从卵巢长出后可将整个卵巢包埋住；常经淋巴管扩散而引起腹水。通过组织学检查，可以发现这种肿瘤中含有数量不等的结缔组织及囊肿构成的极其复杂的分支小管。这种肿瘤常为恶性。

（2）粒细胞瘤。是犬、猫卵巢肿瘤中最为常见的肿瘤，发病率随年龄增长而增加，这种肿瘤可产生孕酮和雌激素，因此病犬常表现慕雄狂的症状。在犬中，20%左右的粒细胞瘤是恶性肿瘤，可以扩散到其他组织，多为单侧性的，为一大而坚硬的分叶状块，切面呈淡白色。病犬往往发生囊肿性子宫内膜增生、子宫内膜炎、子宫积液等由于雌激素刺激过度而导致的疾病。

（3）囊腺癌。可能是来自卵巢网，通常为薄壁的多囊肿性肿瘤，其中含有清亮的水样液体。

（4）无性细胞瘤。可能是来自未分化的生殖上皮的恶性肿瘤。但只有10%～20%的病例发生扩散，与雄犬睾丸中的精原细胞瘤相似，由数量不等的大而圆的或长形的细胞组成。

5. 输卵管炎　按病程可分为急性和慢性输卵管炎，按炎症性质可分为浆液性、卡他性或化脓性输卵管炎。

【病因】主要是由子宫或卵巢的炎症扩散引起，也可能由于病原菌经血液或淋巴循环系统进入输卵管而感染。

【症状】急性输卵管炎输卵管黏膜肿胀，有出血点，黏膜上皮变性和脱落。炎症发展常形成浆液性、卡他性或脓性分泌物，堵塞输卵管，其上部蓄积大量分泌物时，管腔扩大，似囊肿状。肌炎和浆膜发炎时，可与邻近组织或器官粘连。慢性输卵管炎的特征是结缔组织增生，管壁增厚，管腔显著狭窄。

【治疗】对急性输卵管炎用抗生素和磺胺类药治疗，同时配合腰荐部温敷，可有一定效果。慢性输卵管炎治愈较困难。

6. 子宫内膜炎　是子宫黏膜及黏膜下层的炎症。按病程可分为急性和慢性子宫内膜炎。按炎症性质分为卡他性、化脓性、纤维素性、坏死性子宫内膜炎。

【病因】通常是在发情期、配种、分娩、难产助产时，由于链球菌、葡萄球菌或大肠杆菌等的侵入而感染。子宫黏膜的损伤及机体抵抗力降低，是造成本病发生的重要因素。此外，阴道炎、胎衣滞留、流产、死胎等，都可继发子宫内膜炎。

【症状】患急性子宫内膜炎的雌犬体温升高，精神沉郁，食欲减退，烦渴贪饮，有时呕吐和腹泻。有时出现拱腰、努责及排尿姿势。从生殖道排出灰白色混浊含有絮状物的分泌物或脓性分泌物，特别是在卧下时排出较多；子宫颈外口肿胀、充血和稍开张；通过腹壁触诊时可感知子宫角增大、有疼痛反应，呈面团样硬度，有时有波动。慢性子宫内膜炎、慢性卡他性子宫内膜炎时，发情不正常，或者发情虽正常却屡配不孕，即使妊娠，也容易发生流产。

【治疗】犬、猫主要采用宫内给药。由于犬、猫子宫内膜炎的病原非常复杂，且多为混合感染，宜选用抗菌范围广的药物，如四环素、氯霉素、庆大霉素、金霉素等。子宫口尚未完全关闭时，可直接将抗菌药物（1～2g）投入子宫，或用少量生理盐水溶解成溶液或混悬液，犬10～20mL，猫2～5mL。对于慢性子宫内膜炎，可使用$PGF_{2\alpha}$及其类似物，促进炎症产物的排出和子宫功能的恢复。子宫内有积液时，还可使用雌激素、催产素等进行治疗。

7. 子宫蓄脓　是指子宫内蓄积大量脓性渗出物不能排出。此病同时伴有持久黄体，导致不发情。常见于5岁以上的雌犬。

【病因】犬的子宫蓄脓多半是高浓度的孕酮对子宫内膜长期发生作用的结果。高浓度的孕酮可以促进子宫内膜增生，降低子宫肌的活动性。由于孕酮的刺激，子宫腺体的数量及体积均增加，分泌机能加强，因而液体在子宫内蓄积增多。子宫腺体的分泌物为细菌提供良好的生长条件，而且受孕酮影响，子宫对感染缺乏抵抗力。因此，极易发生感染引起子宫蓄脓。

【症状】此病大概可以分为 4 类：①单纯子宫内膜囊肿增生。发情后期子宫内排出黏液性分泌物。②子宫内膜出现弥散性浆细胞浸润。发情后期及发情间期，子宫内排出黏液性分泌物，可从子宫中分离出大肠杆菌。③子宫内膜炎、子宫炎及子宫积脓症状。④慢性子宫内膜炎症状。

主要表现是精神沉郁、食欲不振、被毛粗乱、呕吐、多尿、心跳加快，体温升高。腹部膨大、触诊疼痛、阴门肿大，排出一种难闻的具有特殊甜味的脓汁，在尾根及外阴部周围有脓痂附着。

【治疗】为排出子宫内积脓，可注射 $PGF_{2\alpha}$，剂量是每千克体重 0.02～1mg，肌内注射或皮下注射，同时结合全身应用抗生素治疗；冲洗子宫及雌激素治疗均有一定效果。

8. 子宫脱垂 是指子宫的一部分或全部翻转，脱出于阴道内或阴道外。根据脱出程度可分为子宫套叠及完全脱出两种。通常在分娩后数小时内发生，多见于老龄犬。

【病因】雌犬营养不良、运动不足、经产老龄犬、胎儿过大、子宫迟缓容易发生本病。

【症状】子宫套叠：从外表不易发现。雌犬分娩后表现不安、努责，有轻度腹痛。套叠不能复原时，易发生浆膜粘连和顽固性子宫内膜炎，引起不孕。完全脱出：从阴门脱出长椭圆形的袋状物，往往下垂到跗关节上方。子宫表面光滑，呈紫红色。脱出时间较长时，子宫易发生淤血和水肿。脱出子宫受损伤及感染时，可继发大出血和败血症。

【治疗】用灭菌药棉蘸取灭菌生理盐水或 1％～2％硼酸溶液，彻底清洗脱出的子宫。如果子宫黏膜水肿严重，可先用灭菌纱布蘸取 2％明矾水进行冷敷，或用针刺破水肿的黏膜，挤压出液体，再涂上 3％过氧化氢，使水肿减轻，利于整复。为便于把握脱出的子宫，避免损伤子宫黏膜，也可用消毒绷带把脱出的子宫自下而上缠绕起来，向内推送。边推送边涂抹润滑油膏并逐渐松解上面的绷带，一直把子宫全部送入腹腔为止。

9. 阴道炎 是由于阴道及前庭黏膜受损伤和感染所引起的炎症。分为原发性和继发性阴道炎两种。继发性阴道炎多数是由子宫炎及子宫颈炎引起的。此外，阴道损伤、流产、难产、胎衣不下、交配时引入细菌等均会引起此病。

【症状】主要表现为从阴门中流出灰黄色的黏性分泌物，阴道壁充血肿胀发炎。

【治疗】可用消毒收敛药液冲洗。常用的药物有 0.02％稀盐酸、0.05％～0.1％高锰酸钾、0.05％新洁尔灭、1％明矾等。

10. 衰老性不孕 是指未达到绝情期的雌犬，未老先衰，生殖机能过早地衰退。衰老雌性动物的卵巢小，其中没有卵泡和黄体。

11. 假妊娠 是指雌犬在发情排卵后未受孕，但卵巢上形成黄体，分泌孕酮，从而导致雌犬在生理上及行为上出现一些类似妊娠的变化。例如，子宫内膜增生、子宫体积增大所引起的腹壁扩大。

犬的发情间隔时间为 8～9 周，即与正常妊娠期时间相当。因此，假妊娠持续到第 8～9 周时，黄体体积变小，其分泌活动也随之减小或停止。但不少雌犬在下次发情排卵后又发生假妊娠。

一些犬由于黄体溶解，孕酮水平降低，负反馈性引起促乳素水平升高，从而诱发假妊娠症状，主要是造窝和泌乳等。对有假妊娠症状的雌犬，要保护好其乳房，并可注射小剂量类固醇激素，以促进其恢复发情。例如，按每千克体重一次肌内注射1～2mg睾酮。

除了以上导致雌犬繁殖障碍的主要原因外，传染性疾病也是一个主要的原因，如布鲁氏菌病、弓形虫病、钩端螺旋体病等，这里不做详述，可参见《宠物传染病》一书。

二、雄犬的繁殖障碍

引起雄犬繁殖障碍的因素很多，本节主要介绍由于后天因素引起的繁殖障碍病，如睾丸、前列腺、阴茎等部位的疾病。

(一) 精液异常

1. 无精症、少精症　无精症发生于青年犬。临床表现为性欲正常，但睾丸小而软，精液呈水状透明，无精子，只含有一些上皮细胞、少量红细胞和白细胞。少精症常在正常繁殖之后发生。临床上表现为雄犬体况良好，但一侧或两侧睾丸开始萎缩，精液中精子密度减小甚至无精子。由于精子数目减少，受孕率降低。如果同时发生甲状腺功能低下，则表现为性欲缺乏。

2. 精子异常　异常精子的数量或异常程度不同，可导致不育或受孕率降低。在临床上，雄犬体况良好，但睾丸体积可能减小。精子活率降低，不成熟精子及尾部卷曲的精子比例增加。

(二) 性功能亢进

【症状】雄犬性功能亢进表现为性欲过强，不仅频繁爬跨发情雌犬，舔舐外生殖器，甚至爬跨雄犬或攻击人。

【治疗】对性功能亢进的雄犬，可采用激素治疗。注射孕激素或口服孕激素治疗，如醋酸甲羟孕酮（MAP），每千克体重2～4mg，口服；CAP，每千克体重10～30mg，肌内注射或皮下注射；醋酸甲地孕酮（MA），每千克体重2～4mg，口服等。对雄犬性功能亢进行为都有一定抑制作用。

(三) 睾丸肿瘤

根据肿瘤细胞起源可分为睾丸间质细胞瘤、睾丸支持细胞瘤和睾丸精原细胞瘤。病因不清，一般认为易发于年龄偏大的犬和隐睾的犬。

【症状】睾丸肿大，触诊无明显疼痛感。睾丸间质细胞瘤是3种肿瘤中最常见的，睾丸及附睾均可发生，且通常两侧同时出现；睾丸支持细胞瘤多发生于老龄犬，右侧比左侧多发，一些睾丸支持细胞瘤能分泌雌激素，使雄犬行为发生改变，乳房增大，两侧对称性脱毛，同时皮肤色素沉着；睾丸精原细胞瘤少见，多发生于中老年犬，并且隐睾多发，在腹腔内可转移，手术切除应慎重。

【治疗】手术切除，正常的睾丸也应切除，预后一般良好。

(四) 前列腺炎

前列腺炎是前列腺的急性或慢性炎症。

【病因】由链球菌、葡萄球菌等通过尿道感染，邻近脏器炎症扩散或频繁导尿等因素引起。慢性前列腺炎多由急性转来。

【症状】主要表现为便秘、精神沉郁、体温升高、食欲不振，触诊腹后部有疼痛反应。尿道外滴血样或脓性分泌物，有尿频、尿血等症状。

【治疗】主要选用广谱抗生素类药物治疗。

(五) 前列腺囊肿

由于前列腺导管或腺管闭塞，前列腺分泌物储积而形成，一般伴有前列腺肥大，故称前列腺囊肿。

【病因】多为先天畸形或雄激素分泌失调所致。

【症状】前列腺肿大，呈囊状。可压迫直肠，导致排粪障碍。病犬频繁排尿，甚至尿血。膀胱膨胀，后肢有时跛行，全身症状不明显。

【治疗】可以进行去势手术，或摘除前列腺。

(六) 前列腺肿瘤

犬前列腺肿瘤分为良性和恶性，腺瘤和平滑肌瘤为良性，发生率较小；恶性的称为前列腺癌，随着犬年龄增长有增加的趋势。

【病因】睾酮活性异常，雄激素和雌激素分泌不均衡所致。

【症状】病犬食欲不振、不愿活动、排尿减少、困难，可出现血尿或脓尿。直肠触诊前列腺肿大、质硬、有疼痛感。

【治疗】主要以控制症状、延长生命为主。可摘除睾丸和采用激素疗法。如己烯雌酚，30～60mg，口服，每天 1 次。

(七) 包茎

包茎是指包皮口过于狭小，阴茎不能从包皮口内脱出。

【病因】多为先天性包皮口狭小；包皮炎、包皮肿瘤等继发包皮口狭窄。

【症状】包皮肿胀，排尿困难，交配时阴茎从包皮内伸不出来；严重的包茎，包皮口流出炎性渗出液。

【治疗】一般用手术切开包皮的方法治疗。

(八) 嵌顿包茎

嵌顿包茎是指阴茎脱出后嵌顿在包皮口外面，或因龟头体积增大而不能缩回。

【病因】由于包皮口狭窄或因龟头及部分阴茎受到机械的、物理的或化学的损伤，而发生炎症、水肿，使其体积增大，造成阴茎缩肌张力降低。

【治疗】对新发生的嵌顿包茎，用 20％硫酸镁溶液冷敷，后用 0.1％高锰酸钾溶液温敷，针刺水肿部位，待水肿减轻后将阴茎拉回原位。整复困难时，可在包皮背侧正中线切开勒紧的皮环。当阴茎头严重水肿、损坏或坏死时，应进行阴茎截断术。

(九) 龟头炎、包皮炎

龟头炎、包皮炎是指龟头和包皮的炎症，是雄犬的常见病。

【病因】包皮内积留尿液和皮垢，细菌滋生，当包皮遭受损伤时即可感染；先天性包皮口过于狭小或包茎，包皮口附近的炎症蔓延也可引起。

【症状】包皮口红肿，疼痛，龟头体积增大和排尿困难。有时出现小溃疡糜烂，从包皮口流出大量脓性分泌物。

【治疗】首先剪去包皮上的毛丛，用生理盐水或 0.1％新洁尔灭冲洗包皮腔，包皮内每天涂抹红霉素软膏。

(十) 阴囊皮炎

阴囊皮炎是指阴囊部皮肤的炎症。

【病因】阴囊皮炎病因较复杂。外寄生虫，如螨虫、跳蚤可引起阴囊处瘙痒发炎。过敏性皮炎时，阴囊皮肤接触不明变应原引起发炎；脂溢性皮炎与遗传和代谢性因素有关；神经性皮炎继发于脓皮病或其他部位的皮肤病变。

【症状】阴囊处皮肤发红、瘙痒、皲裂、痂皮，触之有疼痛感，并出现充血、肿胀、增温等炎性反应。病犬烦躁不安，回头舔吮或蹭地，使患处病变进一步发展，阴囊皮肤增厚、糜烂、破溃，甚至阴囊皮下出现水肿，阴囊部肿大。

【治疗】根据病因，对症治疗。阴囊皮炎久治不愈的，可考虑做去势手术。

（十一）睾丸炎、附睾炎

睾丸炎是指睾丸实质的炎症。由于睾丸和附睾紧密相连，常同时伴发附睾炎。

【病因】常见于机械性损伤，如咬伤。或因膀胱、尿道、前列腺的感染经输精管等路径逆行感染睾丸，病原体也可经血液感染睾丸。芽生菌病和球孢子菌病常引起肉芽肿性睾丸炎和附睾炎。阴囊脓皮症时，犬舔阴囊，也可继发睾丸和附睾感染。也可继发于结核病、布鲁氏菌病等疾病过程中。

【症状】急性睾丸炎，阴囊肿胀、发红，触诊疼痛、温度升高，常伴有附睾炎。严重者可发生化脓、破溃。多为单侧睾丸发病，继发于全身性感染性疾病时常为两侧睾丸同时发病，布鲁氏菌病常可引起急性附睾炎，再继发睾丸炎。

【治疗】创伤或发生化脓破溃者，应做清创术。局部及全身应用抗菌药物，如治疗效果不好，应施行去势术。

（十二）隐睾

隐睾是指在出生后正常时间内单侧或双侧睾丸未完全降入阴囊内。

【病因】本病可由遗传因素决定，也可受激素水平和机械性因素刺激的影响，如促性腺激素分泌不足。

【症状】一侧隐睾时无睾丸侧的阴囊皮肤松弛而不充实，触摸阴囊内只有一个睾丸；两侧隐睾时其阴囊缩小，触摸阴囊内无睾丸。

【治疗】隐睾者容易发生肿瘤，也无种用价值，建议去势。

单元三 猫的繁殖障碍

一、雌猫的繁殖障碍

生殖器官解剖结构和功能异常，以及生殖道感染等都可能造成不育。在不育的雌猫中，约有 39％为卵巢、子宫及输卵管结构或功能异常，以囊肿性子宫内膜增生最为多见，并常伴有卵巢囊肿。

（一）乏情或乏情期延长

【病因】雌猫乏情或乏情期延长多与全身疾病、寄生虫或环境因素（如营养不良、缺乏光照、饲养密度过高等）有关。乏情还可能与染色体异常有关。例如，当雌猫的性染色体型为 XO 时，其卵巢上缺乏活动的生殖上皮细胞，从而导致乏情；并对外源性促性腺激素治疗缺乏反应。

【治疗】治疗的方法是诱导发情。由于雌猫属诱发性排卵，所以如果要人工授精，就必须在诱导发情的同时，再诱发排卵。

通过控制光照时间，一般每天 14h 光照可诱导其发情，或者在经历数日短光照后，每天提供 12h 光照，也可以诱导发情。将乏情的雌猫与正在发情的雌猫混群；注射 PMSG 或 FSH 可诱导发情，注射 HCG 或 LH 可诱发排卵。

（二）假妊娠

【病因】如果排卵后不能受孕，则可能发生假妊娠，多因体内激素紊乱所致，如孕激素、促乳素等。

【症状】精神不振、食欲减退、腹部变大、乳腺变大、可挤出乳汁等。

【治疗】可用前列腺素制剂进行治疗。

（三）阴道炎

【病因】猫阴道炎可由交配或子宫感染引起。

【症状】猫频繁地舔舐阴门区，阴道有分泌物排出，不发情，不接受交配。

【治疗】局部和全身应用抗生素。治疗前应先做药敏试验。

（四）慕雄狂

【病因】多发生于卵泡囊肿或成熟卵泡没有受到应有的刺激不能排卵时，会持续分泌雌激素，从而刺激雌猫所致。

【症状】病猫表现出过度的性行为或尖叫等。

【治疗】可口服醋酸甲羟孕酮（MAP），每天 2～3mg；皮下注射 50mg MAP，连续 7～8d；每天给予 1～2mg 醋酸氯地孕酮（CAP），连续 7～10d。

（五）子宫积脓综合征

【病因】多见于中老龄雌猫，常因排卵后未能受孕，但黄体形成并产生黄体酮所致。注射外源性促性腺激素后没有配种，也是导致该综合征的原因之一。

【症状】病猫常表现为食欲减退及精神抑郁。如果子宫颈开张，分泌物可排出，质地较黏，颜色呈淡橙红色或暗红色。在病情严重时，可见雌猫腹部扩大、烦渴、多尿、脱水及体重减轻等；有时体温升高，并伴发毒血症。如果子宫颈闭合，则分泌物积聚在子宫腔里使子宫扩大，甚至导致子宫破裂。

【治疗】肌内注射促进子宫收缩的药物，如雌激素和前列腺素 $PGF_{2\alpha}$ 有利于子宫内分泌物排出。同时，可向子宫内插入导管引流，并且全身或子宫应用抗生素。具体操作与犬的情况类似。

二、雄猫的繁殖障碍

（一）不育

把雄猫转移到一个不熟悉的地方、长期单独饲养在笼子里、雌猫攻击性太强、过度肥胖，都会使其性欲受到抑制。最终表现为睾丸萎缩、少精或无精。雄猫不育和雄犬不育的情况类似。也可由先天性和后天因素造成。有关内容可参考雄犬的繁殖障碍部分。

（二）雄猫的异常行为

雄猫的异常行为包括对人或其他动物的攻击行为、随地撒尿等。可注射孕激素类进行治疗。

1. 醋酸甲羟孕酮（MAP）或醋酸甲地孕酮（MA） 每天口服 5mg，连续 7～10d，之后隔日 1 次，每次 5mg，连续 2 周后，每周 2 次，每次 5mg，连续 4 周后，每周 1 次，每次

5mg，或肌内注射或皮下注射。MAP 和 MA 可引起食欲下降、精神抑郁等。

2. 醋酸氯羟孕三烯二酮（DMA）　每天口服 0.25～1.0mg，连续 2 周，可有效地抑制雄猫随地撒尿行为。

复习思考题

1. 引起繁殖障碍的原因有哪些?
2. 雌犬繁殖障碍的类型有哪些?
3. 简述子宫蓄脓的病因、症状及治疗方法。
4. 简述雌犬假妊娠的病因、症状及治疗方法。
5. 试举几例雄犬繁殖障碍疾病。
6. 什么是慕雄狂? 该病的发病原因是什么?

模块六　其他宠物繁殖

单元一　观赏鸟的繁殖

观赏鸟类的驯养，须玩赏与繁殖并重，这对鸟类保护以及合理利用鸟类资源，维护自然界生态平衡等方面，都具有重要意义。因此，作为观赏鸟的饲养者，不但要全面了解鸟类的饲养知识，而且必须掌握其繁殖技术，以便建立观赏鸟类的优良种群，使良种观赏鸟在人工饲养下大量繁殖。

一、观赏鸟类的生殖器官

（一）雄鸟的生殖器官

1. 睾丸和附睾　鸟类具有1对睾丸，呈卵圆形或球形，位于腹腔内，其重量、大小和颜色常因品种、年龄和性机能的活动而异。幼鸟的睾丸很小，为淡黄色，到成年特别是春季繁殖季节睾丸增大，生精小管变粗，精子大量形成，睾丸颜色逐渐变白。附睾较小，位于睾丸内侧缘，其前端连接睾丸，后端与输精管相连。睾丸具有产生精子和分泌雄激素、促进性腺发育的功能。附睾是储存精子的器官，生成的精子需在附睾内储存一段时间才能成熟，射出的精子才具有受精能力。

2. 输精管　左、右各1条，为弯弯曲曲的乳白色细管，沿腹腔背部由前至后逐渐变粗，末端形成射精管，呈乳头状，并与输尿管平行开口于泄殖腔。

3. 交配器官　大多数鸟类不具备交配器官，其交配是借助泄殖腔口结合完成的。只有少数鸟类，如鸵鸟、雁、鸭类等的泄殖腔腹壁隆起构成可伸出泄殖腔外的交配器官。

（二）雌鸟的生殖器官

雌鸟的生殖器官包括卵巢和输卵管两大部分，左侧发育正常，右侧在早期发育过程中逐渐退化，仅留残迹。

1. 卵巢　借助短的卵巢系膜悬挂在左肾前叶腹侧。幼鸟的卵巢小，为扁平卵圆形，表面呈颗粒状，上面有小的卵泡。随着年龄的增长，卵泡不断发育生长，形成大小不等的葡萄状卵泡。卵巢在促卵泡激素的作用下可产生卵子，同时又可分泌雌激素，影响其他部分生殖道的发育，如输卵管的生长，耻骨及泄殖腔张开、增大，以利于产蛋等。

2. 输卵管　鸟类左侧输卵管发育完全，是一条长而弯曲的管道，但幼鸟的细而直。输卵管的前端形似漏斗，开口于体腔，称为漏斗部。从卵巢中排出的卵子就从此部进入输卵管。漏斗部也是精子和卵子的结合处。卵子受精后从漏斗部向输卵管下端运行，首先通过膨大部,该部能分泌浓稠的胶状蛋白,在卵子运行过程中这些胶状蛋白包裹于卵子周围形成蛋清。然后经过输卵管的峡部,此部分泌的黏性纤维在蛋白外形成壳膜。最后进入子宫部,子宫部具有蛋壳腺,可分泌碳酸钙、碳酸镁等矿物质而形成蛋壳。许多鸟类的蛋壳上有各种颜色的花纹,它们是由子宫部的色素细胞在产卵前5h左右分泌形成的。鸟蛋形成以后经阴道进入泄殖腔排出体外。

二、观赏鸟的繁殖习性

不同鸟类的性成熟差异较大,一般小型鸟为8~12个月,中型鸟为2年左右,大型鸟至少要3年以上。在人工饲养条件下,由于环境因素和饲料条件的改善,性成熟年龄有提早的趋势。

观赏鸟绝大多数在春季繁殖。繁殖过程可分为求偶配对、营巢产卵、孵化和哺育幼雏等阶段。

1. 求偶配对　求偶是发情的表现,求偶行为大多发自雄鸟。求偶形式也多种多样。求偶时,多数雄鸟声音有所变化,或高亢豪放,或婉转清扬;有些雄鸟则以羽色取悦于对方;有些雄鸟则表现出飞鸣、伸颈、突胸等特殊动作。有时还发生争斗。在雄鸟的追求下,雌鸟动情中意后,两鸟或同鸣共舞,或交喙相吻,或互理羽毛,几次反复后,两鸟即行交配。对绝大多数观赏鸟来讲,没有固定的终身配偶。

2. 营巢产蛋　鸟巢是产蛋、孵化、育雏的场所。绝大多数鸟都会营巢。不同种类鸟的巢形、大小、结构、建巢材料及安置处所都不一样。常见的鸟巢有:筑于地面或草丛中的地面巢,多以杂草、树枝、树叶铺垫;浮于水面、用水草制成的水面浮巢;还有以树枝、草茎、羽毛等编制而成的编制巢,编制巢又包括杯状巢、台巢和吊巢等几种。饲养观赏鸟时,人工鸟巢建造适宜与否会影响鸟的发情和产蛋。

雌鸟在鸟巢筑好后数天就开始产蛋,鸟类的产蛋数量差异较大,最少的每窝1个,多者达每窝26个,通常每窝4~8个。产蛋间隔时间也不相同。每种鸟的产蛋数量与食物、气候条件密切相关。人工饲养时,可以采用供给充分营养、创造适宜环境的方法,使能够人工孵化、育雏的鸟多产蛋。

3. 孵化　鸟蛋的孵化大多由雌鸟来承担,也有雄性共同承担的,只有少数由雄鸟承担(如啄木鸟),极个别的由其他鸟承担(如杜鹃)。鸟蛋的孵化期长短不一,一般小型鸟的13~15d,中型鸟的21~28d,大型鸟的更长些(雀鹰31d、鸵鸟42d)。同一种鸟因气候环境条件的差异,其蛋的孵化期也略有不同。

4. 哺育幼雏　根据发育类型,鸟又可分为早成鸟和晚成鸟。早成鸟一出壳就能随亲鸟觅食,又称离巢鸟,多生活于地面或水面。晚成鸟出壳时,全身几乎没有羽毛,不能行走,必须留在巢内由亲鸟哺喂,故又称留巢鸟。留巢鸟留巢的时间与孵化期相同或略长,笼养时留巢的时间比野生时长。

早成鸟的抚育由孵蛋的亲鸟承担;晚成鸟则不同,一般是雌鸟孵蛋,雄鸟育雏,双亲孵蛋的,则共同育雏。晚成鸟哺喂雏鸟的食物分以下3类:①嗉囊分泌的乳糜和经嗉囊软化的食物,如鹦鹉、鸽等;②腺胃内的食物,如芙蓉鸟;③小昆虫及幼虫,如百灵、云雀等。

三、几种常见观赏鸟的繁殖

（一）芙蓉鸟的繁殖

芙蓉鸟又名金丝雀、白玉、玉鸟、白燕，是一种著名的笼鸟，因其体态轻盈，鸣声动听，在笼养条件下能够繁殖，因而受到养鸟爱好者的普遍欢迎。国内饲养的芙蓉鸟，一般体长 12～14cm，体色有黄色、白色、橘红色、古铜色等，其中以白羽毛、红眼睛者最为名贵。我国芙蓉鸟素有"山东种"与"扬州种"之分，前者较后者肥大，羽色淡，鸣声清脆悠长，所以人们多喜爱饲养。

1. 雌雄鉴别 有的养鸟者爱养雄性芙蓉鸟，主要欣赏其华丽的羽色和婉转的歌声。有的为了繁殖，挑选成鸟配对饲养。因此，挑选芙蓉鸟时须识别雌雄。

（1）幼鸟的雌雄鉴别。刚出生的芙蓉鸟雏鸟，两性羽色相同，因此单从外形上难以区别雌雄，但 1～2 月龄的幼鸟，可参考以下 4 个方面进行雌雄鉴别（表6-1）。

表 6-1 芙蓉鸟幼鸟的雌雄特征

部位	雄 鸟	雌 鸟
鸣声	出壳后 35～45d 开始鸣叫，鸣叫时喉部鼓起，上下波动，鸣声婉转、双音	鸣声短促，喉部不鼓动，仅仅上下微微波动
体型	个体大而壮实，头部宽大呈方形、身体修长、羽毛紧贴，整个体型显得匀称而漂亮	头部略小，体型短圆、稍纤细，整体外观不及雄鸟匀称漂亮
泄殖腔	腹部狭长，泄殖腔处有一个小突起（称泄殖腔突或肛门突起），呈锥状，在突起的顶端长有一束小绒羽	腹部浑圆，泄殖腔略圆而大，较平坦，无锥状突起，在其周围松散地长着一圈小绒羽
活动量与食量	性情活泼好动，敏捷而有精神，活动量大，食量也大	性情较文静，活动量与食量均较小

（2）成鸟的雌雄鉴别。成鸟的雌雄鉴别比幼鸟容易，除了利用幼鸟的雌雄鉴别方法外，还可依据成鸟的鸣声和羽色加以区别。

①鸣声区别。雄鸟的鸣声悠扬婉转，连续多变（呈双音），音律十分悦耳动听，且鸣唱时喉部的羽毛会隆起，并为人助兴；雌鸟鸣叫声为单音节，且短促、低细、不悦耳。

②羽毛区别。雄鸟的羽毛颜色丰富多彩、光彩夺目；雌鸟的羽毛色彩单调，且暗淡乏光。

另外，在配对合笼后，观察有无双鸟求偶追逐、交嘴、互理羽毛和交配等行为。如相互斗殴则为双雄，相互不斗殴且无亲昵行为则为双雌。

2. 性成熟期与繁殖期 芙蓉鸟的性成熟期一般为 7～8 月龄，从 9～10 月龄开始繁殖。芙蓉鸟一般在每年 3 月开始交配繁殖，饲养管理条件好、体格健壮的雌雄鸟可提早 1～2 个月繁殖，到 6 月底换羽时停止产卵，繁殖期长达半年。

3. 配对 在繁殖期到来之前，应在饲料中加入鸡蛋、小米，促使芙蓉鸟发情。在交配前 1 周，将雌、雄鸟的笼子并挂在一起，让它们相互熟悉，当发现雌鸟和雄鸟隔笼交吻时，即将它们一起放入繁殖笼内（图6-1）。进入繁殖笼的雄鸟表现为兴奋激昂，不停鸣叫，然后骑在雌鸟背上。可根据两鸟的表情判断交配是否成功。交配成功的雄鸟在交配后即跳上栖木，头向上斜，羽毛松散，发出低微的"唧唧"声；雌鸟在窝内两翅震颤，头向前，也发出低微的"唧唧"声，两鸟的这种表现持续不到1min即恢复常态。交配不成功者则无此表现。有时雌鸟发情时听到雄鸟鸣叫声会主动在栖木上伏下，若此时放入雄鸟，则在栖木上进行交尾。往往一次成功的交配可使所有的卵都能受精，但为了保险起见，在雌鸟产下第1枚卵后再放入雄鸟与其交尾1次，可提高受精率。

图 6-1　芙蓉鸟繁殖笼
（王宝维，2004. 特禽生产学）

雌、雄鸟配对一般是一雄一雌配对，也可以一雄配二雌。若一雄配二雌，具体方法有两种：一种是交替合笼，在产卵前，单日并于甲雌鸟笼内，双日并于乙雌鸟笼内，产卵后，上午放在甲雌鸟笼内，下午调换在乙雌鸟笼内，否则会影响卵的受精；另一种是将雄鸟先配甲笼雌鸟，等产卵完后再配乙笼雌鸟。

4. 营巢　鸟巢可分为开口巢（也称明巢）和闭口巢（也称暗巢）。开口巢的人工制作：用厚纸板制成，也可用麦秸或稻草编成草辫，再用针线缝好，形状似碗，开口直径约11cm、深约5cm，巢底中央必须凹陷，以便于卵向中间聚集，从而有利于雌鸟孵化（图6-2）。也有将内径为9～10cm的楠竹锯成7cm长的竹筒，下面一端留一竹节作为巢底，经修整后作为鸟巢。同时，准备洗净、消毒、晒干的麻类纤维、羽绒毛、棕榈丝及切短的稻草、麦秸等营巢材料，以供芙蓉鸟自己

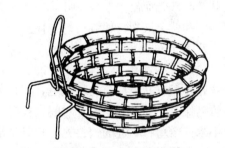

图 6-2　芙蓉鸟开口巢
（赵万里，2002. 芙蓉鸟）

选择衔取铺填筑巢。当雌鸟衔叼羽绒毛、稻草、麦秸等物在巢的框架上徘徊，或在巢框里打旋时，这就表示亲鸟已开始营巢了，雌鸟将筑巢材料铺填在鸟巢中，不久即筑巢完毕。

5. 产卵　一般雌鸟接受雄鸟交配2～7d后便常伏在鸟巢里产卵。雌芙蓉鸟一般每窝产卵3～4枚，多的为6枚。第1窝卵开始时比较小，之后产的卵较大，从第2窝以后大小基本相同。产卵时间多在清晨，规律性很强。健康雌芙蓉鸟大多是每天产1枚，也有的隔1d产1枚。雌鸟产第1枚、第2枚卵时不伏窝（即孵卵），产第3枚、第4枚卵时才开始伏窝。也有些芙蓉鸟在产第1枚、第2枚卵时夜间伏窝，白天则不伏窝，这样一冷一热往往使受精卵发育不佳或夭折于蛋内。为了使雏鸟同时出壳，雏鸟大小不至于差异太大，可采取以假卵（如圆形白果）替换真卵的方法。具体做法：当雌鸟产下第1枚卵时，小心取出真卵，放在棉花上，钝端朝上，尖端向下，存放卵的房间温度、湿度要适当，同时将假卵放入巢中，第2枚、第3枚卵同样照办；当第4枚卵产出后，再将假卵全部取出，然后放入全部真卵，让雌鸟孵化。否则，早出壳的早饲喂，晚出壳的晚饲喂，越大的雏鸟长得越快，晚出壳的雏鸟往往饲喂不及时而越来越小，或被大的雏鸟挤压而死。

6. 孵化　芙蓉鸟的孵化由雌鸟承担，整个孵化期为 14～18d（我国南方地区为 14～15d，北方地区为 16～18d）。一旦进入孵化状态，芙蓉鸟的恋巢和护巢行为就非常强烈，只要在外界没有危及其生命安全时，雌鸟决不会轻易弃巢离开，雄鸟主要负责觅食与警戒保卫工作。绝大多数亲鸟在孵化期间，因胸、腹部与卵接触和摩擦时间较长，导致羽毛脱落、皮肤裸露，形成孵卵斑。同时，此处皮肤聚集了发达的毛细微血管，可不断地散发体热，以使卵中胚胎的正常孵化。

在孵化期内，应对卵进行照检，观察是否受精。当卵孵化至 6～7d，取出卵，用左手拇指和食指夹住卵的两端，放在眼的正前方，右手持电筒从卵的后方探照，若见卵黄变大，并有黄豆粒大小的模糊胚胎，壳内有网状血丝为受精卵，应立即放回巢内继续孵化；如果卵黄保持原样，表明是未受精卵，应取出不再继续孵化。当卵孵化到第 10～12 天，再取卵复检 1 次，如见卵壳内全黑且蠕动，表明胚胎发育正常，继续孵化；如卵壳内明亮有气泡或呈水状，则是未受精卵或死胎，应取出弃之。有些芙蓉鸟自己不会孵卵、育雏，只能请义鸟（又称保姆鸟、替窝鸟）代替孵育。在南方经过 14d，雏鸟就可以出壳。雏鸟出壳时，卵壳在接近中间横线处破碎，雌鸟会将碎壳衔出窝外。如果雏鸟出壳有困难，应及时进行人工助产，使其及时破壳而出。如果 14d 雏鸟未出壳，切记不要再去检视，因为这个时期的卵壳很脆，稍一移动就会破裂，使雏鸟的身体受伤，可以再等 1d 再检视。

7. 育雏　芙蓉鸟育雏的方法有自然育雏和人工育雏两种。

（1）自然育雏。经过约 14d 的孵化，雏鸟便破壳而出。芙蓉雏鸟属晚成鸟，刚出壳后全身裸露，只有几根稀疏的长绒毛，双目紧闭，不能站立，不能自己觅食。雏鸟怕冷，主要依靠雌鸟保温。如果雌鸟离开时间太长或不善育雏，雏鸟就会冻死。全部出雏后，给亲鸟饲喂碎小米，亲鸟将吃进的饲料先经自身半消化后呈糜状，再吐出来嘴对嘴地饲喂雏鸟。前期喂养主要由雌鸟负责，而雄鸟协助饲喂，雄鸟停在巢旁，以半消化食物先喂雌鸟，再由雌鸟喂给雏鸟。2 周后的育雏任务主要由雄鸟负担。雏鸟 3d 羽管长出，7d 后睁眼，10d 可见铲形羽，以后全身羽毛渐渐丰满，20d 左右站杠、练翅，25d 可自己进食青菜、蛋黄，30d 可进食粒料，35d 即可分笼饲养。个别体质弱的可延长几天再分笼。雏鸟出壳 20d 左右雌鸟又开始交配产卵，这时可用灯泡给雏鸟保温，并进行人工喂饲。

（2）人工育雏。若发现雌鸟不哺育雏鸟时就必须进行人工育雏。饲养 4～5 日龄的雏鸟比较困难。人工育雏的饲料，熟蛋黄 5 份加玉米粉 1 份，再加青菜泥 4 份调成细薄糊状，用小竹签挑蛋黄糊送入雏鸟口中，直至吃饱为止。开始时每 1.5～2h 喂 1 次，每天 6～8 次，随着日龄的增长，可逐渐增加玉米粉的比例，并相应减少饲喂次数，直至雏鸟可以自己采食为止。人工育雏时，如果雌鸟仍然给幼鸟保温，则只是临时人工育雏，或者个别补料时，不必考虑人工保温问题。如果喂料的次数太多，就要用灯泡保温，以免喂料时间太长而冻坏雏鸟。如果雌鸟因病死去，除了要人工喂雏鸟，还需要用灯泡保温。

（二）鹦鹉的繁殖

鹦鹉属鹦形目，鹦鹉科，全世界有 340 多种鹦鹉，形态各异。有华贵高雅的粉红凤头鹦鹉和葵花凤头鹦鹉、雄武多姿的金刚鹦鹉、涂了胭脂似的玄凤鸡尾鹦鹉、五彩缤纷的亚马孙鹦鹉、小巧玲珑的虎皮鹦鹉、姹紫嫣红的折衷鹦鹉、形状如鸽的非洲灰鹦鹉。鹦鹉以其色彩艳丽的羽毛、善学人语技能，为人们所欣赏和钟爱。为了养好鹦鹉，提高经济效益，必须了解其繁殖规律，掌握其繁殖技术。

1. 雌雄鉴别　笼养鹦鹉繁殖的关键在于雌雄配对，只有鉴别了雌雄，才可使鹦鹉配对入笼进行繁育。鹦鹉的雌雄大多表现为羽色的差异，尤其是产于亚洲和澳大利亚的种类。一般雄鹦鹉羽毛、嘴、虹膜等的色彩比雌鹦鹉的艳丽，并具有突出的饰物。但是，大多数鹦鹉是雌雄同型的，单靠外观的差异很难判断雌雄，只能依靠"摸裆"和平日的活动进行鉴别。裆是指鸟体后端的耻骨联合间距。用摸裆方法鉴别雏鹦鹉雌雄不甚明显，4月龄以上的鹦鹉可用此法。操作时，握住鹦鹉身体，一般用右手摸裆，感觉有尖状突起的为雄鹦鹉，扁平状则为雌鹦鹉。6月龄的鹦鹉感觉更为明显，雌鹦鹉的裆宽可容下一指，明显感觉为扁平，没有突起。另外，从配对的表现看，雄鹦鹉一般都在巢外，雌鹦鹉则在巢内，平日的攻击性较强，恋窝。

2. 性成熟期与繁殖期　大型种类的鹦鹉性成熟一般很晚，需3～4年，小型种类则1～2年即达性成熟。大多数鹦鹉在翌年开始繁殖，而牡丹鹦鹉一般6～8月龄即达性成熟，并可配对繁殖。鹦鹉在人工饲养条件下繁殖的季节性不明显，只要条件适宜，一年四季均可繁殖。但夏季天气炎热，连续入巢孵化，不但影响成年鹦鹉的健康，而且育雏率也降低，雏鹦鹉体质也不佳。所以，夏季一般停止繁殖。鹦鹉的繁殖旺期一般为4～5年，之后繁殖率逐渐降低。

3. 配对　鹦鹉的配对一般为一雄配一雌，并且配对关系能维持相当长的时间乃至终生。啄羊鹦鹉例外，它是一雄配多雌，且雄鹦鹉不参与孵化和育雏活动。鹦鹉在交配前可出现追逐和打斗现象，并有求偶炫耀的动作，雌鹦鹉的表现更为突出。发情的鹦鹉通常表现为低头躬背、翅下垂、翅抖动、抬脚、尾上下抖动、相互交嘴亲昵、互相理羽等。具有冠羽的凤头鹦鹉炫耀时，则将冠羽打开。一般情况下，雄鹦鹉比较主动，雌鹦鹉会用鸣叫和多种特有的体态来呼应。为了提高繁殖率，往往将种鹦鹉雌雄分笼饲养，当雌鹦鹉进入发情盛期时，将其放入雄鹦鹉笼内。这样在追逐和打斗时，雄鹦鹉可利用熟悉的环境来征服雌鹦鹉，从而使交配成功。在外界无干扰情况下，雌、雄鹦鹉相互依偎，并相互亲嘴漱食，发现这种情况时应马上安窝准备产卵。

4. 营巢　中、小型鹦鹉在人工饲养条件下容易繁殖，大型及某些中型鹦鹉繁殖较为困难。目前，除个别小型鹦鹉（如虎皮鹦鹉、牡丹鹦鹉）可人工孵化、育雏外，绝大多数是提供人工巢，让其自然繁殖。常用的人工巢有木箱、竹筒、树洞等。虎皮鹦鹉的巢箱大小为18cm×15cm×25cm（长×宽×高），出入口直径为4～5cm（图6-3）。巢箱一般用楼式巢箱（分上、下两室），也可用宽式巢箱（分左、两室）或盒式巢箱（图6-4）。总之，应根据笼养鹦鹉的种类及个体大小制作适宜的巢箱，无论哪种人工

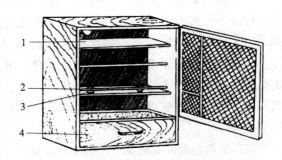

图 6-3　虎皮鹦鹉巢箱
1. 巢箱位置　2. 栖木　3. 食缸或水缸　4. 笼底沙盘
（王宝维，2004. 特禽生产学）

巢，内部光线宜暗。在繁殖期到来时，可在巢箱中铺垫一层3～5cm厚的锯末，并提供一些细软杂草，供鹦鹉铺巢用。另外，也可以直接供给繁殖鹦鹉巢窝，用来产卵和孵化，一般由小木条、竹丝、稻草及羽毛构成（图6-5）。育雏巢是用来进行人工育雏的器具，最常用的

育雏巢是用稻草编制而成的（图 6-6），根据雏鹦鹉的多少，育雏巢可大可小。

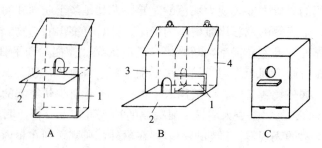

图 6-4 鹦鹉巢箱

A. 楼式巢箱 B. 宽式巢箱 C. 盒式巢箱

1. 拉门 2. 平台 3. 亮室 4. 暗室

（赵万里，2000. 鹦鹉）

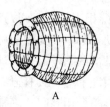 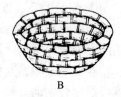

图 6-5 鹦鹉巢窝

A. 瓮形巢 B. 碗形巢

（赵万里，2000. 鹦鹉）

图 6-6 鹦鹉育雏巢

（赵万里，2000. 鹦鹉）

5. 产卵与孵化 鹦鹉多为隔天产卵，每窝产 2～5 枚，有些小型鹦鹉甚至可产 8 枚之多。卵较小，多为圆形、纯白色。鹦鹉孵化大多开始于产下第 2 枚卵后，少数种类是产完最后 1 枚卵才开始孵化。孵化由雌鹦鹉承担，即雌鹦鹉伏在卵上用腹部紧贴卵，让其体温维持卵的合适温度和稳定的环境条件，并每天用嘴翻蛋数次，以使蛋受热均匀。雌鹦鹉孵化期间责任心很强，只在饮水、采食、排便时出巢，此时由雄鹦鹉进窝代孵，雌鹦鹉返回巢内时，雄鹦鹉离巢。有的雄鹦鹉甚至给孵化的雌鹦鹉当"保姆"，一天喂食雌鹦鹉数次。

鹦鹉的孵化期因其种类、体型不同而异。一般情况下，小型鹦鹉大多为 17～23d，大型的可长达 35～40d。孵化末期，亲鹦鹉会不断发出呼唤声，以刺激胚胎呼吸活动加强、代谢旺盛，加速卵黄囊的吸收，从而使雏鹦鹉同步出壳。人工孵化时，也可将亲鹦鹉做巢时发出的呼声作为刺激因子，通过扬声器播放，也可起到同样作用。

6. 育雏 孵化期满，雏鹦鹉破壳而出，雏鹦鹉属于晚成鸟，出生后全身裸露，或仅在头顶或背部有稀疏绒羽，双眼紧闭，不能独立活动或取食，必须依靠亲鹦鹉饲喂，继续在窝内完成发育过程。雏鹦鹉出壳后 10d 左右开始长绒毛，7～14d 开始睁眼。鹦鹉采用反刍喂雏方法，雌鹦鹉将吃进体内经过半消化的糜状食物吐出，把嘴直接伸到雏鹦鹉喉部喂养。最初的 5～10d，新生雏鹦鹉由雌鹦鹉单独喂养和保温，雄鹦鹉只是把食物带来喂给雌鹦鹉，再由雌鹦鹉直接喂雏鹦鹉。雏鹦鹉发育很慢，小型种类必须在巢中由双亲饲喂 3～4 周才能出飞，大型种类则需 3～4 个月。刚离巢的雏鹦鹉虽然可以出巢活动，但仍不能独立生活，需靠亲鹦鹉继续饲喂，并且晚间由亲鹦鹉带领入巢过夜，再经 10～14d，雏鹦鹉才能独立生活。此时，亲鹦鹉可开始繁殖下一窝，一般每年可繁殖 3～4 窝。

（三）画眉的繁殖

画眉属雀形目画眉科的一种珍贵鸣禽，主要分布于我国南方各省份。由于画眉鸟鸣叫婉转、高亢，外貌雅致美丽，故人们喜欢捕之笼养，视为宠物。目前，画眉的人工繁育比较困难，这就让我们更注意保护物种，深入研究其繁育特性。

1. 雌雄鉴别　画眉不管是雏鸟还是成鸟，雌雄是很难分辨的，故有"画眉不叫，神仙都不知道"的说法。但富有经验的养鸟人仔细观察发现：成年雄鸟一般有顶毛、颈毛和羽干，花纹明显富有光泽；嘴短，嘴锋钝圆，嘴须密长向外翻，鼻孔较长；腿、爪及后肢粗壮；排粪时两腿分开，俗称"蹲裆"。雄性雏鸟相对于雌性雏鸟来说，眼睛明亮有神，活泼好动；鼻孔长，腿爪及后趾粗壮；嘴短厚，喉管频繁地发出"咕喽"声等。

2. 求偶　3月上中旬，由于日照逐渐延长，画眉鸟开始进入发情期，此时雄鸟经常在其领地内婉转多变地高亢鸣叫，尤其是早晨七八点左右更甚，以吸引雌鸟的到来。画眉的择偶性很强，当雄鸟鸣叫时，有时雌鸟飞来，雄鸟不大理睬，雌鸟待一会儿即飞走；有时雌鸟飞来后，雄鸟发出柔和的叫声并抖动翅羽以示求"爱"，但雌鸟无动于衷。当两厢情愿时，雌雄两鸟便同时发出柔和、低微而带颤音的"唧唧""嘎嘎"声，并轻轻抖翅，相互追逐。一段时间后，雌鸟不断地翘尾露出泄殖孔以示接受雄鸟的交配。当雌雄配对以后，就准备营巢产卵。

3. 营巢　3月中下旬，画眉便成对活动，选择巢址，准备筑巢。营巢主要由雌鸟负责，雄鸟常在附近 20～30m 处的树上鸣叫以警惕敌害入侵，有时雄鸟也衔回些材料。巢呈碗状，巢口圆形，内径 8～10cm，巢高 8.5～17.5cm，巢深 5.6～8.5cm。巢筑成后，雌鸟将巢内杂物清理干净，准备产卵。

4. 产卵与孵化　雌鸟将鸟巢筑成并清巢后，3～4d 开始产卵。据观察，雌鸟在产卵前几天，每天黄昏前必在巢中鸣叫 2～3 次。画眉每天产卵 1 枚，每窝产卵 3～4 枚。卵呈纯天蓝色，无斑点。画眉 1 年繁殖 2 次，早春第 1 窝卵蓝色较深，5 月下旬以后的卵色稍浅一些。

当雌鸟产完最后 1 枚卵时，才开始孵化。孵化主要由雌鸟完成。雌鸟孵化时，雄鸟除取食外，常在离巢 10～15m 处活动，守护雌鸟，并间断鸣叫。在孵化期间，画眉的警惕性极强，以防卵丢失或遭意外。画眉卵的孵化期为 16～18d。

5. 育雏　刚孵出的雏鸟全身裸露，眼睛紧闭，头颈难以竖起，不时地发出"吱吱"的轻叫声。雏鸟孵出后，雌鸟伏在幼雏身体上为其保温。雏鸟出壳当日，亲鸟即开始喂食，每天 2～3 次，5 日龄以内以雄鸟喂食为多；3 日龄雏鸟的翅前缘出现明显的黑色羽根。5 日龄翅尖羽根长达 6mm，头顶长出少量纤羽；8 日龄开始睁眼，翅与颈部出现针状羽鞘；12 日龄腹部与背部均长出黄色羽片，翅根已长齐，能跳出巢外并做短距离飞行；25 日龄眼眶周围出现白色羽片，显示出画眉的典型特征；48 日龄接近成鸟，并开始大声鸣叫。育雏期间，亲鸟的护仔性很强，以防遭受敌害。

（四）八哥的繁殖

八哥属雀形目椋鸟科，学名为鸲鹆，别名有许多，如鹦鸲、寒皋、华华等，八哥是俗名，在许多专业性很强的书籍中也逐渐取代了鸲鹆这一学名。八哥是我国华南和西南诸省常见的留鸟。八哥的羽毛虽并不艳丽，但因其聪明、善于模仿人语、容易饲养，还能仿效喇叭声，歌声悦耳、音调富有旋律，深为人们所喜爱。

1. 雌雄鉴别

（1）幼鸟的雌雄鉴别。八哥幼鸟在鸣叫之前可根据形态特征进行雌雄鉴别：①看躯体，身躯大的为雄鸟，小的为雌鸟；②看头形，头大而扁者为雄鸟，头小而圆者为雌鸟；③看嘴形，嘴粗而长者为雄鸟，嘴细而短者为雌鸟；④看嘴和腿的颜色，雄鸟的嘴为玉白色，腿呈肉红色，雌鸟的嘴与腿均为灰色。

（2）成鸟的雌雄鉴别。八哥成鸟的雌雄鉴别主要依据鸣声，其次是形态的差别。雄鸟的歌声优美而激昂，雌鸟的歌声较低沉且不甚悦耳。成鸟羽色雌雄相同，但在形态方面，雄鸟头大而略扁，嘴略粗、较长，为玉白色，腿肉红色或黄色；雌鸟头较小而圆，嘴细而略短，为灰色，腿呈灰色或浅黄色。从泄殖腔外部看，雌鸟泄殖腔较雄鸟稍平坦，周围松散地长着一圈小羽毛；雄鸟泄殖腔呈小圆柱形突起，在突起的顶端长有束状的小羽毛。有经验的养鸟者仅从泄殖腔的平突状态即可断定成鸟或幼鸟的雌雄。

2. 繁殖习性 每年春季（一般为4月），八哥开始进入发情期，雌鸟和雄鸟先行配对，实行"一夫一妻制"。此时的雄鸟羽毛发亮，常因引颈高歌、以示威风，吸引异性与其配对。

八哥的繁殖有较明显的季节性，即每年的4—7月。一年繁殖2次。一般雌鸟于4月产下第1窝卵，连续产卵4～6枚，孵化期14～16d；6月产第2窝，产卵数与孵化期同前。繁殖期于7月结束。

单元二　观赏鱼的繁殖

观赏鱼是以观赏为目的而饲养的鱼类。要养好观赏鱼，不但要了解其生活习性、饲养知识，还要研究其繁殖规律，扩大养殖规模，提高经济效益。

一、鱼类繁殖的一般知识

鱼类的繁殖主要取决于其生殖腺的发育状况，性腺发育的整个过程具有一定的规律性，这种规律性又通过性腺发育的各个阶段的特殊形态结构和生理特点显示出来，在鱼体内则受神经-体液的调节机制调节。这些都属于鱼类繁殖的内部规律，也是影响鱼类繁殖的根本原因。只有掌握了这些基本繁殖规律，才能更好地为鱼类繁殖提供最为适宜的生态与生理条件。

（一）鱼类性腺发育的基本规律

1. 卵子的发生 即从卵原细胞开始，发育成为成熟卵子的过程，要经历卵原细胞的繁殖期、卵母细胞的生长期和卵子的成熟期3个阶段。

（1）卵原细胞的繁殖期。在这个时期，卵原细胞进行有丝分裂，细胞数目不断增多，经过若干次分裂后，分裂停止，开始长大逐渐向初级卵母细胞过渡。此阶段的卵细胞为第Ⅰ期卵原细胞，以第Ⅰ期卵原细胞为主的卵巢为第Ⅰ期卵巢。

(2) 卵母细胞的生长期。此期可分为小生长期和大生长期2个阶段，生长期的生殖细胞为卵母细胞。

①小生长期。由于原生质不断增加，初级卵母细胞体积显著增大，后期卵膜外面长了一层扁平的滤泡上皮细胞。处于小生长期的初级卵母细胞称为第Ⅱ期初级卵母细胞，以第Ⅱ期初级卵母细胞为主的卵巢为第Ⅱ期卵巢。鱼类性成熟以前的个体，其卵巢均长期停留在Ⅱ期。

②大生长期。是初级卵母细胞营养物质积累的时期。根据卵黄积累状况和程度，又分为卵黄开始积累阶段和卵黄充满阶段。前者主要特征是初级卵母细胞体积增大，细胞内缘出现滤泡，卵膜增厚，出现放射带，此时的初级卵母细胞称为第Ⅲ期初级卵母细胞，以第Ⅲ期初级卵母细胞为主的卵巢为第Ⅲ期卵巢；后者的主要特征是卵黄在滤泡处积累，充满全部细胞质部分，此时的初级卵母细胞达到了成熟的第Ⅳ期，以此时的初级卵母细胞为主的卵巢为第Ⅳ期卵巢。

(3) 卵子的成熟期。初级卵母细胞大生长期完成后，其体积不再增大，而进行核的成熟变化，称为成熟期。此期的主要特征是细胞核极化，核膜溶解，处于这种状态的第Ⅳ期末的卵母细胞生长成熟。此时，亲鱼性腺已发育到第Ⅳ期，能够进行催产。成熟的卵母细胞进行减数分裂和均等分裂，并排出卵子，此时的卵巢为第Ⅴ期卵巢。

2. 精子的发生 由精原细胞到精子的发育需要经过繁殖生长期、成熟期和变态期3个阶段。

(1) 繁殖生长期。原始生殖细胞经过无数次有丝分裂，形成数目很多的精原细胞，直至分裂为止。细胞核内染色质变成粗线状或细丝状，形成初级精母细胞，为成熟期的分裂做准备。

(2) 成熟期。这一时期的初级精母细胞连续进行2次成熟分裂：第1次为减数分裂，每个初级精母细胞分裂成2个次级精母细胞；接着进行第2次均等分裂，每个初级精母细胞各形成2个精子细胞。经过2次成熟分裂，每个初级精母细胞分裂成4个精子细胞。

(3) 变态期。精子细胞经过一系列复杂的过程形成具有活力的精子。

(二) 性腺的形态结构和分期

1. 卵巢的结构和分期

(1) 卵巢的结构。鱼类的卵巢一般位于其体腔内鳔的腹面两侧，外面被卵巢膜包裹，卵巢膜与背系膜相连。在卵巢内壁有突出的横隔皱褶，称为产卵板，是产生卵细胞的地方。一般认为鲤科鱼类没有单独的输卵管，只是在卵巢的后端有一相当于输卵管的结构，通向生殖孔开口于体外。成熟的卵子脱离滤泡包膜后，跌入卵巢腔，经输卵管结构从泄殖孔排于体外。

(2) 卵巢的分期。为便于观察鱼类性腺生长、发育和成熟的程度，根据卵巢在发育过程中卵母细胞的形状、卵巢的外形、颜色、大小、血管分布及卵巢本身的组织特性，将卵巢分为6期。

①第Ⅰ期。卵巢呈淡肉色的细线，宽约1mm，紧贴于鳔腹面两侧的体腔膜上，肉眼不能分辨雌雄，性成熟前的卵巢多处于此期。

②第Ⅱ期。卵巢呈扁带状，肉色，透明，宽约1cm，性腺已能分辨雌雄，卵巢表面有微血管分布。产卵或退化后的卵巢都处于此期。

③第Ⅲ期。卵巢血管密布，呈青灰色，宽达 2cm 以上，肉眼已可见卵粒，但互相粘连成团块，不能分离。

④第Ⅳ期。卵巢体积增大成长囊状，呈青灰色或灰黄色，宽达 4～5cm，占整个腹腔体积一半以上。卵粒充满卵黄，大而饱满，已能分离，呈小米粒大小。此时，卵巢对外源激素的作用敏感，为亲鱼发育成熟期，人工催情容易成功。

⑤第Ⅴ期。卵巢松软，卵已从滤泡中排出，卵粒透明如玉，相互分离，为成熟卵。此时轻压腹部，有卵粒从生殖孔流出。

⑥第Ⅵ期。产卵不久或退化吸收的卵巢。卵巢中有过分成熟未排出的卵粒，呈现白浊的斑点，卵巢表面血管萎缩充血，呈紫咖啡色。卵巢松软，体积缩小。

2. 精巢的结构和分期

（1）精巢的结构。精巢呈长囊形、圆柱形或多叶形，左右对称，位于鳔的腹面，肝胰的背方，末端两根短的输精管合二为一，经泄殖孔与外界相通。

（2）精巢的分期。根据精巢形态和发育情况，一般可分为 6 期。

①第Ⅰ期。细线状，透明，紧贴体壁，此期肉眼不能辨别出雌雄。

②第Ⅱ期。细带形，半透明或不透明，血管不显著，宽 2～4cm，精囊形成，肉眼已能分辨出雌雄。

③第Ⅲ期。细柱状，粉红色或蛋黄白色，表面有弹性，血管明显。

④第Ⅳ期。柱状，乳白色，表面有皱褶并有明显的血管分布，宽约 3cm，生精小管内出现初级精母细胞、次级精母细胞和精子细胞。

⑤第Ⅴ期。精巢丰满，充分成熟，呈乳白色，表面凹陷不平，皱纹加深，轻压腹部有大量乳白色精液流出。

⑥第Ⅵ期。排精后的精巢，萎缩呈细带状，淡红或粉红色。

（三）鱼类的性周期

1. 性周期　各种鱼类必须生长发育到一定阶段和年龄才能达到性成熟。如金鱼一般 1 龄即成熟排卵，中小型热带鱼 6 月龄达性成熟。鱼类在未成熟之前，没有性周期现象。而当性成熟第 1 次排卵以后，性腺即定期地按季节周期性地发生变化，称为性周期。鱼的种类不同，其性周期延续的时间也不相同。即使是同一种鱼，因其生活环境、饲养条件和饲养方法不同，性周期也不完全相同。

2. 产卵类型　鱼类 1 年产卵 1 次，称为一次产卵类型；1 年内产卵多次，称为多次产卵类型。观赏鱼类大多属于后者，如金鱼在繁殖季节里可产卵 2～3 次，神仙鱼 1 年可产卵 3～4 次。研究鱼类的产卵类型，对于合理安排生产具有重要意义。

（四）环境因素对鱼类性腺发育的影响

鱼类性腺的发育既受其体内生理调节的影响，也受外部生态条件的影响。具备了内在的生理条件，缺乏必要的外部环境因素，性腺发育也会受到抑制。影响鱼类性腺发育的主要环境因子包括营养、温度、光照、水流等，这些环境因素协同影响鱼类的性腺发育。

1. 神经内分泌系统的调节　鱼类性腺的发育、成熟、排卵（精）过程中，其外感受器接受外界环境的刺激，把信息传递到脑，经处理后传递到下丘脑，下丘脑的神经分泌细胞合成和分泌促性腺激素释放激素（GnRH），通过毛细血管或神经纤维传入脑下垂体，触发脑下垂体前叶细胞合成和分泌促性腺激素；促性腺激素经血液循环到达性腺，促使性腺产生性激素并促使精、卵细胞发育成熟和产卵、排精。

2. 影响鱼类性腺发育的外界条件

（1）营养。鱼类性腺的发育与营养的关系极为密切。亲鱼在性腺发育过程中，需要从外界摄取大量营养物质，尤其是蛋白质和脂肪。因此，投喂亲鱼的饵料质量和数量直接影响鱼类性腺的发育。一般在饵料投喂充足又能保证质量的条件下，成熟卵子的数量增加；反之，成熟卵子数量减少，甚至会推迟产卵期或不能顺利产卵。在产卵后期，卵母细胞处于生长早期，应投喂富含蛋白质和脂肪的饵料。春季，亲鱼的卵巢进入大生长期，需要更多的蛋白质转化为卵巢的蛋白质，所以要投喂富含蛋白质的饵料。但是，应防止单纯地投喂营养丰富的饵料而忽视其他生态条件的管理；否则亲鱼不能将大量营养物质转化为性产物，而转化为肌肉的生长，鱼体过肥，而性腺发育受到抑制。由此可见，营养条件是鱼类性腺发育的重要因素，但必须与其他条件密切配合，才能促使性腺发育与成熟。

（2）温度。鱼类是变温动物，温度对性腺的发育成熟具有显著的影响，它通过改变鱼体代谢强度，加速或抑制性腺发育成熟。虽然维持鱼类生存的温度范围较广，但适宜于其生殖的温度范围较窄。如锦鲤生活的水温为 2～30℃，适于繁殖的水温为 16～18℃。温度对鱼类的排卵和产卵活动有很大影响，每一种鱼在某一地区开始产卵的温度是基本一致的，达到产卵温度，鱼类才开始发生产卵行为。即使鱼类的性腺已发育成熟，但是如果温度达不到产卵或排精的阈值，也不能完成生殖活动。正在产卵的鱼如遇到水温突然下降，往往发生停产现象，水温回升后又重新开始产卵。

（3）光照。光照作为重要的环境条件对鱼类的生殖活动具有相当大的影响。光线刺激鱼类的视觉器官，通过中枢神经引起垂体的分泌活动，从而影响鱼类性腺发育。光照对鱼的产卵活动也有很大影响。通常鱼类都在黎明前后产卵。控制光照时间可使一些鱼类提前产卵。例如，延长光照时间可使春季产卵的鱼提早成熟产卵，而缩短光照时间可使秋季产卵的鱼提早成熟产卵。

（4）水流。当鱼的卵巢发育到第Ⅳ期后，水流刺激对性腺的进一步发育与成熟至关重要。水流的刺激，可能促使亲鱼下丘脑促黄体素释放激素的大量合成和释放，再触发垂体分泌促性腺激素，随后诱导亲鱼发情产卵。在人工催产情况下，亲鱼饲养期间，常年流水或产前适当加以流水的刺激，对鱼的性腺发育、成熟和产卵及提高受精率都具有一定的促进作用。

除上述条件外，水体的盐度、卵的附着物及异性刺激等对鱼类性腺成熟、产卵都有较大影响。

二、金鱼的繁殖

金鱼繁殖是一项十分重要的养殖技术。要想获得大而稳定的种群，使优良金鱼品种得到保留和延续，就必须进行适度规模的人工繁殖，研究金鱼的遗传规律，才能有的放矢地培育新品种，提高金鱼的养殖水平和观赏价值。

（一）亲鱼的选择

1. 鱼龄选择　1 龄金鱼的性腺基本上就成熟了，但卵径小，怀卵量少，约 1 000 粒。一般 2～3 龄金鱼常被用作亲鱼，此期金鱼体质健壮，生殖腺饱满，怀卵量大，卵子和精子的活力强，受精率和孵化率均较高。如 3 龄金鱼怀卵量可达 7 万～8 万粒。而 5 龄以上的金鱼因生殖机能开始逐渐衰退，产卵量及产卵次数均较少，后代畸形率高，一般不用作亲鱼。

2. 品种特征 除了体质健壮、形态端正、游姿平稳和色泽鲜艳外，还要根据培育品种的目的和要求，有计划地将能充分表现出显性特征、并在后代中也能充分表现的金鱼选作繁殖亲鱼。如肉瘤是否发达、身体是否浑圆、尾鳍是否够长、尾鳍具强劲的张力，是狮头金鱼选种的首要条件；丰满的肉瘤、壮硕的身体和尾柄、张力强健的尾鳍，是日本兰寿选种的首要条件。

3. 雌雄鉴别 金鱼是卵生鱼类，雌雄异体，两者在外部形态上有一定的差别，可参考表6-2进行雌雄鉴别。

表6-2 金鱼的雌雄鱼特征

部位	雌鱼	雄鱼
体型	短而圆，腹部膨大突出，胸鳍短而圆，尾柄细	细长，腹部突出不明显，胸鳍长而尖，尾柄粗
体色	色泽较淡	鲜艳
胸鳍	尾鳍、胸鳍、背鳍都稍短，胸鳍硬刺平直	尾鳍、胸鳍、背鳍都稍长，胸鳍硬刺弯曲
追星	一般没有追星	鳃盖上、胸鳍的硬刺上出现一颗颗乳白色的圆锥形的小突起，即追星，用手触摸有粗糙涩手和弹性的感觉
泄殖孔	稍大而圆，呈梨形，梨柄端向前，微向外凸	小而狭长，两端尖，中间微膨大，呈瘦枣核状，与体表平或稍向内凹
游姿	游动缓慢	游动活泼，常主动追逐其他金鱼
腹部	略圆且松软	小而略硬

（二）亲鱼的培育

亲鱼一般在秋季选定，整个秋冬季节都要加强培育。以秋季培育最为重要，要分开稀养，投喂营养丰富的饵料。在温室越冬期要格外精心护理，水温接近10℃时，应适当投放饵料，防止亲鱼消耗体内营养物质，对性腺造成不良影响。初春，随着气温升高，做好水质管理，投喂活饵料，保证充足的溶氧量，促使亲鱼的性腺充分发育成熟，恢复体质，为繁殖后代做好准备。

（三）金鱼繁殖的方法

1. 自然繁殖 在大规模的金鱼生产中，多采用自然繁殖的方法。将精心培育、认真筛选的亲鱼，按照雌雄比1∶3或2∶3放入产卵池内，产卵池可用玻璃缸、水泥池等。产卵池内加设鱼巢，鱼巢的材料一般为金鱼藻、狐尾藻、棕片丝、窗纱等。开始雄鱼会偶尔追着雌鱼游一段，然后追逐频繁，有时雄鱼用追星摩擦雌鱼腹部，有时用头部紧紧顶着雌鱼腹部追来追去，这表明亲鱼即将临产，即发情。当雄、雌鱼追逐到极度兴奋的状态，雌鱼钻到鱼巢上，边用尾鳍击水边产卵，使卵子较均匀地黏附在鱼巢上，而雄鱼也立即射精，使卵子受精。金鱼卵属于黏性卵，产出的卵遇水后膨胀产生黏性，黏到鱼巢上。如果不设鱼巢，鱼卵将散布在池底或缸底，底部易缺氧，不利于卵的正常发育，影响孵化率和出苗率。在繁殖季节里金鱼隔1~2周产卵1次，可产卵2~3次。

2. 人工授精 是指在特定情况下，将种间杂交或自然受精率低的鱼种，通过人工的方法进行授精。人工授精前，要对亲鱼进行刺激，促进其性腺进一步成熟。首先，将选出的亲鱼按雌雄比 1∶1 放入产卵池中，并放置鱼巢，观察雌、雄鱼追逐情况。当亲鱼有较明显的追逐现象时，先检查雌鱼，用左手的拇指、食指和中指夹住雌鱼的尾柄，使其不能左右摆动挣扎；然后用右手拇指和食指由前向后轻压腹部两侧，如有大量卵子流出，用敞口容器收集。然后以同样的方法轻轻挤出雄鱼的精液，并用干净的羽毛轻轻拌匀，让精子、卵子充分接触。容器中的水要浸过全部鱼卵，以保证稀释的精液能全部浸过鱼卵。5～6min 后，换水冲洗干净受精卵，完成受精。受精后的卵子可倒在鱼巢上，让其自然孵化。注意在整个过程中，用水要干净，温度要恒定，用后的亲鱼也应管理好，以备下次产卵。在金鱼的繁殖中，以人工选择亲鱼、自然繁殖的方法为主，人工授精的方法为辅。

（四）孵化

金鱼卵的孵化是繁殖中的重要阶段。孵化盆（池），需预先刷洗干净，注入新水晾晒 1d后即可放入金鱼卵进行孵化。孵化盆（池）的水深 20～25cm 为宜，将附着受精卵的鱼巢置于距水面 2～3cm 处，易于接受充足的阳光，有利于孵化。受精卵遇水后，卵膜很快吸水膨胀，正常的受精卵呈淡黄色，稍微透明，经过 2～3d 的多次细胞分裂，透明度逐渐降低，当出现黑色眼点时（眼球的黑色素），表明此受精卵可孵化出鱼苗。再过 2～3d，此黑点周围形成肉色圆团，这是金鱼的胎体。金鱼的孵化期一般为 3～7d。孵化时水温高，孵化时间短，反之则长。当水温为 15～16℃ 时，孵化时间约 7d；水温为 18～19℃ 时，孵化时间为4～5d；水温为 20℃ 时，3d 即可孵出仔鱼。但理想水温为 16～18℃，经 6～7d 孵化出生的仔鱼体质最佳。孵化期的水温要恒定，一般为 16～20℃，当水温低于 5℃ 或高于 30℃ 时，胚胎发育紊乱，易出现怪胎、死胎或畸形胎。孵化过程中，如果受精卵变成不透明的乳白色，外部长满白毛，则说明受精卵已腐败，感染了水霉菌，要及时清除，以免扩大感染，影响孵化率。当仔鱼脱膜孵出后，卵膜常在水中互相黏结，分解出有机酸，破坏水质，影响仔鱼的生长及发育。因此，必须及时清除卵膜，其方法是用稀薄布巾沿水面慢慢拉卷，将水面上的卵膜及脏沫拉干净，动作宜轻慢，勿引起水体大的波动，勿碰伤幼嫩的仔鱼的体表。

（五）苗种培育

刚孵出的金鱼仔鱼呈细长针状，长 0.3～0.5cm，各鳍尚未发育，仍附在鱼巢水草或盆壁上，不吃不动，主要靠吸收自体卵黄囊的营养维持生长发育。3～4d 后，仔鱼开始水平游动，可投喂熟蛋黄颗粒。蛋黄每天投喂 1 次，数量宜少。1 周后可投喂一些较小的鱼虫。仔鱼孵出后，不能立即将鱼巢从孵化盆（池）中取出，一般要等到 1 周后取出。因为刚孵出的仔鱼对环境的适应性较差，仅依靠嘴尖挂附在鱼巢、孵化盆（池）壁或浮在水面上。如果此时取出鱼巢，会导致大量仔鱼沉落水底而死亡。在孵化过程中一般每 15d 左右换 1 次水，换水时要注意添加新水的温度和原水温度一致，温差最好控制在 1℃ 以内，并且保留一部分原池中的上层老水。

经过 20d，当仔鱼长到 2cm，肉眼能辨别出尾鳍的特征时，应及时进行筛选，淘汰单尾、畸形鳍仔鱼，留下左右对称的双尾鳍仔鱼继续培育。经过 30d，鱼苗生长到 3cm 以上，背鳍特征明显，针对不同金鱼的品种特征，优中选优、逐级筛选、提纯复壮，培育商品金鱼。

三、锦鲤的繁殖

（一）亲鱼的选择

1. 雌雄鉴别 锦鲤只有到了繁殖季节，雌雄特征才比较明显，雌、雄鱼的主要特征见表6-3。

2. 选择亲鱼的标准 为了能培育出优质锦鲤作为繁殖用的亲鱼，要求亲鱼体质健壮、色泽鲜亮晶莹、品系纯正、品种特征明显、色斑边际清晰鲜明，无虚边、无疵斑、鳞片光润整齐、游姿稳健、各鳍完整无缺陷。适龄繁殖的雌鱼一般要求3～7龄，而雄鱼也要在3龄以上，这样的亲鱼，体质健壮，生殖腺饱满，卵子和精子的活力强，受精率和孵化率都较高，用作亲鱼最为理想。为了保证精子数量充足，提高卵子的受精率，雌、雄鱼搭配比例以1：2或2：3效果较好。

表6-3　锦鲤雌、雄鱼的主要特征

部位	雌　　鱼	雄　　鱼
体型	身体粗短而丰满，头部稍窄而长，腹部膨大	身体瘦长，头部宽短，额部稍突起
胸鳍	胸鳍末端圆形，繁殖期鱼体上无追星	胸鳍末端窄而尖，繁殖期胸鳍第1根鳍条和鳃盖上有乳白色突起，即追星，用手抚摸有粗糙感
腹部	腹胀而柔软	腹部小而硬
生殖孔	平而扁，微外突，繁殖后期用手轻压腹部有卵粒流出	小而下凹，繁殖后期用手轻压腹部有乳白色精液流出
游姿	游动缓慢，反应迟钝	游动活泼，繁殖期尤为明显，常主动追逐雌鱼

（二）亲鱼的培育

培育最好在水池中进行，单养时每0.067hm²放养150～200尾，混养则应减少放养量。培育时每天投喂1～2次优质饵料，多用红虫、水蚯蚓、摇蚊幼虫等作为饵料；每天及时清除残饵及池底污物，保持水质清洁，每6～10d换水20%，避免水质过肥，造成细菌性、寄生虫等疾病的发生。一般经过1个月左右的强化培育，亲鱼性腺即丰满成熟。

（三）锦鲤繁殖的方法

1. 自然繁殖 在北方地区，4月下旬至6月中旬是锦鲤的繁殖季节，当水温上升到16～18℃时，即可将选择好的亲鱼移入产卵池。产卵池一般都采用小型水泥池，鱼池以4m×4m方形池或4m×5m的长方形池较为适宜。鱼池不宜过大，过大不便于管理，过小又影响亲鱼的产卵活动。水深30～40cm，以含氧量充足、微碱性（pH为7.2～7.4）、硬度低的清洁水质为好。锦鲤卵属黏性卵，因此产卵前要在产卵池内加入鱼巢，使受精卵黏附其上。鱼巢一般采用经过蒸煮浸泡的狐尾藻或棕树皮，扎成小束做成。

当发现亲鱼有相互急促追逐现象时，表明即将产卵，立即旋转鱼巢于产卵池内。产卵一般从4：00左右开始，到10：00结束。一次产卵量通常为20万～40万粒，有的在产卵约1个月以后，会再产出前次未产尽的余卵。锦鲤的卵径为2.1～2.6mm，受精后吸水膨大，黏附于鱼巢上孵化。当亲鱼产完卵后，将附有受精卵的鱼巢取出，用5%～7%的食盐溶液浸5min消毒，然后再移入孵化池中孵化。消毒对预防水霉病的发生有一定效果。

2. 人工授精 培育锦鲤新品种，用自然杂交法有困难时，可采用人工授精的方法。先取雌鱼，用毛巾或纱布擦干鱼体，一人用左手轻握其尾柄，使其不能左右摆动，右手轻握鱼头，另一人用拇指由胸鳍处卵巢前端轻压雌鱼腹部，即有卵粒从生殖孔流入消毒洗净的容器中，连续挤压数次，直至基本排空。然后用同样的方法处理雄鱼，将精液迅速挤入盛卵的器皿中，用消毒的羽毛轻轻搅拌，使之受精，隔 2～3min 后，即将受精卵均匀地倾入预先置于浅水脸盆中的鱼巢上。静置 10min，当卵黏固后，用清水洗去精液，即可进行孵化。

（四）孵化

首先要准备孵化池，可用面积为 3m×3m、水深 30cm 的水泥池作为孵化池。锦鲤孵化时间的长短与水温关系密切，当水温 18℃时需 5～7d；水温 22℃时需 3～4d；水温 25℃时需 2～3d。水温一般控制在 18～24℃，此种情况下，孵化时间为 3～4d，孵化率高达 90% 以上，孵出的仔鱼体质最佳，且优质仔鱼的数量最多。

（五）仔鱼的培育

受精卵经过 3～7d 孵出仔鱼，刚孵化的仔鱼，不食不动，依靠吸收腹部卵黄囊的营养物质维持鱼体生存需要的能量。待卵黄吸收完毕后，仔鱼便开始自由游动并开口摄取食物，这时开始投喂较小的轮虫、草履虫、变形虫和单细胞藻类等活饵料，也可喂煮熟的鸡蛋黄。投喂方法：用两层纱布将蛋黄包好、捻碎，然后将此纱布包在鱼巢和池边水面上轻轻拍动，使蛋黄颗粒通过纱布孔隙呈云雾状均匀悬浮在水中供仔鱼摄食。一般每天喂 1 次，投饵量以喂后 1h 内基本吃完为宜。

为保持清新水质，投蛋黄后应及时清污。7～10d 后仔鱼长到 1cm 以上时，取出鱼巢，投喂小鱼虫、大轮虫等，仔鱼池内应保持有鲜活的饵料。仔鱼长至 2～3cm 时，每 5～7d 清污换水 1 次，加水时应沿容器壁缓慢加入，以免损伤仔鱼，投喂水蚯蚓、黄粉幼虫及适口的配合颗粒饵料。

仔鱼的培育过程也是一个择优去劣的过程，挑选仔鱼是饲养过程中获得优质锦鲤最重要的一个环节。仔鱼孵出后 20～30d，鱼体长到 3cm 左右时，便开始进行挑选，一般在孵化后的 3 个多月内需进行 3～4 次挑选。主要是选留体质健壮、游动活泼、色彩鲜艳、图案斑纹清晰、品种特征明显的个体。锦鲤在喂养过程中淘汰率较高，1 尾亲鱼一般产卵 20 万～40 万粒，孵化后经过数次挑选，最后只能留下约 5 000 尾大鱼。

四、热带鱼的繁殖

热带鱼品种较多，来源较广。不同品种的热带鱼，因原始栖息地的气候不同，生活习性各异、繁殖方式也迥然不同。热带鱼的繁殖方式有卵胎生和卵生两大类。繁殖用水以微酸性为宜。

（一）亲鱼的选择

在自然条件下，通过生存竞争，优胜劣汰，热带鱼一代又一代地延续自己的优良特性。在人工繁殖条件下，为了保持热带鱼的优良特性，必须在遵循自然规律的基础上，根据热带鱼的评价标准，有目的、有选择地进行选育。选择亲鱼时应在同龄鱼中选择个体较大、身强体健、色彩鲜艳、性腺发育良好、第二性征突出和品种特性明显的个体；对于自择配偶的鱼类，要顺应鱼类自己的选择，同时避免近亲交配。热带鱼的品种不同，成熟期也不相同。中小型鱼一般半年成熟，可选 6～8 月龄鱼作亲鱼；大型鱼一般 1～1.5 年成熟，可选 1.5～2 年的鱼作亲鱼。一般雄鱼比雌鱼晚成熟 1～1.5 个月。雌雄搭配的比例应根据雌雄体的大小，以 1：（1～3）为宜。

（二）卵胎生鱼类的繁殖

卵胎生鱼类的饲养和繁殖都相对简单，成活率高。当卵胎生鱼类交尾时，雄鱼用臀鳍卷曲成圆筒形的交接器（或在雄鱼的臀鳍与腹鳍之间另生出一根交接器），迅速插入雌鱼的泄殖腔，进行体内受精。受精卵依靠自身卵黄囊的营养在母体内进行一系列胚胎发育。孵化时将仔鱼产出体外的瞬间，似球状的仔鱼挣破胚膜扭直身躯即可游动觅食。由于卵胎生鱼类的受精卵在雌鱼腹腔内发育，受到母体的保护，因此怀卵量较卵生鱼类少，而仔鱼的成活率相对较高。但是，卵胎生鱼类中许多种类的亲鱼会吞食仔鱼，为了避免亲鱼误食仔鱼，应在仔鱼产下后及时采取防范措施，用网片或塑料片将亲鱼与仔鱼分开，或将亲鱼捞出单独饲养。孔雀鱼就是卵胎生鱼类的代表种，其他常见的卵胎生鱼类还有剑尾鱼类、摩利鱼类、月光鱼类、食蚊鱼类等。这些鱼雌雄易鉴别，一般以臀鳍为主要辨别特征，雄鱼的臀鳍呈尖条状，而雌鱼呈扇状，并且一般雄鱼体色艳丽，体苗条，雌鱼较肥胖，颜色较暗淡，性成熟时更明显。雌鱼受精临产前，腹部膨大，前端日渐发黑，在臀鳍处出现黑色胎斑，此时即可将母体小心地放入产卵缸护理待产。

1. 孔雀鱼的繁殖　孔雀鱼别名百万鱼、彩虹鱼。孔雀鱼体型小巧、细长。雄鱼尾大，体色艳丽，体型比雌鱼小，体长仅 2.5cm；雌鱼体大，体长可达 5cm，肚鼓，颜色单调。孔雀鱼尾鳍宽而长，花纹多样，有时如同孔雀开屏一样美丽，因此得名孔雀鱼。

孔雀鱼属于卵胎生鱼类，饲养比较容易，繁殖比较简单，水温在 24℃ 左右，pH 为6.5～8 较为适宜。成熟雌、雄鱼混养在一起，繁殖时雄鱼热烈追逐雌鱼，进行体内受精，受精卵在母体内发育。当雌鱼腹部膨大且出现黑色胎斑时，表明即将临产，可单独饲养。刚产出的仔鱼长 8～9mm，并可独立生活。此时，要把雌鱼自缸内取出另养，以避免吞食仔鱼。孔雀鱼一般 20～30d 产仔 1 次，每次产 30～50 尾，多者达 80～100 尾。如果水温正常，食物丰富，1 对鱼 1 年能产千尾仔鱼，故有"百万鱼"之称。仔鱼以喂小型水蚤或熟蛋黄等食物为宜，3～3.5 月龄即可达性成熟。

2. 剑尾鱼的繁殖　剑尾鱼又名剑鱼、清剑，原产于墨西哥南部及危地马拉。剑尾鱼体型呈长纺锤形、侧扁，体长可达 12cm。雄鱼体细长，有剑尾，背鳍有红点，尾鳍转化为性交尾器；雌鱼体肥大，无剑尾，背鳍无斑点，无伸出的交配器，泄殖孔较明显。

剑尾鱼属卵胎生鱼类，繁殖力很强。6～8 月龄进入性成熟期。繁殖时选 5cm 以上的种鱼，以雌雄比 1∶1 或 2∶1 混养，缸底多铺一些柔软的水草，喂足活饵。当雄鱼开始追逐雌鱼时，以交尾器与雌鱼交配，完成体内受精。雌鱼受胎后腹部开始膨大并出现深色胎斑，此时捞出雄鱼，受精卵在雌鱼体内孵化成仔鱼排出体外。剑尾鱼每胎初产仔鱼 20～30 尾，以后多达 200 尾。仔鱼出生 3 个月内，水温最好保持在 24℃ 左右。水温在 20～28℃ 时，剑尾鱼每隔 5～8 周产仔 1 次，适宜繁殖的水质硬度为 6°～9°，pH 为 7～7.2。

（三）卵生鱼类的繁殖

热带观赏鱼中绝大多数为卵生鱼类，体外受精。与卵胎生鱼类不同的是在产卵过程中雌、雄鱼互相陪伴，性成熟时雌、雄鱼择偶配对，临产时相互追逐发情，然后雌鱼排卵于体外，而雄鱼尾随射精于卵子上使其受精。浮性卵漂浮于水面孵化；半浮性卵随流水呈漂浮状孵化；而沉性卵则稍带黏性，沉于水底沙砾及岩石的间隙处孵化；黏性卵则沉降，黏附于水草、植物叶片及岩石上孵化。在受精孵化过程中，有些鱼，如普通神仙鱼及五彩神仙鱼、七彩神仙鱼会时常守在鱼卵附近，并经常用一双胸鳍不停地扇动卵子表面水流；而非洲凤凰、红龙、金龙等把受精卵含在口腔内进行口孵；各种斗鱼、吻嘴鱼、蔓龙等则把受精卵产于产卵前在水面吐泡营造的鱼巢中孵化。

卵生鱼类一般体型大，多呈侧扁平状，产卵量比卵胎生鱼类产仔量多，如猪仔鱼每次产卵多达1 000粒。卵生鱼类雌雄特征鉴别比较复杂和困难，只有在亲鱼成熟发情、互相追逐、自由恋爱配对时或到产卵期时才较有把握区分雌雄。卵生型热带观赏鱼的繁殖习性不同，繁殖时所需要的环境条件也不相同，主要包括产卵缸、集卵物、水质等。例如，对于产浮性卵的鱼，产卵缸的面积要大一些；产黏性卵的鱼要准备水浮莲、金鱼草、植物叶片或人造水草、网衣等。

1. 虎皮鱼的繁殖 虎皮鱼原产于印度尼西亚及马来西亚的内陆水域，是一种小型淡水热带观赏鱼。虎皮鱼体型为典型的纺锤形，侧扁，长5～7cm，浅黄色的体表上等距离分布有4条垂直的浓黑色条纹，第1条穿过眼圈，最后1条位于尾柄末端，似虎纹，故名虎皮鱼。在24～26℃下，经过6～8个月的养殖，体长达4cm以上，此时虎皮鱼达到性成熟，可捞至产卵缸进行繁殖。虎皮鱼的雌、雄鱼特征见表6-4。用塑料丝或金丝草做产床，雌鱼一次能产400～500枚卵，虎皮鱼产微黏性卵，所产出的卵都黏在箱底塑料丝或金丝草上。27～28℃时，受精卵经24h左右孵出仔鱼，3～4d自由游动。雌鱼初次产卵数为70～80粒，以后每次产卵约百粒，产卵间隔10～15d。

表6-4 虎皮鱼的雌、雄鱼特征

部位	雌 鱼	雄 鱼
体态	体型较粗短	体型较狭长
腹部	膨大，隐约可见卵粒	未膨大
吻部	红色不明显	鲜红
鳍部	红色较淡	鲜红，尤其是背部、尾鳍

2. 神仙鱼的繁殖 神仙鱼是一种珍贵的淡水热带观赏鱼，属于丽鱼科神仙鱼属，原产于南美洲亚马孙河流域。神仙鱼体态妩媚、性情温驯、缓慢游动、时升时降、婀娜多姿，犹如神仙般悠闲，因而称之为神仙鱼。神仙鱼性成熟之前，雌雄性征不明显，难以鉴别。性成熟时泄殖孔可见向外突出的输卵管或输精管。雄鱼的输精管较细且尖；雌鱼的腹部较圆凸，输卵管短且圆钝。

神仙鱼的繁殖行为是雌雄择偶配对的，因此繁殖之前可在一个水族箱（100cm×50cm×35cm）中放养10～15尾6月龄的神仙鱼。当这些亲鱼长到8cm左右时，就会有1对或数对亲鱼结伴，十分亲昵、形影不离，在水族箱一隅占据地盘。此时，若有别的鱼试图插入其间，便会遭到配对亲鱼的驱逐。此时，可将配对亲鱼双双置于另一繁殖水族箱中，进行产前饲养。繁殖水族箱中水温控制在27～30℃，pH为6.6～7.4，硬度为9°～11°。神仙鱼对产卵鱼巢选择不严格，可在水族箱内放一些皇冠草作鱼巢，或在其一角放一块绿色玻璃或光滑瓦片均可。产卵前，雌雄亲鱼用口舔产卵板或水族箱玻璃。临产前，雌雄亲鱼的输卵管和输精管下垂，雌亲鱼呼吸急促，并用生殖乳突接触鱼巢，卵产于其上，雄鱼紧随射精。受精卵为黏性卵，呈米黄色。通常每尾雌鱼产卵300～1 200粒，产卵间隔2周左右，一年可产卵3～4次。神仙鱼的雌雄亲鱼有护卵的习性，它们用胸鳍在鱼卵附近不停地轻微扇动，给卵增氧。卵受精后，经 2~3d 孵出，刚孵出的仔鱼不会游动，7d 后才开始游泳觅食，可喂些刚孵化的丰年虫、小型枝角类等。在给仔鱼喂饵时，应尽量保持水族箱水体清洁。

复习思考题

1. 鸟类的生殖系统由哪些部分组成？
2. 观赏鸟的繁殖习性有哪些？
3. 如何对芙蓉鸟、鹦鹉进行雌雄鉴别？
4. 简述芙蓉鸟、鹦鹉、画眉的繁殖特点。
5. 环境因素对鱼类性腺的发育有何影响？
6. 简述金鱼、锦鲤的繁殖要点。

模块七 胚胎生物工程

单元一 胚胎移植

胚胎移植，是指将良种雌性动物的早期胚胎取出，或者是由体外受精以及其他方式获得的胚胎，移植到同种的生理状态相近的雌性动物体内，使之继续发育成为新个体，俗称借腹怀胎。提供胚胎的个体称为供体，接受胚胎的个体称为受体。胚胎移植所产生的后代，其遗传特性主要取决于移植胚胎，而受体实际上只起到代孕的作用，仅在一定程度上影响胎儿的发育。

一、发展简况

胚胎移植技术的研究已有 100 多年的历史。1890 年，英国剑桥大学 Walter Heape 将 2 枚安哥拉雌兔的 4 细胞胚胎移植到另一只已交配 3h 的比利时雌兔输卵管内，获得 2 只安哥拉仔兔和 4 只比利时仔兔。这一试验首次证实了同种动物的受精卵在不同个体母体内发育的可能性。此后，在家兔、小鼠和大鼠等实验动物上进行了大量试验，胚胎移植技术成为实验生物学中研究发育生物学的一个重要方法。

胚胎移植在家畜上的试验开始于 20 世纪 30 年代。山羊（1932 年）、绵羊（1933 年）、猪（1951 年）、牛（1951 年）都相继获得了胚胎移植个体。20 世纪 60 年代，奶牛的胚胎移植已发展到应用阶段。目前，在北美洲、欧洲、大洋洲的许多发达国家相应建立起了牛、羊胚胎移植公司。1975 年 1 月，在美国的科罗拉多州召开了第一届国际胚胎移植学会成立大会，标志着胚胎移植研究与开发进入了一个新时代。1977 年，美国、英国等 13 个国家先后成立了数百家胚胎移植商业化公司。1978 年，仅北美洲的胚胎移植妊娠牛就达近万头，1985 年增加到 5 万头。目前，胚胎移植技术的应用在世界各国已相当普及，并且规模和数量均在不断扩大。仅美国每年牛胚胎移植的产犊数就达 30 万头。

我国胚胎移植技术起步较晚，直到 1972 年才在家兔获得成功。此后，绵羊（1974 年）、奶牛（1978 年）、山羊（1980 年）和马（1982 年）的胚胎移植相继取得成功。由于初期供体牛羊的胚胎收集率和受体妊娠率低，胚胎移植成本高，难以在生产上推广应用。20 世纪 90 年代，良种缺乏严重制约了我国畜牧业发展，应用胚胎移植技术引进国外良种，加速品种改良势在必行。因此，各级政府和企业对奶牛胚胎移植技术投资力度加大，移植设备得到根本改善，人员培训和技术研究经费充足。目前，我国奶牛、绵羊、山羊的胚胎移植技术水平已接近或达到发达国家水平，进入产业化应用阶段。

二、胚胎移植的意义

1. 充分发挥优良雌性动物的繁殖潜力，加快品种改良和育种的进程 在自然条件下，优良雌性动物一生繁殖的后代数很少，而通过胚胎移植，将其繁重的妊娠任务由其他母体来承担，其发情排卵数势必大大增加，进而繁殖的后代数也就显著增加。若再结合超数排卵技术，使其一次受精后产生更多的胚胎，其繁殖的后代数则进一步成倍增加，尤其是对单胎家畜。在育种工作中，既可加大选择强度，又可缩短世代间隔，从而加快遗传进展。

2. 有利于濒危动物的保护与利用 在保护动物遗传资源、挽救濒临灭绝的野生动物等方面，胚胎移植技术也越来越发挥出重要的作用。国外在有蹄目和灵长类等动物中，通过手术法和非手术法移植胚胎获得了后代。如果能将濒危动物的胚胎移植到与其亲缘关系较近，且种群数量较大的其他动物体内获得后代，这无疑将是濒危动物保护的一项非常有力的措施。近年来，国外进行了动物亚种间的胚胎移植试验，并取得了成功。

3. 代替种用动物引进 胚胎可长期冷冻保存的特点，可以使移植不受时间和地点的限制。因而可通过胚胎的运输，代替以往的种用动物进出口，大大节约了运输种畜的费用。此外，由外地引进胚胎繁殖的动物，较易适应本地区的环境条件，也可从养母得到一定的免疫能力，而引进的活体动物则不具有这些优点。

4. 保存品种资源 通过胚胎的长期冷冻保存，可以建立动物品种的胚胎基因库，从而对动物的品种资源和优良性状起到保存作用。这种保存方法与保存活体相比，费用低、简单易行，对于一些目前经济价值不大的地方品种资源的保护，意义非常重大。

5. 防疫需要和克服不孕 为了培育无特异病原体（SPF）群体，在向封闭群引进新的个体时，可以采用胚胎移植技术代替剖宫取仔的方法作为控制疾病的一种措施。在优良母体容易发生习惯性流产或难产，以及由于其他原因不宜负担妊娠过程的情况下（如年老体弱），也可采用胚胎移植，使之正常繁殖后代。

6. 作为发育生物学和其他胚胎生物技术的研究手段 通过种间胚胎移植，可以探讨动物个体在发育生物学上的亲缘关系，并为研究胚胎的附植与分化创造非常便利的条件。此外，体外受精、克隆和转基因动物生产等胚胎生物技术的实施，均离不开胚胎移植。因此，胚胎移植是生物技术领域必不可少的研究手段。

三、胚胎移植的生理学基础和基本原则

（一）生理学基础

1. 雌性动物发情后生殖器官的孕向发育 雌性动物在发情后的最初一段时期（周期性黄体期），不论受精与否，其生殖系统均处于相同的生理状态之下，妊娠和未妊娠并无区别，妊娠的生理特异性变化是在这个阶段之后才正式开始的。所以，可以将胚胎移植到发情后未配种或已配种的受体生殖道内。只要受体生殖器官的生理环境与正常胚胎的发育阶段一致，移植的胚胎便可继续发育并附植。

2. 早期胚胎的游离状态 胚胎在发育的早期（附植之前）处于游离状态，尚未与母体建立实质性的组织联系，发育和代谢所需的养分主要来源于自身所储存的营养物质以及输卵

管、子宫内膜分泌物。因此，此时的胚胎离开母体后，在短时间内容易存活，并能进行短暂的体外培养；当放回到与供体相同的环境中，即可继续发育。

3. 子宫对早期胚胎的免疫耐受性　在妊娠期，由于母体局部免疫发生变化以及胚胎表面特殊免疫保护物质的存在，受体对同种胚胎、胎膜组织一般不发生免疫排斥反应。所以，当胚胎由一个个体转移至另一个体时，可以存活下来，并能继续发育。

4. 胚胎遗传特性的稳定性　胚胎的遗传信息在受精时就已确定，以后的发育环境仅在一定程度上影响胎儿的体质发育，而不能改变其遗传特性。因此，胚胎移植的后代仍保持其原有的遗传特性，继承其供体的优良性状。

（二）基本原则

1. 胚胎移植前后所处环境的同一性

（1）供体和受体在分类学上的一致性。即供体和受体的亲缘关系比较接近，一般要求是同种。当然，并不排除异种间（在动物进化史上，血缘关系较近，生理和解剖特点相似）胚胎移植的可能性。

（2）供体和受体在生理学上的一致性。即受体和供体所处的发情周期阶段要相同。

（3）供体和受体在解剖学上的一致性。即胚胎移植前后所处的空间环境要相似，胚胎采集的部位（输卵管或子宫）要与移植的部位相同。对于通过卵母细胞体外受精（IVF）技术获得的胚胎，一般参照移植胚胎在体内发育过程中所处的对应部位。

2. 胚胎采集的期限　从生理上讲，胚胎采集和移植的期限（胚胎的日龄）不能超过周期黄体的寿命，最迟要在受体周期黄体退化之前数日进行。因此，通常是在供体发情配种后3~8d采集胚胎，受体也在相同时间接受胚胎移植。

3. 胚胎的质量保证　在胚胎的采集、培养和移植过程中，应避免不良因素（物理、化学、微生物）的影响而降低其生活力。移植前，胚胎需经专业人员的鉴定、评定等级，估计受胎能力。

4. 经济效益或科学价值　应用胚胎移植技术时，应考虑成本和最终收益。通常，供体胚胎应具有独特的经济价值，如生产性能优异或科研价值重大，而受体生产性能一般，但繁殖性能良好，环境适应能力强。

总之，按照上述原则，胚胎的移植只是空间位置的更换，而不是生理环境的改变，这不会影响到胚胎的生长发育，更不会危害生命。

四、胚胎移植的技术程序

胚胎移植主要包括供体和受体准备、超数排卵、供体配种、胚胎采集、胚胎检查与鉴定、胚胎保存、胚胎移植等环节。胚胎移植程序见图7-1。

（一）供体和受体准备

供体应具有较高的育种价值，生殖机能正常，对超数排卵反应良好；受体的头数应多于供体，可选用非优良品种或本地个体，但应具有良好的繁殖性能和健康状态，体型中等偏上。二者发情时间最好相同或相近，前后不宜超过1d并且体型不宜相差太大；否则会因发生难产而前功尽弃。

超数排卵

（二）超数排卵

在雌性动物发情周期的间情期，利用促性腺激素，如促卵泡激素或孕马血清促性腺激

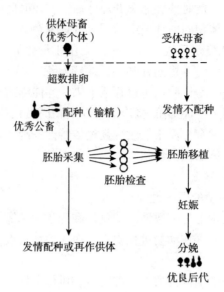

图 7-1　胚胎移植程序示意

（张周，2001. 家畜繁殖）

素，促使卵巢多数卵泡发育并排卵，这种方法称为超数排卵，简称超排。超数排卵是胚胎移植实际应用过程中非常重要的一个环节，不同种用个体，其处理方法和所用激素的种类、剂量也有差异。

（三）供体配种

经过超数排卵处理的雌性动物发情后应适时配种。由于超数排卵时的生殖道环境与自然发情差异较大，为保证排出的卵子能及时受精，应使用精子活率高、密度大的精液，输精次数增加到 2～3 次，间隔 8～10h。

（四）胚胎采集

胚胎采集又称冲卵、采胚，它是利用特定的溶液和装置将早期胚胎从雌性动物的子宫或输卵管中冲出并回收利用的过程。冲洗时要考虑配种时间、排卵时间、胚胎位置，才能得到较高的采集率。

1. 冲胚液的配制和灭菌　冲胚液是指从雌性动物生殖道内冲取胚胎和进行胚胎体外短时间内保存，并与胚胎细胞等渗的溶液。在胚胎移植技术研究的早期多用 TCM199、Menezo 氏、Brinster 氏液等冲胚液，但目前最常用的是杜氏磷酸缓冲液（DPBS）。这些溶液的主要成分包括无机盐、缓冲物质、能量物质、抗生素和大分子物质。由于胚胎从雌性动物的生殖道冲出以后到移入生殖道之前生活在冲胚液中，冲胚液的质量将直接影响胚胎以后的发育潜力，因此冲胚液的配制、灭菌、保存和质量控制是提高胚胎移植效率的关键环节之一。

2. 胚胎采集的时间　胚胎采集时间要根据胚胎的发育阶段来确定。胚胎采集一般在配种后 3～8d 后，发育至 4～8 细胞时为宜。

3. 胚胎采集的方法

（1）手术法胚胎采集。通过外科手术将动物的子宫角、输卵管和卵巢部分暴露，然后注入冲胚液从子宫角或输卵管中冲取早期胚胎。其优点是可以从输卵管中冲取发育阶段在 4～

8 细胞以前的胚胎，所用的冲胚液少，获得的胚胎数较多；缺点是操作复杂，易引起输卵管粘连，严重时会造成不孕。

手术法胚胎采集时，将供体仰卧保定，全身麻醉后在腹部中线处做一切口，切口大小以能拉出子宫角为宜。打开切口后，轻轻拉出子宫角和输卵管，观察卵巢上的黄体数，并向暴露的生殖道喷洒生理盐水，以防止粘连。不同的动物有不同的冲胚方式（图 7-2）。对于羊和兔是用注射器装上磨钝的针头刺入子宫角顶端，注入冲胚液，从输卵管上端的伞部接取冲胚液；对于猪和马冲洗方法则相反，由伞部注入冲胚液，从输卵管上端接取冲胚液。当胚胎处于输卵管或刚进入子宫角时（排卵后 1～3d）可采用上述两种方法。若确认胚胎已经进入子宫角内，可采用子宫角采胚法，即从子宫角上端注入冲胚液，在基部接取冲胚液，或者反向冲洗。犬、猫的手术法采胚可参照羊和兔。

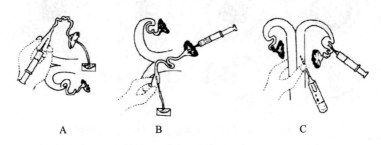

图 7-2　手术法胚胎采集示意

A. 由子宫角向输卵管伞部冲洗　B. 由伞部向子宫角冲洗　C. 由子宫角上端向基部冲洗

（张忠诚，2004. 家畜繁殖学）

（2）非手术法胚胎采集。牛、马等大动物可采用此法采集胚胎，由于它比手术法简便易行，而且对生殖道的伤害小，故有较大的优越性（图 7-3）。

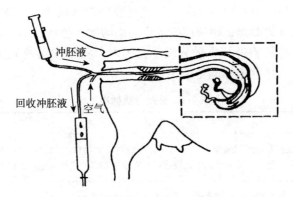

图 7-3　牛非手术胚胎采集示意

（北京农业大学，1989. 家畜繁殖学）

以牛为例：采集胚胎前先进行尾椎麻醉，然后将三通管慢慢插入子宫角大弯处，向气囊充气 14～25mL，以堵塞子宫角基部。一只手控制液流开关，向子宫角灌注冲胚液 20～50mL，另一只手通过直肠按摩子宫角，用集卵杯收集冲胚液。反复冲洗和回收 8～10 次，每侧子宫角总用量为 300～500mL。一侧子宫角胚胎采集结束后，用相同的方法冲洗另一侧。

（五）胚胎检查与鉴定

胚胎的检查是指在体视显微镜下从冲胚液中回收胚胎，检查胚胎的数量和质量，发育正常的胚胎供移植或体外培养和保存（图7-4）。

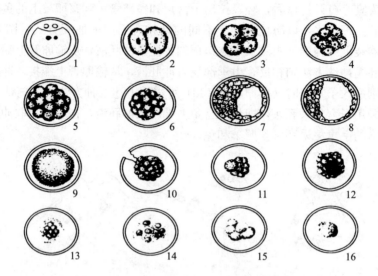

图 7-4 不同发育阶段的正常胚胎和异常胚胎

正常胚胎：1. 受精卵 2. 两卵裂球期 3. 四细胞期 4. 八细胞期

5. 桑葚期 6. 密集桑葚期 7. 囊胚期 8. 扩张囊胚

异常胚胎：9. 未受精卵 10. 透明带破裂 11. 变性胚

12. 透明带椭圆 13～16. 退化变性胚

（王锋，2006. 动物繁殖学实验教程）

目前，鉴定胚胎质量和活力的方法有形态学方法、体外培养法、荧光法、测定代谢活性和胚胎的细胞计数等。生产中常用形态学方法进行胚胎的级别鉴定，通过放大 80～100 倍，观察胚胎的形态、卵裂球的形态、卵裂球的大小与均匀度、色泽、细胞密度、与透明带间隙以及细胞变性等情况，将胚胎进行质量分级。在国内，胚胎按质量的优劣被分为 A 级、B 级、C 级和 D 级 4 级，具体鉴定标准见表 7-1。

表 7-1 胚胎分级标准

级别	标　　准
A 级	胚胎发育阶段正常；形态完整、外形匀称；卵裂球轮廓清晰，大小均匀，无水泡样卵裂球；结构紧凑，细胞密度大；色调和透明度适中，没有或只有少量游离的变性细胞，比例不超过 10%
B 级	胚胎发育阶段基本正常；形态完整，轮廓清晰；细胞结合略显松散，密度较大；色调和透明度适中；胚胎边缘突出少量变性细胞或水泡样细胞，比例为 10%～20%
C 级	发育阶段比正常的迟 1～2d；轮廓不清楚，卵裂球大小不均匀；色泽太明或太暗，细胞密度小；游离细胞的比例达 20%～50%，细胞联结松散；变性细胞的比例为 30%～40%
D 级	未受精卵或发育迟 2d 以上，细胞团破碎，变性细胞比例超过 50%，死亡退化的胚胎

（六）胚胎保存

胚胎的保存是指将胚胎在体内或体外正常发育温度下，暂时储存起来而不使其活力丧失；或将其保存于低温或超低温情况下，胚胎代谢中止，但恢复正常发育温度，又能继续发育。目前，哺乳动物胚胎的保存方法较多，包括异种活体保存、常温保存、低温保存和超低温冷冻保存等。

（七）胚胎移植

与胚胎采集一样，胚胎移植也有手术法和非手术法两种。

1. 牛 目前多采用非手术法移植，主要用于桑葚胚和囊胚的移植。先将胚胎装入0.25mL 的塑料细管内（管内含有 3 段液体，胚胎位于中段），然后装入胚胎移植枪内，通过直肠固定子宫颈将胚胎移入子宫角的大弯或大弯深处。根据受体牛的发情天数选择胚胎的发育阶段，一般将致密桑葚胚、早期囊胚和扩展囊胚分别移植给发情后 6d、7d 和 8d 的受体雌牛。对于未配种的受体雌牛可将胚胎移植到黄体同侧的子宫角，而对已配种的受体雌牛可将胚胎移植到黄体对侧的子宫角。

2. 羊 通常采用手术法（图7-5），但近年来随着腹腔镜技术的发展，借助特制的腹腔镜对羊进行胚胎移植已成为一种发展趋势。

（1）手术法。对受体羊进行常规手术，在乳房的前腹中线部做一切口，然后引出输卵管或子宫。通常将 3.5d 前的胚胎移入输卵管，3.5d 以后的胚胎移入子宫。胚胎一般应移入黄体同侧的子宫。

（2）腹腔镜法。先对羊进行全身麻醉，然后从腹部插入腹腔镜，用特制的镊子夹住子宫角，并将其轻轻提起，然后将胚胎注入子宫角。该法对羊的损害小，且整个移植过程仅需2～3min，故该法已成为目前羊胚胎移植的一种主要方法。只是该法需要一台较为昂贵的腹腔镜，在条件比较简陋的地方无法进行。

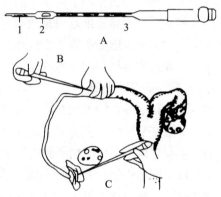

图 7-5　山羊手术法胚胎移植
A. 子宫移胚器　B. 子宫角移胚　C. 输卵管移胚
1. 移植针　2. 硅胶管　3. 吸有胚的细管
（王锋，2006. 动物繁殖学实验教程）

犬、猫的手术移植方法同羊相似。

单元二　胚胎生物工程

一、体外受精

体外受精是指哺乳动物的精子和卵子在体外人工控制的环境中完成受精过程的技术，英文简称为 IVF。在生物学中，把体外受精胚胎移植到母体后获得的动物称为试管动物。在医学上，由 IVF 胚胎移植获得的婴儿，称试管婴儿。此项技术成功于 20 世纪 50 年代，在最近 20 年发展迅速，现已日趋成熟而成为一项重要而常规的动物繁殖生物技术。

体外受精的基本操作程序主要包括以下几个方面：

（一）卵母细胞的采集

卵母细胞的采集方法通常有 3 种：

（1）超数排卵，雌性动物用 FSH 和 LH 处理后，从输卵管中冲取成熟卵子，直接与获能精子受精。此法多用于小鼠、大鼠和家兔等实验动物。

（2）从活体卵巢中采集卵母细胞，这种方法是借助超声波探测仪或腹腔镜直接从活体动物的卵巢中吸取卵母细胞。

（3）从屠宰后雌性动物离体卵巢上采集卵母细胞，这种方法是从刚屠宰的母体内摘出卵巢，经洗涤、保温（30～37℃）后，快速运到实验室，在无菌条件下用注射器或真空泵抽吸卵巢表面一定直径卵泡中的卵母细胞。此法的最大优点是材料来源丰富，成本低廉，但系谱确定困难。

（二）卵母细胞的成熟培养

由超数排卵或从排卵前卵泡中采集的卵母细胞已在体内发育成熟，不需培养可直接与精子受精，而未成熟的卵母细胞需要在体外培养成熟。培养时，先将采集的卵母细胞经挑选和洗涤后，移入成熟培养液中，在 38～39℃、相对湿度 100% 和 5%CO_2 气相条件下的培养箱中培养。牛、绵羊和山羊卵子的培养时间为 20～24h，猪为 40～44h。卵丘细胞-卵母细胞复合体经成熟培养后，卵丘细胞出现放射冠，用 DNA 特异性染料染色后，在显微镜下进行核相观察，可见卵母细胞处于第 2 次成熟分裂中期。在培养液中添加犊牛血清、促性腺激素、雌激素等可提高卵母细胞的成熟程度。

（三）精子的获能处理

哺乳动物精子的获能方法有培养获能和化学药物诱导获能两种方法。啮齿类动物、家兔和猪的精子通常采用培养获能法：从附睾中采集的精子，只需放入一定介质中培养即可获能，如小鼠和仓鼠；射出的精子则需用溶液洗涤后，再培养获能，如家兔和猪精子的处理。牛、羊的精子常用化学药物诱导获能，常用化学药物为肝素和钙离子载体。为促进精子运动，获能液中常添加肾上腺素、咖啡因和青霉胺等成分。

（四）受精

受精即获能精子与成熟卵子的共培养，除钙离子载体诱导获能外，精子和卵子一般在获能液中完成受精过程。隔一定时间检查受精情况，如出现精子穿入卵内，精子头部膨大，精子头部和尾部在卵细胞质内存在，第二极体排出，原核形成和正常卵裂等即确定为受精。

（五）胚胎培养

精子和卵子受精后，受精卵需移入发育培养液中继续培养以检查受精状况和受精卵的发育潜力，质量较好的胚胎可移入受体的生殖道内继续发育成熟或进行冷冻保存。

体外受精技术经过近 20 年的发展，已取得了很大进展，试管小鼠（1968 年）、大鼠（1974 年）、婴儿（1978 年）、牛（1982 年）、山羊（1985 年）、绵羊（1985 年）和猪（1986 年）等相继出生。

二、性别控制技术

动物的性别控制技术是通过对动物的正常生殖过程进行人为干预，使成年雌性动物产出人们期望性别的后代的一门生物技术。性别控制技术在动物生产中意义重大。首先，通过控制后代的性别比例，可充分发挥受性别控制的生产性状和受性别影响的生产性状的最大经济效益。同时，还可减少或排除有害基因，防止性连锁疾病的发生，促进种群遗传进展和更新。

（一）哺乳动物的性别控制技术

1. X、Y 精子的分离　精子分离的主要依据是 X、Y 精子不同的物理性质（体积、密度、电荷、运动性）和化学性质（DNA 含量、表面雄性特异性抗原）。X、Y 精子的分离方法主要是"物理分离法"，包括沉淀法、电泳法、离心法、免疫法、流式细胞光度法等，现在较准确、用得较多的是有流式细胞仪分离法和免疫学分离法。

（1）流式细胞仪分离法。这是当前分离 X、Y 精子较准确的方法，其理论依据是：X、Y 精子头部的 DNA 含量不同，当用专用荧光染料染色时，DNA 含量高的精子吸收的染料就多，发出的荧光也强，反之发出的荧光就弱。该法虽有影响精子活率、分离效率低的缺陷，但如果结合显微注射技术，仍是一种科学、可靠、准确性高的精子分离方法。

（2）免疫学分离法。精子表面存在雄性特异性组织相容性抗原（H-Y 抗原）。许多实验证实，只有 Y 精子才能表达 H-Y 抗原。因此，利用 H-Y 抗体检测精子质膜上存在的 H-Y 抗原，再通过一定的分离程序，就能将精子分离成为 H-Y$^+$ 和 H-Y$^-$ 两类精子，进行人工授精，即可获得预期性别的后代。免疫学分离法有直接分离法、免疫亲和柱层析法、免疫磁力法，前两种方法对精子伤害大，不适合大规模精子分离，在生产中难以应用；免疫磁力法是一种高效分离 X、Y 精子的方法，有希望发展成为一项快速、低成本的精子分离法，但仍需要妊娠和受精实验来检验。

2. 控制受精环境　染色体理论并非性别决定机制的全部，外部环境中的某些因素也是性别决定机制的重要条件，这些因素包括营养、体液 pH、温度、输精时间、年龄胎次、激素水平等。由于 X、Y 两类精子在子宫颈内游动速度不同，因此到达受精部位与卵子结合的优先顺序不同。另外，Y 精子对酸性环境的耐受力比 X 精子差，当生殖道内的 pH 较低时，Y 精子的活力减弱，失去较多的与卵子结合的机会，故后代雌性较多。

（二）早期胚胎的性别鉴定

运用细胞学、分子生物学或免疫学方法可对哺乳动物附植前的胚胎进行性别鉴定，通过移植已知性别的胚胎可控制后代的性别比例。目前，胚胎性别鉴定最有效的方法是胚胎细胞核型分析法和 SRY-PCR 法，另外还有免疫学方法。

1. 核型分析法　是通过分析部分胚胎细胞的染色体组成判断胚胎性别，具有 XX 染色体的胚胎发育为雌性，具有 XY 染色体的发育为雄性。具体做法：先从胚胎滋养层上取一小部分细胞，用秋水仙素处理使细胞处于有丝分裂中期，再制备染色体标本，通过显微摄影分析染色体组成，确定胚胎性别。该法对于胚胎的浪费很大，且耗时费力，目前主要用来验证其他方法的准确率。

2. SRY-PCR 法　是近 10 年发展起来的用雄性特异性 DNA 探针和 PCR 扩增技术对哺乳动物早期胚胎进行性别鉴定的一种新方法。其原理和主要操作程序为：先从胚胎中取出部分卵裂球，提取 DNA，然后用 SRY 基因的一段碱基作引物，以胚胎细胞 DNA 为模板进行 PCR 扩增，再用 SRY 特异性探针对扩增产物进行检测。如果胚胎是雄性，那么 PCR 产物与探针结合出现阳性；否则，呈阴性。也可以对扩增产物进行电泳，通过检测 SRY 基因条带的有无判定是雄性或雌性。该法因有可靠的操作程序，具有高效、快速的特点，近年来得到迅速发展，但利用 SRY-PCR 法进行胚胎性别鉴定的最大问题是样品的污染问题。

3. 免疫学方法　这种方法的理论依据是雄性胚胎存在雄性特异性组织相容性抗原，但这种抗原的分子性质目前尚无定论，因而结果不稳定，准确率也较低，目前难以在生产中的运用。

三、克隆技术

克隆是英文 clone 的音译,原意是树木的枝条繁育(插枝)。在生物学中,它是指由一个细胞或个体以无性繁殖方式产生遗传物质完全相同的一群细胞或一群个体。在动物繁殖学中,它是指不通过精子和卵子的受精过程而产生遗传物质完全相同的新个体的一门胚胎生物技术。哺乳动物克隆技术在广义上包括胚胎分割和细胞核移植技术,在狭义上仅指细胞核移植技术。

(一)胚胎分割

胚胎分割是通过对胚胎进行显微操作,人工制造同卵双生或同卵多生的技术,是扩大胚胎来源的一条有效途径,其理论依据是早期胚胎的每一个卵裂球都具有独立发育成个体的全能性。20 世纪 30 年代,Pinrus 等首次证明 2 细胞胚胎的单个卵裂球在体内可以发育成体积较小的胚泡。Mullen 等于 1970 年二等分 2 细胞期鼠胚,通过体外培养及移植等程序,获得了小鼠同卵双生后代。Willadsen 于 1979 年通过分离早期胚胎的卵裂球,成功地获得了绵羊的同卵双生后代。进一步研究表明,四分胚、八分胚也可以发育成新个体。

胚胎分割有两种方法:一是对 2～16 细胞胚胎进行处理,用显微操作仪将每个卵裂球或 2 个卵裂球为一组或 4 个卵裂球为一组进行分割,分别放入一个空透明带内,然后进行移植;另一种方法是用上述相同的方法将桑葚胚或早期囊胚一分为二或一分为四,将每块细胞团移入一个空透明带内,然后进行移植。此外,分割成的半胚在冷冻解冻后移植,仍可以发育成新个体,并可用来生产异龄同卵双生后代,在育种方面发挥作用。毫无疑问,胚胎分割与胚胎冷冻技术可为实施胚胎移植提供大量的胚胎,从而促进了胚胎移植技术的推广应用。

(二)细胞核移植

所谓细胞核移植技术,就是将供体细胞核移入去核的卵母细胞中,使后者不经过精子穿透等有性过程即无性繁殖就可被激活、分裂并发育成新的个体,使得核供体的基因得到完全复制。依供体核的来源不同可分为胚细胞核移植与体细胞核移植两种。1997 年初,苏格兰 Roslin 研究所的科学家借助细胞核移植技术,利用成年雌羊的乳腺细胞成功地复制出一只名

犬的核移植

叫"多莉"的雌性小绵羊,这一划时代的科技成果震动了全球,引起了生物学相关领域的一场革命。

哺乳动物的细胞核移植主要包括以下 5 个步骤:

1. 供体核的分离技术

(1)胚细胞。用 0.2% 链霉蛋白酶预处理早期胚胎,然后用机械法剥离透明带,用钝头玻璃管反复吹吸以分离成单个卵裂球。

(2)体细胞。Wilmut 等 1996 年将绵羊乳腺细胞在特定的试验条件下增殖培养 6d,诱使细胞处于静止状态,以便染色质结构调整和核进行重组,从而获得了克隆绵羊"多莉"。目前,卵丘细胞、颗粒细胞、输卵管上皮细胞、耳皮肤成纤维细胞、胎儿皮肤成纤维细胞、肌肉细胞等体细胞已经被用于体细胞克隆研究,而且这些体细胞可以经过培养传代、冷冻保存后备用。

2. 受体细胞的去核技术 主要有两步法(透明带切开法)和一步法两种。两步法:将

卵母细胞放入覆盖液状石蜡的操作液中，用固定管吸住卵母细胞，用切口针从上部刺入透明带，并经第一极体基部刺穿对侧的透明带，再用固定针下缘来回摩擦2～3次，切开透明带，用平头吸管自切口处插入，连同第一极体及其下方的1/4～1/3细胞质去掉。该方法适用于小鼠。一步法：用固定吸管吸住第一极体的对侧，用去核针将第一极体及其下方的核体部分去除，再把核体移入，这是目前最常用的方法。

3. 核卵重组技术 按供体核移入部位的不同分为卵周隙注射和细胞质内注射。卵周隙注射：在显微操作仪操纵下，用去核吸管吸取一枚分离出的完整卵裂球，注入去核的受体卵母细胞的卵周隙中。细胞质内注射：先将供体细胞的核膜捅破，形成核胞体，再将核胞体直接注入去核卵母细胞的细胞质中，然后进行激活处理。

4. 重组胚的融合技术 融合是运用一定方法将卵裂球与去核卵子融为一体，形成单细胞结构。融合方法目前有电融合和仙台病毒诱导融合两种。电融合是将操作后的卵子卵裂球复合体放入电解质溶液中，在一定强度的电脉冲作用下，使卵裂球与卵子相互融合。在电击过程中，两者的接触要与电场方向垂直。这种方法广泛用于小鼠、家兔、牛、羊和猪的细胞融合。仙台病毒诱导融合因融合效果不稳定，并具有感染性，目前很少使用。

5. 核移植胚的激活、培养、移植或重复克隆技术 融合后的重组胚经化学激活或电激活后，在体外培养或经过中间受体培养至桑葚胚或囊胚，然后移入与胚龄同期的受体动物子宫角内，可望获得克隆后代。获得的早期胚胎也可作为供体核重新克隆。

体细胞克隆哺乳动物的成功是高新生物技术的重大突破，具有划时代里程碑的作用。然而克隆技术本身也面临挑战。一方面，克隆技术与DNA重组技术、核能技术相似，有对人类正常生存、发展构成危害的一面，这就需要国际社会及各国政府制定相应的法律、法规及监督机制，以杜绝其危及人类；另一方面，克隆技术是一项环节多、技术要求高的新技术，离开发应用还有一段距离，本身还面临一些亟待解决的问题，细胞质对后代遗传的影响还待研究。

四、转基因技术

转基因技术就是用实验室方法，将所需要的目的基因导入动物的受精卵，使外源基因与动物本身的基因整合在一起，在动物发育过程中表达，并能稳定地遗传给后代的技术。这种在基因组中稳定地整合有外源基因的动物称转基因动物。随着转基因技术的发展，转基因动物育种与生产性能提高、生物反应器、器官移植以及基因治疗与免疫等方面的研究广泛开展起来，特别是乳腺反应器在生物制药方面显示出了巨大的应用前景。

（一）转基因动物的应用

1. 改良动物生产性能 利用转基因技术，将所需的优良基因直接转入待改良群体中，增加新的遗传品质，形成优良的转基因动物，从而改良其生产性能，培育成满足人们需要的、具有优良品质的新动物类群。

2. 抗病育种 通过克隆特定病毒基因组中的某些编码片段，对之加以修饰后导入动物基因组，如果转基因在宿主基因组中能得以表达，那么其个体对该种病毒的感染应具有一定的抵抗能力，或者应能够减轻该种病毒侵染时给机体带来的危害。

3. 用作生物反应器生产昂贵药物 利用转基因动物生物反应器，可以大量生产稀有的、用其他方法不易得到的、有生物活性的人类药用蛋白。1991年，美国DNA公司成功获得了能生产人血红蛋白的转基因猪，通过这些能高效表达的转基因猪来提供大量安全、廉价的人血红蛋白，既可节约医药费，又能避免使用过期、携带具有传染性的病毒（如肝炎、艾滋病等）的血液。该项技术已经走向商业化应用阶段，展示了广阔的应用前景。

4. 生产器官移植供体　转基因动物技术的发展，可以将携带有人免疫系统基因的转基因猪，作为给人进行异种器官移植的供体。为克服异种器官移植的超急性排斥反应，一种方法是把人补体调节蛋白基因导入猪的基因组中；另一种方法是敲除猪血管内皮细胞表面的抗原决定簇基因 *α-Gal* 基因，目前已获得敲除 *α-Gal* 基因的转基因猪。

5. 基因治疗　从基因角度讲，是用正常功能的基因去置换或增补有缺陷的基因；从治疗角度讲，是将新的遗传物质转移到某个体的细胞中获得治疗效果。已试验的疾病有免疫系统疾病、动脉粥样硬化和乳腺癌等。

（二）转基因动物的关键技术

包括目的基因的分离、表达载体的构建、基因受体（早期胚胎）的获得、目的基因的导入、转基因胚胎的移植、被转基因的整合表达、检测及补充转基因的遗传稳定性测试等。其中，表达载体的构建和目的基因的导入是转基因技术实施的关键步骤。

（三）转基因动物的基因导入方法

1. 原核注射法　世界上第 1 只转基因小鼠就是用这种方法获得的。该方法是借助显微操作仪，利用精细的显微注射针将外源基因直接注入单细胞受精卵的原核中，使外源基因整合到动物的基因组中。这是最主要的一种转基因方法，其优点是基因用量小，导入确实可靠，准确性较高，但缺点是整合效率低，仅为 1% 左右，而且不能定点整合，影响外源基因的表达与遗传稳定性。

2. 反转录病毒感染法　该方法是将目的基因整合到反转录病毒的原病毒基因组中，然后将原病毒注入早期胚胎，或是给动物的培养细胞接毒后与胚胎一起培养，使病毒感染胚胎，得到转基因动物。这是最早使用的动物转基因方法。该方法能大大提高整合率，且技术难度不高，试验成本也较低；但存在携带的外源基因大小受到限制、会产生多位点整合、导致后代遗传差异，以及外源基因的表达受到影响等不足之处。

3. 胚胎干细胞介导法　将外源基因导入胚胎干细胞中，或用反转录病毒作为载体感染胚胎干细胞，然后在体外培养增殖，经过筛选扩增以后，将其植入正常发育的囊胚腔中，胚胎干细胞会很快地与受体内细胞团聚集在一起，共同参与正常胚泡的发育，从而发生个体基因的转移。经胚胎干细胞介导法产生的转基因动物均属嵌合体，在得到的转基因动物之间进行杂交，子代再配对杂交，就获得了纯合的转基因动物。

4. 精子载体法　即将外源基因片段与获能精子一起孵育，然后用携带有目的基因的精子进行人工授精。此方法最大的优点是不需要昂贵复杂的设备，而且可以省略不少繁杂的操作。

5. 原始生殖细胞（PGCs）技术　PGCs 介导的转基因技术在原理和方法上与胚胎干细胞技术相似，应用 PGCs 技术在制作转基因家禽方面有明显的优势。

转基因技术经过十几年的发展已取得了巨大的进步，目前已得到了转基因猪、兔、牛、羊及鼠的后代，但该技术也面临很大问题。如整合效率低、成本高、表达不理想、转基因产品的安全性问题等。随着该技术的广泛应用，如何降低转基因技术的难度，使之更易于操作，提高转基因技术的成功率，也将是研究人员需要考虑解决的问题。

五、胚胎嵌合

嵌合体在古希腊神话中是指具有狮头、羊身和蛇尾的一种怪兽。在现代生物学上是指由基因型不同的细胞或组织构成的复合体，包括种内和种间嵌合体。1965 年，Mintz 通过聚合无透明带的胚胎获得了小鼠嵌合体。20 世纪 70 年代，先后又获得了大鼠、兔、羊等动物的嵌合体。铃木达行等（1998）用日本黑牛精子与荷斯坦牛卵母细胞受精，利木赞牛精子与日本红牛卵母细胞受精，然后通过体外胚胎聚合的方法，获得了 2 头四品种嵌合体牛。

（一）操作方法

动物早期胚胎嵌合的方法按融合方式的不同可分为聚合法与囊胚注入法两种。

1. 聚合法 将去除透明带的两枚 8 细胞胚胎至桑葚期胚胎，或来自两个不同胚胎的卵裂球，或卵裂球与胚胎聚合在一起的方法。

2. 囊胚注入法 用显微操作技术将供胚的全部内细胞团注入除去部分内细胞团的受胚囊胚腔中，或将供胚的部分内细胞团注入受胚的囊胚腔中，也可以向受胚囊胚腔中注入 16 细胞胚胎至桑葚胚的卵裂球或胚胎干细胞或是已分化的细胞，使其发育为嵌合胚胎的方法即为囊胚注入法。

（二）应用前景

胚胎嵌合是哺乳动物胚胎工程的重要组成部分，作为一种特殊的研究手段，在发育生物学、细胞生物学、胚胎学、病理学、免疫学、医学，以及动物生产等领域都有着重要的意义。如对水貂、狐狸、绒鼠等毛皮动物，利用胚胎嵌合技术可以获得用交配或杂交法不能获得的毛皮花色类型。

六、胚胎干细胞

胚胎干细胞（ESC）是一种从早期胚胎内细胞团或原始生殖细胞经分离、体外培养、克隆等得到的具有发育全能性的细胞。目前，ESC 已经引起广大学者的注意和兴趣，对 ESC 的研究也取得了很大进展，相继建立了小鼠（1981 年）、仓鼠（1988 年）、猪（1990 年）、水貂（1992 年）、牛（1992 年）、兔（1993 年）、绵羊（1994 年）等的 ESC 系或类 ESC 系。ESC 在功能上主要特征是具有发育全能性和多能性，以及不断增殖的能力。因 ESC 特有的生物学特性，决定了其在生物学领域有着不可估量的应用价值。在进行 ESC 建系和定向分化的同时，在核移植、嵌合体、转基因动物研究方面也进行了广泛的尝试，已经充分体现出 ESC 在加快良种繁育、生产转基因动物、哺乳动物发育模型、基因和细胞治疗等方面有着广阔的应用前景。

🐾 复习思考题

1. 试述胚胎移植的原理和操作程序。
2. 简述动物克隆技术和转基因技术的意义。

模块八　宠物育种的遗传学基础

单元一　质量性状和数量性状

一、质量性状和数量性状的概念

宠物的性状可分为两大类：一类是质量性状；另一类是数量性状。质量性状是指那些在类型间有较明显的界限，变异不连续的、不可以用计量单位进行计量的性状。如宠物的被毛颜色、耳形，鸟类的冠形、羽色等。这些性状由少数基因控制，不易受外界环境条件的影响，相对性状间大多有显隐性的区别。数量性状是指那些在类型间没有明显的界限，变异呈连续的可以用计量单位进行计量的性状。如宠物的生长速度、体躯大小、被毛的长短、产仔数，鸟类的产卵量、孵化率等。这类性状由许多基因控制，很难分辨各个基因的作用，而且容易受外界环境因素的影响。

二、质量性状的遗传特性

基因是遗传功能的基本单位，这是许多科学家进行大量试验后得到的结果。1865 年，奥地利遗传学家孟德尔进行豌豆杂交试验后，提出了遗传因子假说。1909 年，丹麦遗传学家约翰逊创造了基因这一术语代替了遗传因子。1910 年，美国遗传学家摩尔根用果蝇进行遗传学研究，证实了基因（遗传因子）在染色体上呈直线排列。1941 年，比德尔等通过红色面包霉的试验，提出生物的性状是通过一个基因决定一种酶实现的，即"一个基因一个酶"学说，更精确的表述是："一个基因一条多肽链"。1966 年，奈任伯格和霍拉那分别用试验方法破译了全部遗传密码，即核酸链上 3 个特定的核苷酸决定 1 个氨基酸，证实了基因的本质是 DNA 分子上特定的核苷酸序列。也就是说，基因是位于染色体上 DNA 片段的遗传功能单位。生物性状的表现是由基因控制的，它是通过控制蛋白质的合成而实现的。

由于质量性状是由少数基因控制的，所以其遗传特性遵循孟德尔遗传定律。

（一）分离定律

1. 一对相对性状杂交的遗传现象　杂交是指在遗传学上具有不同遗传性状的个体之间的交配，所得的后代称作杂种。相对性状是指生物某一性状的不同状态。比如，科克猎犬被毛的颜色是一种性状，黑色犬和棕色犬就是该品种被毛颜色这一性状的不同状态的个体，它们是一对相对性状。再如，犬的耳型也是一种性状，垂耳和立耳是犬耳形状这一性状的不同状态的个体，它们也是一对相对性状。

在宠物育种中，经常会遇到一对相对性状杂交的遗传现象。例如，纯种黑色犬和纯种棕色犬（杂交亲本用 P 表示）杂交（用×表示），得到的杂种后代（子一代用 F_1 表示）全部是黑色犬。杂种后代雌雄再交配（称横交，用⊗表示），得到的后代（子二代用 F_2 表示）有黑色犬也有棕色犬，而且黑色犬和棕色犬的比例是 3∶1（图 8-1）。

```
P       黑色犬 × 棕色犬
                ↓
F₁          黑色犬
                ↓ ⊗
F₂   黑色犬∶棕色犬 = 3∶1
```

图 8-1 黑色犬和棕色犬杂交遗传现象

孟德尔把在杂交时两亲本的相对性状能在子一代中表现出来的称为显性性状，如上述的黑色犬；不表现出来的性状称为隐性性状，如上述的棕色犬。子一代中不出现隐性性状的个体，只出现显性性状个体的现象，称作显性现象。子二代中既出现显性性状的个体，又出现隐性性状的个体的现象，称作分离现象。

2. 分离现象的解释与验证

（1）分离现象的解释。孟德尔对一对相对性状杂交的遗传现象的解释为：个体是亲代两性配子结合而成的，因此个体性状的表现必定与配子有关。他假设在配子（用 G 表示）中每一个性状都由一个相应的遗传因子所支配。例如，黑色犬的雄、雌配子（精子和卵子）里都有一个"黑色因子"，用 B 表示（用大写英文字母表示具有显性作用的遗传因子）；棕色犬的雄、雌配子（精子和卵子）里都有一个"棕色因子"，用 b 表示（用小写英文字母表示具有隐性作用的遗传因子）。在体细胞中遗传因子则是成对存在的（二倍体中分别为 BB、Bb 或 bb），在配子形成时，成对遗传因子彼此分离，每个配子只含有成对遗传因子中的一个。例如，黑色犬精子（或卵子）中只含一个 B，棕色犬精子（或卵子）中只含一个 b。当黑色犬和棕色犬杂交时，精、卵子结合，F_1 成为体细胞中含有 B 和 b 的个体（Bb），恢复了遗传因子成对的状态。在 F_1 的体细胞中，B 和 b 虽然在一起，但不融合，保持各自的完整性，只不过由于 B 对 b 的显性作用，即 B 表现了作用，而 b 没有表现作用，因此 F_1 只表现白色，但 b 遗传因子并没有消失。当 F_1（Bb）形成配子时，这两个遗传因子互相分离，各自进入一个配子。即 F_1 可形成两种不同的配子，一种带 B，另一种带 b，两种配子的数目相等，比例为 1∶1，无论是精子还是卵子都是这样。F_1 所形成的精子和卵子在结合时，由于每种精子与每种卵子结合的机会均等，因此在 F_2 中有 3 种遗传因子的组合 BB、Bb、bb，比例为 1∶2∶1。又由于 B 对 b 为显性，因此按性状的表现来说，只表现黑色和棕色两种，性状分离比例为 3∶1（图 8-2）。

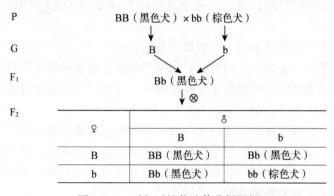

图 8-2 一对相对性状遗传分析图解

在本例中，在同源染色体上占有相同位点、控制相对性状的一对基因称为等位基因；把生物个体的遗传组成称为基因型。例如，纯种黑色犬被毛颜色的基因型是 BB，棕色犬被毛颜色的基因型是 bb。基因型是肉眼看不见的，要通过杂交试验才能鉴定。在基因型的基础上表现出来的性状称作表现型（或称表型）。基因型相同的个体，其表现型一定相同。表现型相同的个体，其基因型不一定相同。如 F_2 代的黑色犬的基因型有两种，一种是 BB，另一种是 Bb。由相同的基因组成基因型的个体称纯合体（也称纯合子）；由不同的基因组成基因型的个体称杂合体（也称杂合子）。

（2）分离假设的验证。孟德尔的因子分离假设是根据杂交试验结果提出来的。分离假设能否成立，关键在于杂合体内是否真有显性因子和隐性因子同时存在，以及成对因子是否彼此分离。孟德尔采用测验杂交的方法对假设进行了检验，证明假设是正确的。

测验杂交简称测交或回交，就是让 F_1 和隐性亲本个体交配。孟德尔使用隐性亲本的理由为：它是纯合体，只能产生一种含隐性基因的配子，这种配子与 F_1 所产生的两种配子结合，就会产生 1/2 的显性性状个体和 1/2 的隐性性状个体。

例如，要检验纯种黑色犬与纯种棕色犬杂交，其后代出现分离现象的正确性，可以用 F_1 和隐性亲本个体（棕色犬）回交，得到的后代显性个体（黑色犬）与隐性个体（棕色犬）应各占 1/2，也就是其比例应为 1∶1（图 8-3）。

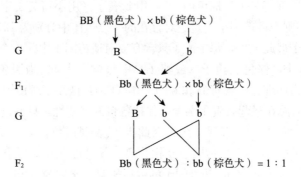

P　　　　　BB（黑色犬）× bb（棕色犬）

G　　　　　B　　　　　　b

F_1　　　　Bb（黑色犬）× bb（棕色犬）

G　　　　B　　b　　b

F_2　　　Bb（黑色犬）：bb（棕色犬）= 1∶1

图 8-3　分离现象测交验证图解

3. 分离定律的含义及应用　一对相对性状是纯合体的亲本进行杂交，在显隐性基因作用是完全的情况下，F_1 个体都表现显性性状；F_1 形成的两种配子数目相等，配子的生活力相同，两种配子结合是随机的，而且 F_1 横交产生的 F_2 中 3 种基因型个体存活率相等，则 F_2 表型比例是 3∶1。

分离定律是遗传学中最基本的一个规律。根据分离定律，必须重视表现型和基因型之间的联系和区别。对于一个表现显性的材料，如果不知道其显性基因位点是否纯合，就可以通过横交或测交的方法来确定。实践中正是利用纯种不分离，杂种分离规律来鉴定品种或品系是否纯合，从而可以区别真伪杂种。

分离定律表明，杂种通过横交将产生分离，同时也导致基因的纯合。在杂交育种中，杂交后代连续进行横交和选择，目的就是促使个体间的分离和个体基因型的纯合。根据各性状的遗传研究，可以比较准确地预计后代分离的类型及其出现的概率，从而有计划地繁殖纯种后代，提高选择效果，加速育种进程。

（二）自由组合和独立分配定律

分离定律只涉及一对相对性状的杂交遗传，但在动物杂交育种中，经常要涉及两对和多对相对性状的杂交遗传。例如，人们在进行宠物不同品种之间杂交的时候，总是希望把双亲不同的优良性状结合在一起，育成一个比双亲都优秀的新品种。孟德尔在研究豌豆两对相对性状杂交遗传的时候，发现了生物遗传的第二大规律——自由组合定律（或称独立分配定律）。

1. 两对相对性状杂交的遗传现象　在实际的宠物育种中，我们经常会遇到两对相对性状杂交的遗传现象。例如，纯种的白色短毛波斯猫与纯种的黑色长毛波斯猫杂交，其子一代（F_1）全部是白色短毛；子一代（F_1）横交得到的子二代（F_2）出现了4种表现型，即白色短毛、白色长毛、黑色短毛和黑色长毛，它们的比例为9∶3∶3∶1（图8-4）。

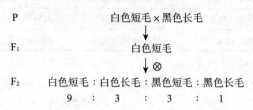

图8-4　白色短毛波斯猫和黑色长毛波斯猫杂交遗传现象

上述杂交结果出现了4种类型，其中有两种是亲本原有性状的组合，称作亲本型；另外两种是亲本原来没有的新组合，称作重组型。

2. 自由组合和独立分配现象的解释与验证

（1）自由组合和独立分配现象的解释。纯种的白色短毛波斯猫与纯种的黑色长毛波斯猫杂交，是两对完全显性相对性状的杂交，一对相对性状是短毛和长毛，另一对相对性状是白毛和黑毛。这两对相对性状是由两对基因控制的，以D和d分别代表控制短毛和长毛的基因，以W和w分别代表白毛和黑毛的基因。已知D对d为显性，W对w为显性，这样白色短毛的亲本基因型应为DDWW，黑色长毛的亲本基因型应为ddww。根据分离定律，在亲本形成配子时的减数分裂过程中，同源染色体上等位基因分离，即D与D分离、W与W分离，独立分配到配子中去，因此D和W组合在一起，只形成一种配子DW。同样，d与d、w与w分离也只组合成一种配子dw。杂交后，DW和dw结合形成基因型为DdWw的F_1。由于D、W为显性，所以F_1表现型都是白色短毛；杂合型的F_1横交，在产生配子的时候，按照分离定律，同源染色体上的等位基因要分离，即D与d分离，W与w也分离，各自独立分配到配子中去，因此两对同源染色体上的非等位基因可以同等的机会自由组合。

D可以和W组合在一起形成DW，d可以和w组合在一起形成dw；D也可以和w组合在一起形成Dw，d也可以和W组合在一起形成dW。这样F_1横交时可以形成含有两个基因的4种配子：DW、Dw、dW、dw，而且这4种配子的数目相等。由于精子和卵子各有4种不同的类型，而且这4种类型的精子和卵子结合是随机的，那么在F_2就有16种组合的9种基因型的合子，其表现型为白色短毛、黑色短毛、白色长毛和黑色长毛4种，且其比例为9∶3∶3∶1（图8-5）。

（2）自由组合和独立分配定律的验证。自由组合和独立分配定律能否成立，孟德尔同样采用测交的方法来进行检验，即用F_1与纯合隐性亲本回交。由于F_1能产生4种配子，而隐性亲本只产生一种具有隐性基因的配子，因此F_1与纯合隐性亲本回交，其结果应得到4种表现型，而且比例是1∶1∶1∶1。孟德尔的测交结果与预期的完全相等。

P　　　　　　　　　　　　DDWW（白色短毛）×ddww（黑色长毛）

F₁　　　　　　　　　　　　DdWw（白色短毛）

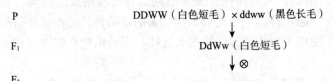

F₂

♂	♀			
	DW（白短）	Dw（黑短）	dW（白长）	dw（黑长）
DW（白短）	DDWW（白短）	DDWw（白短）	DdWW（白短）	DdWw（白短）
Dw（黑短）	DDWw（白短）	DDww（黑短）	DdWw（白短）	Ddww（黑短）
dW（白长）	DdWW（白短）	DdWw（白短）	ddWW（白长）	ddWw（白长）
dw（黑长）	DdWw（白短）	Ddww（黑短）	ddWw（白长）	ddww（黑长）

白色短毛：DDWW，2DDWw，2DdWW，4DdWw　　　　9

黑色短毛：DDww，2Ddww　　　　　　　　　　　　3

白色长毛：ddWW，2ddWw　　　　　　　　　　　　3

黑色长毛：ddww　　　　　　　　　　　　　　　　1

图 8-5　两对相对性状遗传分析图解

对于纯种的白色短毛与纯种的黑色长毛杂交，其 F₁ 与纯合隐性亲本黑色长毛回交，得到的 4 种表现型应为：白色短毛、白色长毛、黑色短毛和黑色长毛 4 种类型的波斯猫，而且它们的比例为 1∶1∶1∶1（图 8-6）。

F₁　　　　　DdWw（白色短毛）× ddww（黑色长毛）

	dw	比例
DW	DdWw	1
Dw	Ddww	1
dW	ddWw	1
dw	ddww	1

图 8-6　自由组合和独立分配现象的测交验证图解

上面讲的是两对相对性状的杂交情况。那么，多对相对性状杂交会产生怎样的结果呢？现将两对以上完全显性相对性状的个体，其基因型、表现型、配子的数目与比率的变化归纳如表 8-1。

表 8-1　多对相对性状杂交基因型与表现型的关系表

相对性状数目	F₁的性细胞种类	F₂的基因型种类	F₂表现型种类	F₂表现型比例
1	$2=2^1$	$3=3^1$	$2=2^1$	$(3\colon1)^1$
2	$4=2^2$	$9=3^2$	$4=2^2$	$(3\colon1)^2$
3	$8=2^3$	$27=3^3$	$8=2^3$	$(3\colon1)^3$
4	$16=2^4$	$81=3^4$	$16=2^4$	$(3\colon1)^4$
⋮	⋮	⋮	⋮	⋮
n	2^n	3^n	2^n	$(3\colon1)^n$

3. 自由组合和独立分配定律的含义及应用　自由组合和独立分配定律在分离定律的基础上，进一步揭示了多对基因之间自由组合的关系。两对或两对以上相对性状杂交，在形成配子时，一对基因与另一对基因在分离时各自独立、互不影响；不同对基因之间的组合是完全自由的、随机的；雌雄配子在结合时也是自由组合的、随机的。它表明了不同基因的自由组合是自然界生物发生变异的重要来源之一。

根据自由组合和独立分配定律，在杂交育种中可以有目的地组合两个亲本的优良性状，并可预测在杂交后代中出现的优良组合及其大致比例，以便确定育种工作的规模。

（三）孟德尔遗传定律的扩展

在自然界，生物个体的大部分性状并不是如上所述的有规律的由单个基因或两个基因所控制的，而是基因之间存在着更复杂的相互关系。这些关系的复杂与否，主要由等位基因之间显隐性关系，以及非等位基因之间的相互作用关系所决定。

1. 等位基因之间的相互作用

（1）完全显性。一般指常染色体完全显性，既凡是杂合体（Bb）和纯合体（BB）个体都表现显性性状的时候，称为完全显性遗传。上述孟德尔遗传定律中列举的即是完全显性现象。因为显性基因完全外显时，只要一个显性基因存在，该基因所控制的性状就能表达，因此某一基因完全显性遗传的特点为：

①双亲中只要有一个亲本是显性基因携带者，子女中就可能有 1/2 出现显性性状。

②家系中通常每代都有显性性状出现。

③子女中出现显性性状者与性别无关。

（2）不完全显性。有些性状在杂种 F_1 的性状表现是双亲性状的中间型，即杂合体（Bb）的表现介于纯合体 BB 和 bb 两种表现型之间，杂合体（Bb）中的显性基因 B 和隐性基因 b 的作用都得到一定程度的表现，这种现象称为不完全显性或半显性，也称中间型遗传。当两个杂合体 Bb 杂交时，其子代中表现型比例不是 3 : 1，而是 1 : 2 : 1，与其基因型比例相同。例如，犬的毛色遗传中有一基因位点 R，其杂合子 Rr 通常为沙毛，纯合子则表现为黑褐色和白色，沙毛就是该基因的中间表现型。

（3）复等位基因。由于基因突变具有多向性，所以在动物群体中，控制某一个性状的同一位点上的基因可能有两种以上的形式。遗传学把同源染色体相同位点上存在的 3 个或 3 个以上的等位基因称为复等位基因。复等位基因在生物界广泛存在，如人的 ABO 血型，藏獒的 A（黑色）、Ay（金色）、at（铁包金色）等。由于二倍体生物中等位基因总是成对存在，因此每个个体最多只能具有等位基因的两个成员，这就使复等位基因存在于同种生物群体的不同个体中，决定了同一单位性状内多种差异的遗传，增加了生物的多样性，为生物适应性和育种提供了更丰富的资源。

（4）致死基因。指当其发挥作用时导致生物个体死亡的基因。致死作用可以发生在个体发育的各个时期。1907 年，法国学者库恩奥是第一个发现致死基因的。他发现小鼠黄色毛皮性状的特点：黄色毛皮小鼠永远不会是纯种。他还发现黄×黄每窝小鼠比黄×黑每窝约少 1/4，纯合黄鼠胚胎期死亡。

致死基因包括显性致死基因和隐性致死基因。黄鼠这个例子，致死基因在控制毛皮的颜色上是显性的，但在"致死"这个表型上属于隐性（纯合致死）。隐性致死基因只有在隐性纯合时才能导致个体死亡。显性致死基因在杂合状态下就可导致个体死亡。

2. 非等位基因之间的相互作用　在宠物育种中，由于宠物的性质有别于其他动物的育种，所以以质量性状为主的基因选择是宠物育种的主要方向。这些质量性状中主要的性状就是毛色和外形特征，而毛色的遗传基因不同于其他质量性状，某些基因之间除了简单的显、隐性关系外，很多基因之间还存在着相互作用的关系，了解这些关系，就可能容易解释一些宠物性状的非孟德尔遗传定律现象。

根据自由组合定律，两对基因杂交 F_2 出现 $9：3：3：1$ 的性状分离比例。但是，两对等位基因的自由组合却不一定会出现 $9：3：3：1$ 的性状分离比例，或者即使出现 $9：3：3：1$ 的性状分离比例，也并非是常见的双显性个体占 9/16，单显性个体、单隐性个体各占 3/16，双隐性个体占 1/16。这种现象在宠物繁育中比较常见，尤其是毛、羽色的遗传。所以，基因在控制某一性状表现上的各种形式的相互作用称为基因互作。研究表明，这是由于不同对基因之间相互作用共同决定同一单位性状表现的结果。基因互相作用决定生物性状的表现情况复杂，存在多种互作形式。

（1）互补作用。两对独立遗传基因分别处于纯合显性或杂合状态时，共同决定一种性状的发育。当只有一对基因是显性，或者两对基因都是隐性时，才表现为另一种性状。这种基因互作的类型称为互补作用。发生互补作用的基因称为互补基因。在宠物的性状遗传中，毛色的遗传可能较容易出现互补作用，但由于目前尚未确定哪些基因具有互补作用，所以在此则引用植物花色中的遗传现象加以解释，以便了解互补作用的实质内容。例如，在香豌豆中有两个白花品种，两者杂交产生的 F_1 开紫花。F_1 植株自交，其 F_2 群体分离为 9/16 紫花，7/16 白花。对照自由组合和独立分配定律，可知该杂交组合是两对基因的分离（图 8-7）。F_2 群体的 9/16 植株开紫花，说明两对显性基因的互补作用。如果紫花所涉及的两个显性基因为 C 和 P，就可以确定杂交亲本、F_1 和 F_2 各种类型的基因型如下：

$$P \qquad CCpp（白花）\times ccPP（白花）$$
$$F_1 \qquad CcPp（紫花）$$
$$\downarrow \otimes$$
$$F_2 \qquad 9C\_P\_（紫花）：7（3C\_pp + 3ccP\_ + 1ccpp）（白花）$$

图 8-7　香豌豆的花色遗传

上述试验中，F_1 和 F_2 的紫花植株表现其野生祖先的性状，这种现象称为返祖遗传。这种野生香豌豆的紫花性状取决于两种基因的互补。这两种显性基因在进化过程中，如果显性基因 C 突变成隐性基因 c，则产生一种白花品种；如果显性基因 P 突变成隐性基因 p，又产生另一种白花品种。当这两个品种杂交后，两对显性基因重新结合，于是出现了祖先的紫花。

（2）上位作用。一对等位显性基因的表现受到另一对非等位基因的作用，这种非等位基因间的抑制或遮盖作用称为上位效应。起抑制作用的基因称为上位基因，被抑制的基因称下位基因。

①显性上位。是指一对基因中的显性基因阻碍了另外一对非等位基因的作用。例如，褐色犬和白色犬杂交，F_1 为白色，F_2 出现 12/16 白色犬，3/16 黑色犬和 1/16 褐色犬，比例为 $12：3：1$。怎样来说明这样的分离比呢？因为在 F_2 中，白色犬与非白色犬之比是 $3：1$，在非白色犬内部，黑色犬和褐色犬之比也是 $3：1$，所以可以假定，这里包括两对基因之差：其中一对是 I 和 i，分别控制白色和非白色；另一对是 B 和 b，分别控制黑色和褐色。只要有一个显性基因 I 存在，就表现为白色，不管有没有显性基因 B 都一样。如果没有显性基因 I 的存在，就由是否有 B 基因的存在而表现为黑色还是褐色，有显性基因 B 存在时，表现为黑色，没有 B 存在时，表现为褐色（图 8-8）。

P   bbii（褐色）× BBII（白色）

F$_1$ BbIi（白色）

F$_2$ 9/16 B__I__（白色）：3/16 bbIi（白色）：3/16 B__ii（黑色）：1/16 bbii（褐色）

图 8-8　犬毛色的显性上位遗传

②隐性上位作用。起上位作用的基因是隐性基因，称为隐性上位作用。例如，家鼠的毛色遗传。当黑鼠与白鼠杂交，F$_1$ 代全是灰鼠，F$_1$ 自交的 F$_2$ 代灰色：黑色：白色为 9：3：4。当隐性基因 c 纯合时，能抑制其他毛色基因 A 和 a 的表现（即 c 阻止色素产生）。C 基因不阻止色素产生，A 基因决定灰色，a 基因决定黑色。F$_2$ 代的基因型及表现型为：

   9C__A__（灰色）：3C__aa（黑色）：3ccA__（白色）：1ccaa（白色）

（3）抑制作用。在两对独立基因中，其中一对显性基因，本身并不控制性状的表现，但对另一对基因的表现有抑制作用，称为抑制基因。例如，松狮犬的颜色由 4 对等位基因位点控制，其中有一位点 E 是外延基因，显性（E）时深色（黑）色素沉着遍及全身，隐性（e）时则抑制住深色色素沉着而产生红色松狮犬。

由此可见，有些基因本身并不能独立地表现任何表现型效应，但可以完全抑制其他非等位基因的作用。上位作用和抑制作用不同，抑制基因本身不能决定性状，而显性上位基因除遮盖其他基因的表现外，本身还决定性状。

以上只讨论了两对独立基因共同决定同一性状时所表现的各种情况，但这并不是说，基因的相互作用只限于两对非等位基因。如果共同决定同一性状的基因对数很多，后代表现分离的比例将更加复杂。上述两对基因互作的关系，可归纳为模式表（表 8-2）。

表 8-2　两对基因互作模式表

基因互作方式	9 A__B__	3 A__bb	3 aaB__	1 aabb	表现型比例
无互作	9	3	3		9：3：3：1
显性互补	9	7			9：7
抑制作用	9	3		4	13：3
隐性上位	9	3		4	9：3：4
显性上位	12		3	1	12：3：1
重叠作用	15			1	15：1
积加作用	9	6		1	9：6：1

表 8-2 以两对基因 Aa 和 Bb 的互作为例，假定各对基因的显性作用是完全的，按自由组合和独立分配定律，F$_2$ 出现的 9 种基因型在基因不发生互作的情况下，4 种表现型的比例为 9：3：3：1，这是一个基本类型。在此基础上，由于基因互作的情况不同，才出现 6 种不同方式的表现型和比例。而各种表现型的比例都是在两对独立基因分离比例 9：3：3：1 的基础上演变而来的。这里只是表现型的比例有所改变，而基因型的比例仍然与独立分配一致。由此可知，由于基因互作，杂交分离的类型和比例与典型的孟德尔遗传定律的比例虽然

不同，但这并不能因此否定孟德尔遗传的基本定律，而应该认为这是对它进一步的深化和发展。

实际上，基因互作可以分为基因内互作和基因间互作。基因内互作是指等位基因间的显隐性作用。基因间互作是指不同位点非等位基因之间的相互作用，表现为互补、抑制、上位等。性状的表现都是在一定环境下，通过基因间互作，共同或单独发生作用的产物。

3. 多因一效和一因多效 一个性状是由一对等位基因决定的，也常常说一对基因只可以影响一个性状，也就是说基因与性状之间是一对一的关系。实际上，基因与性状之间并不是简单的一对一的关系，这就是遗传学中所说的性状的多基因决定和基因的多效性。

(1) 性状的多基因决定。性状的多基因决定是指一个性状不只涉及两个等位基因，而是可以涉及几对或几十对基因。例如，果蝇眼睛的颜色至少受到 40 个不同位置基因的影响；果蝇翅的大小至少受到 34 个不同位置基因的影响。一些性状虽然受到多个基因控制，但是各个基因起的作用是不一样的。修饰基因是指依赖主基因的存在而起作用，本身并不发生作用，只是影响主基因的作用程度的一类基因。如修饰犬、猫花斑大小的基因。

(2) 基因的多效性。一个性状可以受到多个基因的影响，一个基因也可以影响若干个性状。如家鸡有一种卷羽（翻毛）基因，是不完全显性基因。当基因单个存在时，家鸡的羽毛卷曲，并且容易脱落。当基因纯合时，不仅羽毛严重卷曲，甚至整个身体的羽毛全部脱落。卷毛鸡的体温一般低于正常鸡，这是由于保持体温的羽毛脱落后，体内热量容易散失导致的。又由于体内热量容易散失，需要加速代谢作用来补充消耗，于是家鸡的心跳加快、心脏扩大、血量增加，继而又使与血液关系密切的脾增大。同时，由于代谢作用的加强，食量必然增加，导致消化器官、消化腺和排泄器官也发生变化。代谢作用还影响肾上腺、甲状腺等内分泌腺体，使生殖力降低等。由此可见，卷毛基因引起了一系列的连锁反应。也就是说，卷毛基因影响了家鸡的多个性状，具有多效性。基因的多效性是生物界普遍存在的一种现象。

（四）连锁交换定律

基因是 DNA 分子上特定的核苷酸序列，是位于染色体上 DNA 的一个片段。也就是说，在一对同源染色体上有很多对等位基因，控制很多性状。那么，在同一条染色体上的基因遗传规律是怎样呢？美国遗传学家摩尔根以果蝇作实验材料，揭示了生物界中遗传的第三大规律——连锁交换定律。

连锁是指每个染色体集合着许多基因，基因的这种集合称作连锁。连锁遗传是指在同一同源染色体上的非等位基因连在一起而遗传的现象。连锁遗传有完全连锁和不完全连锁两种类型，前者是指在同一同源染色体的两个非等位基因之间不发生非姐妹染色单体之间的交换，则这两个非等位基因总是连接在一起而遗传的现象；但大多数连锁遗传为后者，是指同一同源染色体上的两个非等位基因之间或多或少地发生非姐妹染色单体之间的交换，测交后代中大部分为亲本类型，少部分为重组类型的现象。

交换是指同源染色体的非姐妹染色单体之间的对应片段的交换，从而引起相应基因间的交换与重组。有关基因的染色体片段发生交换的频率就是交换值，用交换型配子（重组型配子）占总配子数的百分率即重组率来估算。

在宠物育种中，由于有很多基因为连锁遗传，尤其与性别有关的一些基因，如猫的玳瑁色和鸟类的卷羽等性状都是依性别而变化的。这些基因的遗传也称为伴性遗传，或称为性连锁，因为这些基因在性染色体上，它们所控制的性状总是伴随性别而遗传的。因此，在宠物繁殖时就应根据连锁交换定律进行选种选配。育种目的就是利用基因重组综合亲本优良性状，育成新的优良品种。当基因重组连锁遗传时，重组基因型出现频率因交换值的大小而有很大差别。交换值大，重组型出现的频率高，获得理想类型的机会就大；反之，交换值小，获得理想类型的机会就小。

三、数量性状的遗传特性

对于宠物而言，数量性状的重要性相对于质量性状来说则小得多，因为宠物更加注重于以表型性状为主进行选育。但除了表观性状之外，某些数量性状同样不可忽视，这些性状主要是人们所关心的与生殖健康相关的，如个体在生殖年龄产生的可育后代的性状，包括个体的生存力、繁殖率、交配能力、寿命等。这些性状的数量变异也是宠物育种的主要内容，目的是在宠物育种中对这些性状同样引起注意，否则容易造成：①近交引起的生殖健康度下降（近交衰退）；②小群体进化潜力的丧失；③不同群体间的杂交对健康度的影响，可能有益（杂种优势），也可能有害（远交衰退）。对于这些变异的研究被称为数量遗传学。数量性状由许多基因控制，很难分辨各个基因的作用，而且容易受到外界环境因素的影响。所以，对数量性状不可能直接从观察到的表现型推测基因型，基因型相同的个体表现型可能不同、表现型相同的个体基因型可能不同。因此，对数量性状遗传的研究必须做到以下几点：①要以群体为研究对象；②对性状要进行准确的度量；③必须应用生物统计方法进行分析。

（一）数量性状的遗传方式

数量性状的遗传有以下几种表现方式：

1. 中间型遗传　在一定条件下，两个不同品种杂交，其 F_1 的平均表型值介于两亲本的平均表型值之间，群体足够大时，个体性状的表现呈正态分布。F_2 的平均表型值与 F_1 的平均表型值相近，但变异范围比 F_1 的增大了。

2. 杂种优势　杂种优势是数量性状遗传中的一种常见遗传现象。它是指两个遗传组成不同的亲本杂交，其 F_1 代在产量、繁殖力、抗病力等方面都超过双亲的平均值，甚至比两个亲本各自的水平都高。但是，F_2 的平均值向两个亲本的平均值回归，杂种优势下降。以后各代杂种优势趋于消失。

3. 越亲遗传　两个品种或品系杂交，F_1 表现为中间类型，而在以后世代中，可能出现超过原始亲本的个体，这种现象称为越亲遗传。由此，可能培育出更大或更小类型的品种。

（二）数量性状的遗传机制

根据数量性状遗传方式的不同，将其遗传机制分述如下：

1. 多基因假说与中间型遗传　数量性状为什么会呈现连续的变异，并出现中间型遗传现象呢？1908 年，瑞典遗传学家尼尔逊·埃尔通过对小麦籽粒颜色的遗传研究，提出了数量性状遗传的多基因假说。

尼尔逊·埃尔的多基因假说的要点是：

（1）数量性状是由许多对微效基因的联合效应造成的。

（2）微效基因之间大多数缺乏显性。它们的效应是相等而且相加的，所以微效基因又称加性基因。

（3）多基因的遗传行为，同样符合遗传基本定律，既有分离和重组，也有连锁和互换。

2. 基因的非加性效应与杂种优势 多基因假说认为控制数量性状的各个基因的效应是累加的。即基因对某一性状的共同效应是每个基因对该性状单独效应的总和。由于基因的加性效应，就使杂种个体表现为中间型遗传现象。但是，基因除具有加性效应外，还有非加性效应。基因的非加性效应是造成杂种优势的原因，它包括显性效应和上位效应。由等位基因间相互作用产生的效应称作显性效应。例如，有两对基因，A_1、A_2 的效应各为 15cm，a_1、a_2 的效应各为 8cm，基因型 $A_1A_1a_1a_1$ 按加性效应计算其总效应为 46cm。而在杂合状态下，即 $A_1a_1A_2a_2$ 同样为两个 A 和两个 a，但其总效应却是 56cm，多产生的 10cm 效应是由于 A_1 与 a_1，A_2 与 a_2 间互作引起的，这就是显性效应。由非等位基因之间相互作用产生的效应，称作上位效应或互作效应。例如，A_1A_1 的效应是 30cm，A_2A_2 的效应也是 30cm，而 $A_1A_1A_2A_2$ 的总效应则是 70cm，多产生的 10cm 效应是由这两对基因间相互作用引起的，这称作上位效应。

一般认为，杂种优势与基因的非加性效应有关。目前，对产生杂种优势的机制有两种学说，即显性学说和超显性学说。

显性学说认为，杂种优势是由于双亲的显性基因在杂种中超互补作用，显性基因遮盖了不良（或低值）基因的作用的结果。而超显性学说则认为，杂种优势并非显性基因间的互补，而是由于等位基因的异质状态优于纯合状态，等位基因相互作用可超过任一杂交亲本，从而产生超显性效应。现在多数学者认为，这两种观点并不矛盾。对于大多数杂种优势现象来说，显性基因互补和等位基因的杂合效应可能都在起着作用。

3. 越亲遗传现象的解释 产生越亲遗传与产生杂种优势的原因并不相同。前者主要是基因重组，而后者则是基因间互作的结果。比如，有两个杂交亲本品种，其基因型是纯合的，等位基因无显隐性关系，一个亲本基因型为 $A_1A_1A_2A_2a_3a_3$，另一个亲本基因型为 $a_1a_1a_2a_2A_3A_3$，一代杂种基因型为 $A_1a_1A_2a_2A_3a_3$，介于两亲本之间，而杂种一代再杂交，在二代杂种中就出现大于亲本的个体 $A_1A_1A_2A_2A_3A_3$ 和小于亲本的个体 $a_1a_1a_2a_2a_3a_3$。越亲遗传产生的越亲个体，可以通过选择保持下来，以成为培育高产品种的原始材料。

单元二　基因频率与基因型频率

自然界的任何一个生物品种，在进化的过程中，变异使得产生遗传多样性。例如，犬的各种品系都来自灰狼，从狼开始，基于表型的选择产生了不同的品系，如大小不同（圣伯纳犬与吉娃娃犬），行为不同（德国牧羊犬、狐犬、导向猎犬、拉布拉多水猎犬、羊犬、牛犬等），形状不同（牛头犬和达克斯猎犬），这些不同既包含了先祖狼种内的遗传多样性，也有在选择中产生新突变的遗传多样性。按照孟德尔分离定律和自由组合定律，每个等位基因都有 3 种组合方式，这种组合的结构在不同的群体内由于选择、基因突变等存在差别，对于这些差别的分析可引用基因频率和基因型频率进行分析。

一、孟德尔群体

遗传学上的群体不是一般个体的简单集合，而是指相互有交配关系的个体所构成的有机集合体。一个群体中全部个体所包含的全部基因称为基因库。在一个大群体内，个体间随机交配，孟德尔的遗传因子以各种方式从一代传递到下一代，这个群体称为孟德尔群体。最大的孟德尔群体可以是一个物种。存在交配关系意味着群体内个体间有着共同的染色体组，染色体组内的基因可通过个体间的交配而在个体间得到相互交换。在同一群体内，不同个体的基因型虽有不同，而群体的总体所具有的基因则是一定的。群体中各种基因的频率，以及由不同的交配机制所形成的各种基因型频率在数量上的分布特征称为群体的遗传结构。生物在繁殖过程中，每个个体传递给子代的并不是其自身的基因型，而只是不同频率的基因。

由许多群体所构成的生物集团称为群落。群落中的群体间没有交配关系，群体间的相对独立性主要通过生殖隔离来实现。

二、群体的基因频率和基因型频率

个体性状表现的遗传基础是个体的基因型。而基因型决定于基因与基因的分离和组合。通过追踪基因在世代间的分离与组合及其所形成的基因型，可以推断性状表现在群体内个体间和家系水平的遗传与变异规律。群体性状表现在个体间的遗传与变异规律决定于群体的基因频率和基因型频率。

基因频率是指某位点的某特定基因在其群体内占该位点基因总数的比率。例如，某群体内某一基因位点 A 基因与 a 基因在总个体数共计 10 000 个，其中 A 基因 9 975 个，a 基因 25 个，则 A 基因的频率为 0.997 5，a 基因的频率为 0.002 5。

基因型频率是指群体内某特定基因型个体占个体总数的比率。例如，一个群体中纯合显性基因型 AA 个体 80 个，杂合基因型 Aa 个体 14 个，纯合隐性基因型 aa 个体 6 个。则AA、Aa 和 aa 3 种基因型频率分别为 0.80、0.14 和 0.06。

基因频率和基因型频率一般无法直接计算。但是表现型是由基因型决定的，表现型是可以直接度量和计算的，因此可以通过表现型频率求得基因型频率，进而推知基因频率。

设由 N 个个体构成的某二倍体生物群体中，有一对等位基因 A 与 a，其可能的基因型为 AA、Aa、aa 共 3 种，对应的个体数分别为 N_D、N_H 和 N_R，相应的基因型频率为 D、H、R，则 3 种基因型的频率各为：

$$AA：D=\frac{N_D}{N} \qquad Aa：H=\frac{N_H}{N} \qquad aa：R=\frac{N_R}{N}$$

显然，$N_D+N_H+N_R=N$，$D+H+R=1$。由于每个个体含有一对等位基因，群体的总基因数为 $2N$。由此根据基因频率的定义可知等位基因 A 的频率为：

$$p=\frac{2N_D+N_H}{2N}=D+\frac{1}{2}H$$

同样，等位基因 a 的频率为：

$$q=\frac{2N_R+N_H}{2N}=R+\frac{1}{2}H$$

并且，$p+q=1$。基因频率与基因型频率变动介于 0~1。

单元三　基因突变

犬、猫毛色遗传多数由复等位基因控制，这些复等位基因是长期以来在犬、猫进化的过程中，出现的基因多向突变而逐步演化形成的。基因突变是遗传多样性的最根本来源。

一、基因突变的概念

狭义的基因突变是指基因内部发生了化学性质的变化，与原来的基因形成了对性关系。携带突变基因并表现突变性状的生物个体称为突变形或突变体；而自然群体中最常见的典型类型称为野生型。

基因突变可以自然发生，也可以人为诱导发生。在自然条件下发生的突变称为自发突变。自发突变的产生并不是没有原因的，自然界的各种辐射、环境中的化学物质、DNA 复制错误、差错修复以及转座子等均可能引起基因的碱基序列改变而产生突变。

二、基因突变的一般特征

基因突变具有重演性、可逆性、多方向性、有害性和有利性、平行性等。掌握这些特征对于研究基因突变产生的机理、突变体筛选与鉴定、人工诱发突变及其应用都具有重要的意义。

（一）突变的重演性

突变的重演性是指相同的基因突变可以在同种生物的不同个体上重复发生。研究发现，同一突变重复发生的趋势相对稳定，并可用突变率或突变频率定量描述。突变率表示单位时间内（如一个生物世代或细胞世代内）某一基因突变发生的概率。在实际中，由于时间检测与界定困难，大多数生物的突变率难以估计，因此通常用突变频率来估计突变率。突变频率指突变体在一个世代群体中所占的比例。一般情况下，无论是非等位基因间，还是等位基因间，突变都独立发生。

（二）突变的可逆性

突变是双向发生的，由于是两个相反的作用力，结果就会达到一个平衡。如果野生型基因突变为突变型基因，则突变称为正突变；反之，则称为反突变或回复突变。在大多数情况下，正突变率总是高于反突变率。突变型基因和野生型基因之间存在等位对性关系，在杂合体中表现一定的显隐性关系。由显性基因产生隐性基因称为隐性突变，由隐性基因产生显性基因称为显性突变。

（三）突变的多方向性

突变具有多方向性，即一个基因 A 突变后可能形成 a_1、a_2、a_3 等不同等位基因，且 A、a_1、a_2、a_3 可分别具有不同的生理功能和性状表现。

例如，兔子的毛色也是由一组复等位基因构成的，C 控制鼠色对其他 3 个复等位基因呈显性。c^{ch} 控制灰色，对 c^h 和 c 呈显性；c^h 控制喜马拉雅白化，对 c 为显性；c 是一种突变型，不能形成色素，纯合时兔子毛皮为白色。

这些复等位基因组合时形成的表现型和基因型见表 8-3。

表 8-3　兔子毛色复等位基因组合时形成的表现型和基因型

表现型	基因型
全色（黑色）	CC、Cc^{ch}、Cc^h、Cc
青紫蓝色	$c^{ch}c^{ch}$、$c^{ch}c^h$、$c^{ch}c$
喜马拉雅白化	c^hc^h、c^hc
白化	cc

在一个复等位基因系列中，如果复等位基因的数目为 n，则可能有的基因型数目为：$C_k^{\frac{2}{k}} = n(n+1)/2$ 种。其中，n 种为纯合体，$n(n+1)/2$ 种为杂合体。

（四）突变的有害性和有利性

现存生物经过长期进化而来，其遗传物质及形态结构、生理生化与发育特征等都处于相对平衡的协调状态，从某种意义上说也是最适应其生存环境的。基因突变可能直接导致基因原有功能丧失或异常，进而影响与之相关的生物功能；导致原有的协调关系被打破或削弱，生物赖以正常生活的代谢关系被破坏。因此，大多数基因突变对突变体本身的生长和发育往往是有害的。突变的有害性概括了大多数基因突变对突变体本身在一定环境条件下生长发育的效应。但有害与有利总是相对的，在一定条件下基因突变的效应可以转变。

有些突变称为中性突变，即基因发生突变后，突变型与野生型间没有明显的生存与繁殖能力差异，因而在进化上没有选择差异。中性性状进化中往往是不同表现型随机地保留下来，并逐渐成为物种的特征。例如，宠物毛色的基因突变。

在宠物的性状中，如果基因突变不造成致死的话，突变体大部分可以被保留下来而形成新的品种。

（五）突变的平行性

亲缘关系相近的物种其遗传基础也相近，往往会发生相似的基因突变，这种现象称为突变的平行性。根据这一特征，如果某一个种、属的生物中产生了某种变异类型，可以预测与之相近的其他种、属可能存在或产生相似的变异类型。

三、基因突变与性状表现

（一）基因突变的性状变异类型

由于不同基因具有不同的遗传功能，因此突变后产生的性状变异也各不相同。有些突变型与野生型表现差异显著；有些则需要利用精细的遗传学或生物化学技术进行检测。通常，人们根据突变基因的效应或性状变异的可识别程度来描述基因突变引起的性状变异类型。

1. 形态突变　指导致生物个体外部形态结构（如形态、大小、色泽）产生的肉眼可识别变异的突变，也称可见突变。

2. 生化突变　指影响生物的代谢过程，导致特定生化功能改变或丧失的突变。最常见的生化突变是营养缺陷型——丧失某种生化与代谢必需物质合成能力的突变型。

3. 致死突变　指导致特定基因型突变体死亡的突变。

4. 条件致死突变　指一定条件下表现致死效应，但在另一条件下能存活的突变。

5. 抗性突变　指突变体获得了对某种特殊抑制剂的抵抗能力。

（二）显性突变和隐性突变的表现

由于等位基因突变独立发生，等位基因同时发生相同突变得到突变纯合体的概率极低，绝大多数情况下，仅等位基因之一发生突变。无论是显性突变（aa→Aa），还是隐性突变（AA→Aa），突变当代都是杂合体。因此，基因突变表现世代的早晚和纯化速度的快慢，因突变性质不同而有所不同。

一般来说，在自交的情况下，显性突变表现得早而纯合的慢；隐性突变与之相反，表现得晚而纯合得快（图8-9）。显性突变在第一代就能表现，第二代能够纯合，但检出突变纯合体则有待于第三代。隐性突变在第一代因被显性等位基因所遮盖而不表现，在第二代纯合表现，检出突变纯合体也在第二代。

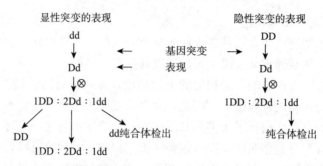

图 8-9 显性突变与隐性突变的表现

（三）体细胞突变和性细胞突变的表现

基因突变可以发生在生物个体发育的任何时期，对有性生殖生物而言，也意味着体细胞和性细胞均可能发生突变。

1. 体细胞突变 体细胞突变产生的突变体细胞，通常不能通过受精过程直接传递给后代。体细胞如果发生显性突变，当代个体就以嵌合体的形式表现出突变性状，如果发生隐性突变，显然当代个体已成为杂合体，但由于突变基因受显性基因掩盖并不表现突变性状。如果一个具有分裂能力的体细胞发生了显性突变，便可能通过分裂形成一个突变细胞群落。通常具有可见表型变异的突变细胞克隆相互紧密靠近，形成一个突变体区。突变体区与正常非突变性状并存于一个生物个体，或其器官、组织上形成嵌合体。突变体区大小取决于突变事件在个体发育过程中发生的早晚，发生越早，突变体区就越大；发生越晚，突变体区就越小。

2. 性细胞突变 性细胞突变形成突变型配子，可通过受精过程直接传递给后代。性细胞突变的表现也因交配方式而异。性细胞的突变频率要高于体细胞的突变频率。除了两者表现与传递特点有差异外，另一个重要原因是配子形成过程中对外界环境条件更为敏感，尤其是性细胞减数分裂、配子发育与传播过程。

（四）大突变和微突变

在描述基因突变的表型效应时，经常用到另外一对术语——大突变和微突变。两者主要是根据基因突变引起性状变异的可识别程度来划分的。大突变是指具有明显、容易识别表型变异的基因突变。产生大突变的基因控制的性状在相对性状间一般表现为类别差异。微突变则指突变效应表现微小，较难察觉的基因突变，这类性状差异通常以数量指标来衡量区别。所以，产生大突变的性状往往是质量性状，而产生微突变的性状往往是数量性状。

大突变的遗传相对简单、效应明显，受到遗传与育种工作者高度重视。但在微突变中出现有利突变的比例高于大突变，而且控制数量性状遗传的基因具有累加效应，微小遗传效应的多基因积累，最终可以积量变为质变，表现出显著的作用。

单元四　质量性状和数量性状的选择

一、选择的概念

选择是宠物育种中必不可少的重要工作。从进化论的角度理解，选择又是物种起源与进化的动力和机制所在。实质上，选择是在一个群体中通过外界因素的作用，将其遗传物质重新安排的重要工具，以便在世代的交替更迭中，使群体内的个体更好地适应于特定的目的。因此，选择是一个过程，在这个过程中，群体内个体间具有不同的机会参与繁殖下一代，即某些个体比其他个体占有更明显的优势。

按照作用于选择的外界因素，可将选择分为两类：自然选择——即通过自然界的力量完成的选择过程；人工选择——即由人类施加作用实现的选择过程。

1. 自然选择　最早提出自然选择概念的是查理·达尔文，在其巨著《物种的起源》中，论证了生物的进化和进化机制。其进化机制理论的核心就是自然选择说。他将物种起源与进化概括为3个主要阶段：第一，变异，即通过突变、基因重组等效应，使群体内产生遗传变异，这种变异主要表现在对自然界特定环境的不同反应上；第二，自然选择，即通过生存斗争，使具有较好适应性的个体得以生存，由此使有利变异在种群内得到发展，或者说有利基因频率不断增大；第三，隔离，即具有特定适应性和稳定基因频率的种群，通过繁殖隔离和地理隔离，使群体间特征、特性和性状的分歧加深，最终导致新物种的形成。

2. 人工选择　自然选择的目的是使动物更加适应自然条件，而人工选择的目的是使动物更加有利于人类。即由育种者来决定哪些动物个体可以繁殖后代，打破了繁殖的随机性，仅选择性能优异的个体参加繁殖，进而剥夺了其他个体繁殖的机会，由此实现所谓选优去劣。根据基因控制性状表现的遗传学理论，在世代更迭中选择能够定向地改变群体的基因频率，有利于生产性能提高的基因频率增多，不利于生产性能提高的基因频率降低，从而打破了群体基因频率的平衡状态。

二、质量性状的选择

（一）质量性状的类型

如前所述，宠物育种的目的性状多数为质量性状，这些性状主要因人们对宠物伴侣的特殊喜好而受到重视。质量性状可归纳为以下几种类型：

1. 表型性状　所有宠物的外貌特征，如毛色、头型、尾巴长短、耳朵形状等都属于质量性状，这些性状在育种中的作用主要是反映品种（系）的特征。

2. 遗传缺陷　宠物品种或多或少都存在着遗传缺陷。大部分产生遗传缺陷的原因是一个基因座内的隐性有害基因。隐性有害基因的纯合个体均表现出明显的征状，有的表现为形态学、解剖学或组织学上的缺陷；有的表现为生理学上的代谢功能障碍；有的生活力低，易感染某些疾病；更严重的遗传缺陷可导致妊娠胎儿死亡或出生后不久死亡。因此，遗传缺陷是对动物个体危害性很大的一类质量性状。

3. 伴性性状　动物的性别决定于性染色体，性染色体上除了有决定性别的基因外，还携带着一些控制性状的基因。将这类由性染色体携带的基因称为伴性基因；性染色体上的基因所控制的某些性状总是伴随性别而遗传，称为伴性性状。由于性别决定方式的不同，伴性性状的遗传方式也随之不同，对于犬、猫等哺乳动物来说，其性染色体为雄杂合体，即 XY 型。而鸟类则为雌杂合体，即 ZW 型。

（二）质量性状的选择方法

1. 对隐性基因的选择　对于有显隐性之分的质量性状来说，显隐性是区别个体的表现型和基因型的一把钥匙。以一对等位基因为例，当基因的外显率为 100% 时，选择隐性基因

（淘汰显性基因）是非常方便的。选择表现型是隐性性状的个体就意味着保留了等位基因中的隐性基因，淘汰表现型是显性性状的个体，就意味着消除了等位基因中的显性基因。

2. 显性基因的选择 当选择显性基因（淘汰隐性基因）时，利用显隐性来区别个体的表现型和基因型不够严谨。具有显性基因的个体都表现显性性状，这时单纯选择显性个体留种，后代还会分离出隐性个体来。所以，在选择显性基因（淘汰隐性基因）时，关键是如何区别显性纯合体和杂合体。区别的主要方法就是测交或回交。

测交是用已知基因型个体与未知基因型的被测异性个体交配，根据所生后代的表现型来判断被测个体是纯合体还是杂合体的一种方法。被测个体一般为雄性犬或猫。

（1）被测雄性宠物与隐性纯合体雌性宠物交配。以犬的毛色遗传为例，黑色对棕色表现显性。纯合体黑毛雄犬（AA）与棕色毛雌犬（aa）交配，其后代全是黑毛犬。如果让杂合体黑毛雄犬（Aa）与棕色毛雌犬（aa）交配，其后代则一半是黑毛犬，一半是棕色犬，二者在群体中的比例是 1:1。

此种方法所需测交宠物数量最少，但要求所要检出的隐性基因是无害的，即隐性纯合后代能正常出生和生长发育，各种功能正常。只要后代中发现有隐性纯合个体，即可断定该雄性宠物是隐性基因携带者。但如果后代中即使未出现隐性纯合个体，也不能轻易得出该雄性宠物不是携带者的结论。因为在交配时，配子的结合是随机的，各种配子结合都有一定的概率。当该雄性宠物产生一个后代时，应有 1/2 概率是表现携带显性基因的表型。产生多个后代时，可能出现全部都是携带显性基因的表型的概率是：P（Aa×aa 产生后代 Aa）$= (1/2)^n$。

由此也可得到在后代中能检出隐性纯合体的检验概率：

$$P（检验概率）= 1 - (1/2)^n$$

假设一个雄性个体通过测交得到 5 个后代，其相应的检验概率 0.969 表明：在其后代中至少有一个是隐性纯合表型的概率为 96.6%，而 5 个后代都表现显性表型的概率为 3.1%，由此而导致对杂合雄性个体的错误判断。因此，反过来上述检验概率也作为判断可以被测个体为杂合体的置信水平。

根据此公式还可以推导出在一定的置信水平要求下，测交所需的最少后代数。例如，要求置信水平为 95%，列方程如下：

$$0.95 = 1 - (1/2)^n$$

经变换得：$0.05 = (1/2)^n$

在方程式的两边取对数可得：$\lg 0.05 = n \lg (1/2)$

方程求解得：$n = 4.32 \approx 5$

结果表明，若要获得 95% 的可信度，需 5 个或 5 个以上的后代。

（2）被测雄性宠物与已知为杂合体的雌性宠物交配。如果让杂合体黑色雄犬（Aa）与杂合体黑色雌犬（Aa）交配，其后代表现黑毛的概率为 3/4。如果被测个体为黑色显性纯合体（AA），与杂合体黑色雌犬（Aa）交配后，后代全部为黑色犬，此结果就会比较容易评价该雄犬为显性纯合体。

但对于一些导致严重遗传缺陷的隐性致死基因而言，其纯合子往往在胎儿期间，或出生不久就死亡。因此，作为测交的与配雌性宠物，只能找到已确认为隐性基因携带者的雌性宠物。假设测试的雄性个体也为杂合子，则通过 Aa×Aa 这种交配方式，一个后代的基因型为 A_ 的概率是 3/4。在 n 个后代中，都是显性表型的概率为 $(3/4)^n$。不同后代数的检验概率计算公式为：

$$P（检验概率）=1-（3/4）^n$$

同样如果要求置信水平为 95％时，检验被测个体为杂合子的最低后代数为：$0.05=（3/4）^n$

在方程两边取对数得：$\lg 0.05=n\lg 0.75$

解方程得：$n=\lg 0.05/\lg 0.75\approx 11$

结果表明，达到 95％置信水平需要 11 个后代。因为 $Aa\times Aa$ 测交的后代中显性表型的概率比 $Aa\times aa$ 的后代要大，所以在相同的置信水平下，前者需要更多的后代。

3. 伴性基因的选择　绝大部分的伴性基因仅被携带在一条性染色体上，即哺乳动物的 X 染色体或鸟类的 Z 染色体上，而且伴性基因所决定的多是表型等级分明的质量性状。因此，对某一伴性基因的判别和选择，主要通过对个体的表型辨别来实现。

例如，赛鸽中有一种羽色为绛色，该基因伴性遗传。假设 B（显性）为绛色，b（隐性）为雨点或灰色，则绛色雌鸽为 Z^BW，雨点或灰色 Z^bZ^b 为雄鸽、雨点或灰色 Z^bW 为雌鸽，而 Z^BZ^B 或 Z^BZ^b 则为绛色雄鸽（图 8-10）。

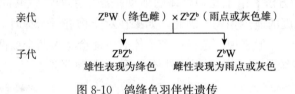

图 8-10　鸽绛色羽伴性遗传

所以，如果绛色的雌鸽配雨点或灰色雄鸽，子代绛色的全部为雄性，非绛色全部为雌性，虽然女儿未能从雌性亲本那儿继承性染色体控制的绛色基因，但仍继承了母源染色体的遗传物质和长相、眼砂、白爪、鼻瘤形状等。

在鸟类中对羽色的伴性基因可以进行早期选择，加快育种进度，降低经济成本。

三、数量性状的选择

决定数量性状选择进展的因素很多，除了选种目标、选种依据和方法外，还有遗传力、选择差、世代间隔及性状间相关等。

对数量性状单纯依据其表型值进行选择，其结果不稳定。因为数量性状的表型值是遗传和环境共同作用的结果，所以只有表型值中能遗传和固定的部分才能完整地遗传给子代。

（一）数量性状选择的方法

1. 单性状选择的方法　在宠物育种的某一阶段，可能需要进行单性状选择。能够利用的信息，除个体本身的表型值以外，最重要的信息来源就是个体所在家系，即家系平均数。单性状选择方法，就基于个体表型值和家系均值。传统的选择方法分为 4 种，即个体选择、家系选择、家系内选择和合并选择。

（1）个体选择。只是根据个体本身性状的表型值选择，不仅简单易行，而且在性状遗传力较高、表型标准差较大时，采用个体选择是有效的，渴望获得好的遗传进展，因此在一些育种方案中可以使用这种选择方法。

（2）家系选择。家系指的是全同胞或半同胞家系，以整个家系为一个选择单位，只根据家系均值的大小决定家系的选留。选中的家系全部个体都可以留种，未中选的家系的个体，不作种用。

在家系选择中又有两种情况：第1种，被选个体参与家系均值的计算，这是正规的家系选择；第2种，被选个体不参与家系均值的计算，实际上是同胞选择。

家系选择适用于遗传力低的性状，如繁殖性状。在相同留种率的情况下，这种选择方法所需选留群体的规模要比个体选择大。

（3）家系内选择。家系内选择是根据个体表型值与家系均值的偏差来选择，不考虑家系均值的大小。每个家系都选留部分个体。因此，家系内选择主要用于小群体内选配、扩繁和小群保种方案中。

（4）合并选择。前3种选择方法各有其优点和缺点，为了将不同选择方法的优点相结合，可以采取同时使用家系均数和家系内偏差两种信息来源的方法，即合并选择。根据性状遗传力和家系内表型相关，分别给予这两种信息以不同的加权，合并为一个指数。依据这个指数进行的选择，其选择的准确性高于以上各选择方法，因此可获得理想的遗传改进。

2. 多性状选择的方法　由于宠物个体的活动是靠一系列性状共同完成的，而且各性状间往往存在着不同程度的遗传相关。因此，如果在对宠物进行选择时只考虑单性状，就可能造成负面结果。所以，一般来说，选择一个个体时可能会考虑两个或两个以上的性状，以保证选择的有效性。传统的多性状选择方法有3种，即顺序选择法、独立淘汰法、综合指数法。

（1）顺序选择法。顺序选择法又称单项选择法，是指对计划选择的多个性状逐一选择和改进，每个性状选择一个或数个世代，待所选的单个性状得到理想的选择效果后，就停止对这个性状的选择，再开始选择第2个性状，达到目标后，接着选择第3个性状，如此顺序选择。但这种方法耗时耗力，在宠物的选择实践中比较难实行。

（2）独立淘汰法。又称独立水平法，将所要选择的动物每个性状各确定一个选择标准，凡是要留种的个体，必须同时超过各性状的选择标准。如果有些个体只有一项低于标准，不管其他性状多么优秀，将被淘汰。由于独立淘汰法同时考虑了多个性状的选择，优于顺序选择法。但这种方法不可避免地容易将那些在大多数性状上表现十分突出，而仅在个别性状上有所不足的个体淘汰掉。在各性状上表现都不太突出的"中庸"个体，反倒有可能保留下来，此时一些突出基因可能会流失。

（3）综合指数法。是将所选择的多个性状，根据它们的遗传基础和经济重要性，分别给予适当的加权，然后综合到一个指数中，根据指数的高低选留。因此，综合指数法具有最好的选择效果，是在动物育种中应用最广泛的选择方法。

在实际应用时，综合指数选择很难达到理论上的预期效果。主要有以下原因：综合指数中的各种遗传参数存在估计误差；各目标性状的经济加权值确定的依据不充分；候选群体过小，导致选择反应估计偏高；信息性状与目标性状的遗传关系不确切等。所以，在运用综合指数进行选择时，需要注意以上各方面的信息，尤其是数据的准确性。

3. 间接选择法　在动物育种实践中，有些重要的经济性状的遗传力很低，直接选择效果不佳；有些性状只能在一种性别中度量，如产仔数、产蛋数等；有些性状不能在活体上测量；有些性状在个体一定年龄时才有表现。对这些不容易直接进行选择的性状，可以进行间接选择，以提高选择效果。间接选择是直接对辅助性状进行选择，间接对目标性状进行选择。一般情况下，当所选择的主要性状遗传力低、观察的周期长、直接选择的效果差时，可以考虑采用间接选择。辅助性状一般是一个遗传力高、与主要性状的遗传相关高，或是一个早期可以观察的性状。①利用容易直接度量性状与不宜度量性状的遗传相关进行间接选择；②利用高遗传力性状与低遗传力性状的遗传相关进行间接选择；③利用幼年某些性状与成年主要经济性状的遗传相关进行早期选种。

（二）数量性状选择效果的影响因素

影响数量性状选择效果的因素很多，除了选种目标、选种依据和选种方法外，还有遗传变异、选择强度、世代间隔、选择性状的数目、性状间的遗传相关、环境、近交等。

1. 遗传变异

（1）加性遗传标准差。选择反应的根本前提就在于群体中存在的可遗传的差异，遗传差异越大，可能获得的选择成效就越大。

根据数量遗传学原理，在纯种繁育的群体中实施选择时，可利用的遗传变异，可以用微效基因平均效应的遗传标准差，即加性遗传标准差来度量。

（2）选择极限。如果在一个群体中进行长期的闭锁选择，开始若干世代有选择进展，用同样的方法长期选择下去，直至选择对提高生产性能不再起作用，选择反应近于零。这种现象称作达到"选择极限"。是否存在选择极限，有不同的看法。在有限群体中，长期选择，如经过 20～30 世代的选择，有可能出现选择极限。但是，可以改变选择方法，或引种来打破原有极限。因此，在正常的育种工作中，不必为选择极限而担忧。

（3）获得理想的遗传进展。为了能获得理想的遗传进展，使群体经常保持足够的可利用的遗传变异。可从以下几方面着手：育种初始群体应具有足够的遗传变异；育种群应保持一定规模；定期进行遗传参数的估计；加大群体的遗传变异及引种。

2. 选择强度

（1）选择强度的意义。不同性状由于单位不同和标准差不同，它们的选择差之间不能相互比较，为了统一标准，可以换算成选择强度进行比较。以性状的标准差为单位的选择差称为选择强度，或称标准化的选择差。

（2）留种率与选择强度的关系。一般情况下，选择强度越大越好，即留种群的水平应尽可能地超越整个群体的水平。但是群体的表型值分布都是正态的，因此远远超越平均数的个体是很少的。如果过高地要求留种群的水平，就很难找到适宜的留种个体。为了保持和扩大群体规模，应注意留种率和选择强度之间的平衡。

3. 世代间隔　在宠物育种中，经历一代所需的年数称为世代间隔。世代间隔可用双亲产生种用子女时的平均年龄来计算。世代间隔的长短，因宠物种类的不同而不同。以犬的世代间隔计算为例，根据初配年龄计算，一般雌犬为 1.5 岁（以第 2 次发情时交配为宜），雄犬为 2.0 岁，妊娠期按 2 个月计算，在头胎幼犬中留种，那么幼犬出生时父亲的年龄为 24 个月加上 2 个月，母亲的年龄是 18 个月加 2 个月，世代间隔＝（26 月＋20 月）/2≈2 年。如果等第 3 胎时才开始正式留种，则世代间隔延长为 3 年。

缩短世代间隔的措施是：改进留种方法，尽可能实行头胎留种；加快群体周转，减少老龄宠物的比例，能加快改良的速度。

4. 选择性状的数目　在对宠物进行选种时，不能仅考虑一个性状，但同时选择的性状又不宜过多；否则，会造成力量分散，降低每个性状的改进量。如果选择单一性状时，选择反应为1，则同时选择 N 个性状，每个性状的选择反应只有 $1/\sqrt{N}$。如果一次选两个性状，其中每个性状的选择进展相当于单项选择时的 $1/\sqrt{2} = 0.71$；如果一次选择 4 个性状，则每个性状的选择进展只有 $1/\sqrt{4} = 0.5$。所以，在选择时应突出重点，避免同时选择过多的性状。

5. 性状间的遗传相关 性状间的遗传相关对选种效果也有明显的影响。例如，初生重与断乳后平均日增重呈强正相关，只要选初生重大的个体留作种用，通常能间接提高后代的断乳后平均日增重。

6. 环境 任何数量性状的表型值都是由遗传和环境两种因素共同作用的结果。环境条件的改变必然导致表型值的改变。选种实践表明，在优良环境条件下选出的优秀个体，到了较差的环境条件下，其表现反而不如在原环境条件下较差的个体。这就说明某些基因型适合一定的环境条件，另一些基因型却适合另一种环境条件，这种现象称作基因型（遗传）与环境的互作。

遗传与环境互作的原因可能是：一个性状往往受一系列生理生化过程的制约，在一种环境条件下，控制某个生理生化过程的基因起主要作用，而在另一种环境下，控制另外一个生理生化过程的基因起主要作用。例如，宠物的生长速度，在饲料不足的条件下，饲料利用能力起主要作用，而在饲料充足、自由采食的情况下，采食量的作用就大为增加。因此，在后一种条件下对生长速度进行选择，主要是选择采食量，而采食量大的个体在前一种条件下可能就无用武之地，生长速度有可能反而不如采食量小而饲料转化率高的个体。

由于遗传与环境互作现象的存在，我们选种应当在与推广地区基本相似的条件下进行。随着社会经济的发展，推广地区的条件也在日益改善，则育种场的条件应当更好一些；否则，高产基因不能充分表现，也就无法选择遗传性能优良的个体。

7. 近交 在育种中采用近交，增加基因的纯合性，以便使优良性状巩固下来。但是，由于近交退化，会造成各种性状的选择效果不同程度的降低。

🐾 复习思考题

一、名词解释

性状 质量性状 数量性状 相对性状 显性性状 显性基因 隐性性状 隐性基因 基因型 表现型 纯合体 杂合体 性状分离 基因互作 连锁遗传 伴性遗传 常染色体 性染色体 修饰基因 基因突变 显性突变 隐性突变 致死突变 选择

二、思考题

1. 基因型和表现型有何关系？举例说明。

2. 你对显性和隐性如何理解？举例说明显性、隐性的相对性。

3. 什么是复等位基因？举例说明复等位基因的遗传学特点。

4. 在宠物犬中，A_B_ 为黑色，aaB_ 为赤褐色，A_bb 为红色，aabb 为柠檬色，一只纯黑犬和一只柠檬色犬交配，生一只黑色仔犬。如果该子代黑色犬与另一只基因型相同的犬交配，预期后代的表现型种类和比例如何？

5. 小猎犬的黑色毛皮和红色毛皮分别由显性基因 B 和隐性基因 b 控制，基因 C 存在时表现纯黑色或纯红色，cc 时表现黑白或红白的花斑。两对基因是独立遗传的。用纯黑色雄犬与纯红色雌犬交配，一窝生 6 只幼犬：2 只纯黑，2 只纯红，1 只黑白，1 只红白。请确定双亲的基因型。

6. 两只猫交配，一窝生下 8 只小猫。其中 3 只是花雌猫，2 只是橙黄色雌猫，2 只是橙黄色雄猫，1 只是黑色雄猫。已知基因型 BB 是黑色；Bb 是花色；bb 是橙黄色。试问亲本的表现型和基因型如何？

7. 质量性状和数量性状的主要区别是什么？

8. 基因突变有哪些特征？

9. 自然选择和人工选择的区别是什么？

10. 请详细叙述质量性状的选择方法。

模块九　宠物品种性状的选育

单元一　宠物的品种

一、品种的概念

动物分类学将自然界中的动物按界、门、纲、目、科、属、种进行分类，种是动物分类学的基本单位，是自然选择的产物。野生动物只有种与变种。

而品种则是对与人类相关的动物的分类单位，是人类为了满足自己的需要，从野生动物中长期驯化而来的，是人工选择和自然选择共同作用的产物。在动物饲养业中，品种作为基本单位，已成为人们重要的生产资料与生活资料。品种应具备以下条件：

1. 具有相同的来源　同一品种宠物绝非一群毫无关系的动物，而应具有相同的血统来源，在遗传特性方面非常相似。如波斯猫有 9 个颜色系列，但它们均来自同一种类型的猫。

2. 具有相似的性状　由于血统来源、培育条件和选育目标相同，就使得同一品种的宠物在体型外貌、生理机能和经济性状上都很相似，构成了该品种的特征，据此很容易与其他品种相区别。

3. 具有良好的适应性和一定的经济价值　一个品种是在一定的自然条件和社会条件下经过若干世代的选择培育而成的，因此宠物品种对当地自然条件具有良好的适应能力，并有较高的经济价值和观赏价值。

4. 具有稳定的遗传性和较高的种用价值　品种必须具备稳定的遗传性，这样才能将其优良的性状、典型的品种特征遗传给后代，使得品种得以保存和延续。也只有这样，才能有效地杂交改良其他品种。

5. 具有一定的结构　一个品种应由若干各具特点的类群构成，而不是一些宠物简单地汇集而成。品种内的遗传变异有相当的比例被系统化，表现为类群间的差异，这样才能使一个品种在纯繁情况下得到持续的改良提高。品种内的类群，由于形成原因的不同，可区分为地方类型、育种场类型、品系和品族。

6. 具有足够的数量　足够数量的个体才能保证品种具有稳定的遗传基础和较强的适应性，以利于品种的发展提高，才能进行合理的选种选配而不致造成近交。如果其他条件都符合，仅在数量上不符合要求，则只能称为品群。

二、猫品种的分类、命名及国内外主要猫品种

对宠物品种分类的目的是为了掌握品种的特征特性，便于育种工作中正确的选择和

利用品种。

（一）猫品种的分类方法

猫在动物学分类上属于哺乳纲，食肉目，猫科。现存的猫科动物成员被分为 3 个亚科：猫亚科、豹亚科和猎豹亚科。猫亚科属小型猫科动物，共有 30 种，如亚洲金猫、云猫、豹猫、欧亚大山猫、西班牙大山猫、沙漠猫、非洲野猫、狞猫、兔狲、丛林猫、利比亚山猫等；豹亚科属大型猫科动物，共有 5 种，如狮子、美洲豹、虎、美洲狮；猎豹亚科也属大型猫科动物。猫科动物虽然在形态结构和生理习性等方面有许多相似之处，但体型大小差异较大。

养猫始于中东，至今已有 9 000 年的历史。虽然人类驯养猫的时间很长，但对猫品种的改良工作做得较少，猫的繁育及进化在很大程度上未受控制，猫的品种远没有其他畜禽类的多。目前，分布在世界各地的猫与其祖先相比，在体重及体长方面几乎没有什么变化。据报道，现今世界上猫的品种有百余种，但常见的品种只有 30～40 种。到目前为止，随着猫优良品种的增加，各地对猫品种的分类也有了相应的标准，如美国的爱猫者协会（The Cat Fanciers Association, Inc. 简称 CFA），它是世界上最大的爱猫组织，创立于 20 世纪初，从 1906 年开始举办猫展，其规章、条款十分严谨且繁复，但是却让爱猫人趋之若鹜，成为世界上最大的纯血统猫组织，所举办的猫展最能吸引爱猫人士参与，且最具公信力。该协会举办的宠物猫展严格按照品种的特征进行分组，并且对参展予以评分，评分的标准就是品种的标准。所以，世界各地基本上都以该组织确定的品种为依据。但到目前为止，我国对猫品种进行鉴定和命名的工作尚未开展，即使有品种的初步分类，也缺乏科学根据。目前，猫品种的分类方法有以下几种：

1. 根据猫的生存环境分类

（1）野猫。是家猫的祖先，它们生活在山林、沙漠等野外环境中。

（2）家猫。是由野猫经过人类长期驯化饲养的猫，但家猫不同于其他动物，它不是很过分地依赖于人类，仍然保留着独立生存的本能，一旦脱离人的饲养，很快就会野化。

2. 根据猫的品种培育程度分类

（1）纯种猫。是指人们按着某种目的精心培育而成的猫，一般要经过数年才能培育成功，至少经过 4 代以上后其遗传特性才能稳定。这种猫的遗传特性稳定，后代与其父母的各种特征非常相近，很少有突出的差异。

（2）杂种猫。是未经人为控制，任其自然繁衍的猫。其后代的遗传特性很不稳定，就是在同一窝猫中，也可能有几种不同的毛色。但是杂种猫受地理等因素的制约，在一定范围内，经过数年，也可能形成具有一定特性的品种。

3. 根据被毛的长短分类　世界上短毛猫品种较多，但是长毛猫很受人们欢迎。

4. 根据毛色分类

（1）单一色猫。如黑色波斯猫、巧克力色哈瓦那猫、白色日本猫和黑色英国猫。

（2）渲染毛色猫。此类品种有绒鼠色、阴影色和朦胧色。

（3）虎斑色猫。美国短毛猫额头的 M 字形标记为虎斑猫的典型特征，还有阿比西尼亚猫、埃及猫。

（4）部分毛色猫。波斯猫、龟甲波斯猫、日本短尾猫、黑白色外围短毛猫、黑色底色套乳白色猫，还有巧克力蓝紫丁香色猫和肉桂色猫均属此类。

（5）斑毛色猫。有海豹色斑巴曼猫、蓝色斑巴厘猫、海豹色斑暹罗猫，以暹罗猫最佳。

5. 根据猫的身体类型分类　根据猫体型的大小和形状，分为短壮型、半短壮型、半外国型、外国型、东方型和长重型（表9-1）。

表9-1　根据猫的身体类型分类

类型	短壮型	半短壮型	半外国型	外国型	东方型	长重型
代表猫	波斯猫 喜马拉雅猫 海曼岛猫	美国短毛猫 英国短毛猫 克拉特猫	埃及猫 斯芬克斯猫 德文帝王猫	阿比西尼亚猫 索马利猫 俄国蓝猫	暹罗猫 东方短毛猫 巴厘猫	巴曼猫 拉格道尔猫 缅因库恩猫
特征	结实健壮；头圆，肩与腰颇宽；尾短，趾头呈圆形	四肢、身躯和尾巴都较长，圆形趾，头，小于短壮型	位居东方型和短壮型之间；头部呈圆楔形，身躯稍短	具有苗条的身躯，但不如东方型	头部呈楔形，灵敏；身躯和四肢细长、光滑；尾巴似鞭子，较长	身躯长、结实

6. 根据猫的功用分类　根据猫的作用不同，可分为观赏猫、捕鼠猫、经济用猫和实验猫。

7. 根据猫出生地或活动地域分类　根据猫品种的起源，或者品种的培育地，也可以将猫以地域分类。例如，挪威森林猫；英国的康沃尔帝王猫、德文帝王猫、海曼岛猫、苏格兰折耳猫、英国短毛猫；法国的沙特尔猫；埃及的埃及猫；埃塞俄比亚的阿比西尼亚猫；土耳其的土耳其安哥拉猫、土耳其凡城猫；阿富汗的波斯猫；缅甸的波曼猫；泰国的暹罗猫；新加坡的新加坡猫；日本的日本猫；加拿大的斯芬克斯猫；美国的短毛猫（北美）、巴厘猫、美国硬毛猫（纽约州）、缅因库恩猫（缅因州）。

8. 根据猫的受宠程度分类　新兴的猫科宠儿——野生猫；温驯的阿比西尼亚猫取代暹罗猫成为人类新宠；耳上有漂亮斑纹的美国短毛猫；拥有柔软的淡紫色绒毛和绿眼珠的俄国蓝猫；外表长满自然斑点的埃及猫；外表精悍、沉稳的鸳鸯猫，是美国培育出的最新品种；卷毛德文帝王猫，举动富有个性，深受欧美人士喜爱。

（二）猫品种的命名

猫品种的名称大多依据体态特征命名或是取自国名、地名。

1. 根据国名或地名命名　如埃及猫、泰国猫、缅甸猫、土耳其凡城猫、挪威森林猫、俄国蓝猫、巴厘豹猫、喜马拉雅猫、波斯猫、曼克斯岛猫等。

2. 根据体态特征命名　如短尾猫、塌耳猫、无毛猫、卷毛猫，等等。

我国人民常用毛色进行分类：如白猫、黑猫、狸花猫等。有的命名很有诗意，如"锦上添花"，是指全身为黑、黄、白、灰色，而在这些毛色中又分散其他毛色花片；"龙凤恋"，指除头面是一种清晰的毛色外，其他部位则全是如花纹缠绕的毛色。

（三）国内外主要的猫品种

1. 中国主要猫品种　猫在我国被驯化的确切历史还不太清楚，在早期的历史和出土文物中也没有找到明确的记载和考证。我国有历史记载的年代有3 000多年，在我国的《礼记》《吕氏春秋》等史书中有过关于猫的一些记载，并有"相猫经""猫苑"等古籍文献留传给后世。唐代有海州猫、射阳猫、简州猫等各种记载。我国猫的品种虽说不少，但详细的系统的资料很少，即便是有，也比较杂乱。我国的猫绝大部分都属于短毛品种，目前中国国内猫的品种主要有以下几种：

（1）云猫。云猫，又称石猫、石斑猫、草豹、小云豹、小云猫、豹皮，仅分布在我国南方地区。由于它身体上的毛发颜色和天上的云彩非常的相似，所以就有了现在的名字——云猫。因为它非常喜欢吃椰子树和棕榈树上的汁液，所以就出现了椰子猫、棕榈猫的别称。

云猫毛棕黄色或黑灰色，头部呈黑色，眼睛的下方和两侧有白色的斑点，身体的两边有黑色的花斑纹，背部有黑色的纵弹头（多）图案，四肢和尾巴黑褐色。云猫属于观赏猫，外表美丽，具有较高的观赏价值。该猫种一般每年春秋季各繁殖一窝，每胎产2～4只仔猫。

（2）山东狮子猫。山东狮子猫主要分布在山东省。标准的山东狮子猫被毛白色，有时也会出现黑白相互掺杂的品种。该品种被毛偏长，颈部和背部上有4～5cm长的毛，站姿似狮子；尾巴粗大，体质强健，抗病力和抗寒力强；善于捕鼠；产仔少，一年只生1胎，每胎仅产2～3只仔猫。

在山东狮子猫当中，最珍贵的位于山东省临清市，那里的山东狮子猫是长毛的，它的全身不但被非常厚的长毛（雪白色的）所覆盖，并且还有一个很特别的地方，就是它的眼睛是阴阳眼，其中一只为黄色，另一只为蓝色。

（3）狸花猫。主要分布在陕西、河南一带。中国是狸花猫的原产地，在千百年中经过许多品种的自然淘汰而保留下来的品种。狸花猫头部非常圆，两耳间距很短，有非常宽广的耳根，很深的耳郭，位于尖端的部分比较圆滑。面颊宽大，头部有一种十分圆滑的感觉。双眼呈圆杏核形，有黄色、金色、绿色等不同的颜色，眼睛在一般情况下会有眼线出现。鼻子为砖红色，长有鼻线。狸花猫身材适中，胸腔宽而深厚。四肢同尾巴一样，长度适中，肌肉发达，强健有力。狸花猫的背毛由长毛和短毛组成，有非常漂亮的斑纹，因为这种斑纹非常像野生的狸，平时人们都称为狸花斑纹；额头处有M形斑纹，两眼外眼角和两腮有线条沿耳下延伸到肩部。颈部、四肢及尾巴上有环形斑纹，躯体部是鱼骨刺斑纹（完整的）或豹点斑纹，斑纹非常清楚。一般背毛的颜色为棕色或深棕色，偶有白色出现。脚垫和掌上的被毛是黑色的。

该品种具有很高的生育能力；但不耐寒、抵抗力差、易生病。

（4）四川简州猫。身体强健、动作灵敏、善于捕鼠，在农村中数量非常多。由于这种猫的毛色遗传非常复杂，所以其品种特征较难描述清楚。

（5）荒漠猫。别名草猞猁、草猫、荒猫、漠猫。体型较家猫大，四肢略长，耳端生有一撮短毛。体长61～68cm，尾长29.5～31cm，体重4～8kg。体背部棕灰色或沙黄色，毛长而密，绒毛丰厚。尾巴背面颜色和体色相同，但在长尾巴的末端还会环绕些暗棕色的条纹，至尾尖则变成黑色。

2. 外国主要猫品种

（1）波斯猫。长毛种，人工培育，产于阿富汗。头大而圆，有厚度；头盖宽，两颊鼓起；鼻短而宽，鼻梁塌；口吻短而宽，下颌发达，厚而有力，齿为剪式或钳式咬合。从侧面看头部、额、鼻和口吻端位于一条垂直线上；从正面看则整个脸形为圆形。耳小以耳端浑圆为佳，耳微前倾，耳根处敞开，两耳间距宽。耳基部位置低于头盖。眼睛大而圆，稍突出，两眼间距适中，匀称。眼色因毛色而定，一般认为波斯猫眼睛的颜色有蓝色、绿色、紫铜色、金色、琥珀色、怪色、两只眼睛具有不同颜色（即鸳鸯眼）。鸳鸯眼波斯猫的毛色常为白色；绿色、琥珀色及金色眼睛的猫，一般属于银灰毛色系。各种眼睛的颜色越纯、越深越好，并且以两只眼睛的颜色均匀为佳。体型为典型短胖形，全身骨骼粗壮，前后肢同高，腿直立，肩与臀同高；趾圆大而有力，爪大，足趾间紧凑，前爪足趾为 5 趾，后爪足趾为 4 趾。尾短而圆，与身体长度成比例，向背部倾斜，但不抵背部。走路时尾不拖地，尾毛蓬松。被毛长而柔软蓬松，富有光泽，覆盖包括肩部在内的身体各处；颈背毛像绸缎般泻挂至前腿间褶皱处；耳朵上饰毛长而卷曲；趾间饰毛较长，尾毛蓬松浓密。

波斯猫的被毛长而密，质地如棉，轻如丝；毛色艳丽，光彩华贵，变化多样。波斯猫的毛色大致分五大色系，近 88 种毛色。其中，单色系有白色、黑色、蓝色、红色、奶油色等；渐变色系有灰鼠色、渐变银色、贝雕色等；烟色系有毛根白色，上层毛黑色、蓝色、红色等；斑点色系有银色、棕色、红色、奶油色、蓝色等；混合色系包括玳瑁色、三色、蓝奶油色，以及黑白、蓝白、红白等双色。毛色中红色和玳瑁色较为罕见，故此毛色的波斯猫也十分珍贵。

（2）暹罗猫。长毛种，自然形成，产于泰国。体型瘦长（东方型）。头细长呈楔形。头盖平坦，从侧面看，头顶部至鼻尖成直线。脸形尖而呈 V 形，口吻尖突呈锐角，从吻端至耳尖呈 V 形。鼻梁高而直，从鼻端到耳尖恰为等边三角形。两颊瘦削，齿为剪式咬合。耳朵大，基部宽，耳端尖、直立。眼睛大小适中，杏仁形，眼色为深蓝色或强绿色。从内眼角至眼梢的延长线，与耳尖构成 V 形。眼微突出。身材中等，细长，呈典型的东方型苗条体型。骨骼纤细，肌肉结实。颈长、体长、尾细长。从肩至臀部呈圆筒状。腹部紧凑但不上收，臀部肌肉结实，与肩同宽。四肢细长，与体型协调。前肢比后肢短。趾以小而呈椭圆形为上品。尾长而细，尾端尖略卷曲。长度与后肢相等。

被毛极短、细，紧贴体表。毛光滑而有光泽。体毛为均匀的单色，但允许海豹色斑点。蓝色斑点上有少量阴影色。体毛色应与斑点色对比（反差）明显。所有特征部位（鼻端、四肢、耳朵、尾巴）斑点均为同一色，斑点中应无交叉混杂毛色和白色。特征部位的斑点颜色应为下述 4 种，海豹色斑点，身体为米色，脸部、耳朵、腿半段、脚、尾均为海豹色；蓝色斑点，身体为米色，脸部、耳朵、腿、脚、尾为蓝灰色；巧克力色斑点，身体为象牙色，脸部、耳朵、腿、脚、尾为巧克力色；紫丁香色斑点（淡紫色斑点），身体为白色和粉灰色，脸部、耳朵、腿、脚、尾为淡紫色。

（3）喜马拉雅猫。长毛种，人工培育，产于英国，体型为典型的粗壮型。喜马拉雅猫在英国又称彩色斑点长毛猫，因其毛色与生长在喜马拉雅地区的喜马拉雅兔的毛色相似而得名。头盖宽大而圆；前额圆，下颚圆，整个头部与短而粗的颈部配合协调。鼻短扁而下塌，两颊及颚丰腴，浑圆。耳小，耳端浑圆，耳基部不宽，两耳间距宽，低于头盖；眼睛大而圆，稍突出，两眼间距略宽，眼睛蓝色。典型的短胖形体型，胸深宽，肩同腰宽，肋扩张为浑圆，腹不上收，背短而背线平。四肢粗短而直，骨骼强壮、有力。趾大而圆，有力。尾粗短，但与身体比例协调，行走时能降至背线下，但不拖地。被毛长而密生，但不紧贴于体表而立起。毛柔软如丝、富有光泽。被毛由上、下毛构成，下毛绒细、较长，覆盖全身。颈背饰毛丰富，形成褶边。耳、趾间饰毛长，尾毛丰富。

体毛毛色有海豹毛色、蓝色、巧克力色、紫丁香色、白色、红色等。斑点为海豹色斑点、蓝色斑点、巧克力色斑点、紫丁香色斑点，奶油色斑点、混合色斑点、山猫色斑点等。

体毛毛色与斑点部都应有明显的对比反差。脸面、耳、四肢、趾、尾都有深色斑点，并以同一色者为佳。仔猫刚生出时全身被有短的白毛，爪垫、鼻、耳皆为粉红色，几天后，色点开始出现，首先是在耳朵处，然后是在鼻子、四肢和尾巴处。

（4）苏格兰塌耳猫。又称小弯耳猫，短毛类，也有长毛类，突然变异形成，原产于英国，体型为中等粗短胖型。苏格兰塌耳猫身材粗壮，两耳下垂，头呈方形，鼻小而扁，四肢粗壮，尾较短，尾尖钝圆，毛色有金黄色、黑色和浅蓝色等。仔猫出生时，两耳是直立的，这时欲鉴别其是不是塌耳猫，只能看其尾巴，短而粗的是塌耳猫。4 周龄以后，耳朵才向前垂下，随着年龄的增长，耳朵越垂越低。

苏格兰塌耳猫如尾巴短粗、尾毛缠结、小头直耳，则不合乎其品种标准。

（5）日本短尾猫。中短毛类，人工培育，原产于日本，体型为中等瘦短型。日本短尾猫属中型猫，身体较短，额宽，鼻宽而平直，眼睛呈金黄色和蓝色，眼大而圆，两外眼角稍向上挑，有点吊眼梢。

被毛柔软顺滑，毛色漂亮，白色为其基本色型，其上嵌有黑色或红色斑点，如果这 3 种颜色集于一身，则是比较名贵的，也有的深色毛似老虎皮斑纹状排列。尾巴很像兔子尾巴，以 5cm 长为理想，若为伸展卷曲的尾巴，则以 10～20cm 为宜。尾尖运动灵活，尾毛比身体其他部位的毛都要密。

该猫如头圆而短，肌肉和骨骼粗重，长尾不弯曲，则不合乎其品种标准。

（6）东方短毛猫。超级短毛种，人工培育，原产于英国。体型为标准的匀称型、苗条型。白色、黑色、米色带着褐色的斑纹是其代表色，也可以有其他颜色。全身被毛细短，质地柔软，手感光滑。绿色是眼睛的标准色。头部呈 V 形。耳朵大但不灵活。身体细长，姿态优美。尾部的尖端较细，后肢比前肢长，爪呈小卵圆形。

（7）美国卷毛猫。长毛种、短毛种，突变形成，产于美国。体型中等，具有流线型体态。

美国卷毛猫的祖先是 1981 年在南加利福尼亚发现的一种雌性黑猫。卷耳是美国卷毛猫的明显特点，这种卷耳的表现在遗传性上占出生猫的 50%。但刚刚出生的仔猫耳朵是直竖的，4～7d 后才开始变为卷曲。

蓝色是它的标准色。长毛种的毛属于中长型，体毛柔和贴身，无下层毛，尾毛略长且多；短毛种则不然，眼睛稍斜，颜色依被毛的毛种不同而不同，激动时眼睛为蓝色。

美国卷毛猫的卷毛部位并不是指它的体毛，而是指其耳朵毛。耳朵尖端向外张，饰毛长，这是它的魅力之一。两耳间距大，各在头的侧边，并且两耳朵反折着，前端略呈圆状。头圆且大，轮廓朦胧，方位平整。

三、宠物犬品种的分类及国内外主要宠物犬品种

目前，宠物犬品种的多样化主要是人类对宠物犬进行品系选育的结果。

（一）宠物犬品种的分类方法

犬的动物学分类为脊椎动物门，哺乳纲，食肉目，犬科。犬科动物中，犬的远亲或近亲动物的共同特征为头狭长、下颚长、多齿，后段牙齿功能演化成可切割也可咀嚼磨碎，以适应采食肉类或植物性食物。犬科牙齿的构造，使此类动物广布全世界，从沙漠到山区森林、从冰封极地到热带雨林。真犬出现在 500 万～700 万年前。约 100 万年前一种埃特鲁斯坎狼

已出现在欧亚大陆。埃特鲁斯坎狼很可能就是今天的狼与犬的祖先。但最新的看法为灰狼就是犬的直接祖先。灰狼出现在北美、欧洲、亚洲及中东，约有 35 个亚种，体重 12～80kg，体毛有白色、灰色、红棕与黑色。犬在 10 000～35 000 年前即与人类共同生活，并被驯化，早期育种的目的在于使犬与狼要有明显区别。早期育种要求具有狩猎与防卫功能或能提供肉与皮毛。

目前，世界上具有纯正血统的名犬大约有 400 种，其中有 100 种以上的名犬为人们所喜爱。我国也曾培育出 10 多种名犬，如北京犬、巴哥犬（斧头犬）、松狮犬、西藏猞犬、拉萨犬、西施犬（中国狮子犬）、中国冠毛犬、西藏猎犬、沙皮犬、西藏獒犬。但因为没有专门的机构进行有力的指导培养繁育工作，使我国原有的很多优良品种犬濒临绝种危险。

由于犬的品种较多，形态、血统十分复杂，而在用途上也可兼用，所以目前尚无一种完善的分类方法。所以，对犬的准确分类有一定的难度，从不同的标准出发，犬通常有以下几种分类：

1. 根据犬的用途分类　犬的用途很广，可以用来狩猎，可以用来玩赏，可以用来从事特殊工作或服役。按照用途和繁殖目的可以分为：狩猎犬、枪猎犬、㹴类、工作犬、玩赏犬和家庭犬。

（1）狩猎犬（又称"提"）。狩猎犬主要用来帮助人类狩猎、寻找猎物、阻止猎物逃跑，或按主人的指示追捕猎物，或取回被打中的猎物等。也可以用来看家护院，保护安全等。除像沙乐基犬、威玛拉娜犬等用来一般狩猎外，很多狩猎犬有专门的用途，如猎狐犬、猎熊犬、猎兔犬、猎狼犬等。

（2）枪猎犬（又名"黄"）。培养用来猎麻雀。善于帮主人寻找猎物，也会伺机而动帮主人取回猎物。这类犬有可卡犬、日本狮子犬、英国史宾格犬等。

（3）㹴。㹴多是嘴尖灵巧，嗅觉极其灵敏，善于钻穴掘洞，捕捉狐及獾等小动物，尤其善于捕鼠。在犬类中是有一些特殊作用的个体。㹴中有相当一部分属于观赏犬，如西藏狮子犬、威尔斯㹴、丝毛㹴等。

（4）工作犬。工作犬大多体型较大，经过训练后可以帮助主人完成一些工作。它们忠于职守、机警聪明、有优秀的判断力和自制力，是对人类贡献最大的一类犬。也常用来在军中服役。工作犬分为牧羊犬、斗牛犬、导盲犬、救护犬、赛跑犬、拉车犬、警犬。

（5）玩赏犬。专供人欣赏嬉戏的犬种，外形漂亮，惹人宠爱。玩赏犬有吉娃娃犬、蝴蝶犬、马耳他犬、博美犬等。

（6）家庭犬。专门用来看家护主的犬。性情温驯，容易亲近。这类犬有罗德西亚脊背犬、秋田犬、大丹犬、斗牛犬、狮子犬等。

2. 根据宠物犬体型分类　世界犬类按体型可以分为：超小型犬、小型犬、中型犬、大型犬、超大型犬。

（1）超小型犬。是体型最小的一种犬。是指从生长到成年时体重不超过 4kg，体高不足 25cm 的犬类。体型小巧玲珑，是玩赏犬中的珍品。也称"袖犬"或"口袋犬"等。超小型犬有吉娃娃犬、拉萨狮子犬、法国玩具贵宾犬、博美犬、腊肠犬、马耳他犬等。

（2）小型犬。是指成年时体重不超过 10kg，身高在 40cm 以下的犬类。小型犬体型适中，犬种有北京狮子犬、西施犬、冠毛犬、西藏狮子犬、小曼彻斯特犬、猎狐犬、威尔斯柯基犬、可卡犬等。

（3）中型犬。是指犬成年时体重在 11～30kg，身高在 41～60cm 的犬种。有像羊般卷曲的体毛，活动范围较广，勇猛善斗，通常作狩猎之用。这类犬分布广，数量最多，对人类的作用也最大。中型犬有沙皮犬、松狮犬、昆明犬、潮汕犬、斗牛犬、甲斐犬、伯瑞犬、拳狮犬、威玛拉娜犬、猎血犬、波音达犬等。

（4）大型犬。是指犬成年时体重在 30～40kg，身高在 60～70cm 的犬。大型犬体格魁梧，不易驯服，常被用作军犬和警犬。大型犬的饲养要求非常高，由于选种严格，淘汰率高，价格不菲，一般都在专用的部门中养殖。大型犬有古典英国牧羊犬、德国罗威纳犬、杜伯文警犬、巨型史猭查猈、阿拉斯加雪橇犬、大麦町犬等。

（5）超大型犬。是指成年体重在 41kg 以上，身高在 71cm 以上的犬种。是最大的一种犬，数量较小。多用来工作或在军中服役。有大丹犬、大白熊犬、圣伯纳犬、纽芬兰犬等。

（二）国内外主要的宠物犬品种

目前，国内外通常按照宠物犬的用途对其进行分类。

1. 单猎犬

（1）指示猎犬。头部额痕显著，吻部轻微凹陷，碟形脸。眼睛圆，白色犬则为淡褐色，黑色犬呈棕色。耳朵垂于头侧，并紧贴头部。被毛短而光滑。颜色各有不同，常见的有柠檬色、橘黄色、红褐色及黑色，通常掺有白色。尾巴伸直呈水平状，显示"指示"时整装待发的姿态。

（2）金毛寻回猎犬。头部分开甚宽，口吻强健，黑鼻。眼睛分开甚宽，黑眼球，黑眼眶。耳朵位于头上部，不太大。胸厚实，体型匀称。毛皮或平毛或有波浪，含有大片丛毛，呈金黄色或奶油色，无白斑。尾巴常呈水平状，不竖直，也不卷起。雌犬身高 51～56cm，雄犬 56～61cm。

（3）拉布拉多猎犬。头部颅宽，颔头健壮，额痕显著。眼睛中等大小，呈棕色或淡褐色。聪明、友好。耳朵位置靠后、下垂。被毛的重要特征：短、硬、厚、能防水、无波浪、无丛毛，毛色为单色，多为黑色和黄色，但胸部有白斑。尾巴呈"水獭尾"是此种犬的特点。根部肥大，逐渐变细形成尖端，其上覆有短而厚的软毛。身体强壮、胸厚。

（4）科克猎犬。头部轮廓鲜明，中部额痕，吻部方形，鼻宽。眼睛棕黑色，不苍白，饱满不突出。耳朵与眼睛在同一水平线上。被毛丝状平直，有丛毛，颜色多样。尾巴保持水平，需剪尾。身体强壮结实，背线逐渐向尾部倾斜。

2. 群猎犬

（1）阿富汗猎犬。头部长但不过宽。黑鼻，白色犬则为红褐色鼻子。眼睛黑色或金黄色，近乎三角形，带有珠宝光泽的样子。耳朵位置低，靠后，贴近头，有丝毛覆盖。被毛除了沿背部和前颜面处外，其他部位毛长且细。尾巴位置低，但运动时会升高，丛毛稀少。身体背部中等长度，水平，强壮有力，胸相当厚。

（2）巴塞特猎犬。头颅半圆形，头顶枕部突出，额头有皱纹，下垂唇。眼睛根据其皮毛颜色不同呈淡褐色或棕色，红色下眼睑微微可见。耳朵位置在眼睛以下，长耳、柔韧光滑，向内卷曲。被毛光滑，短而密，颜色多变。尾巴长，强壮，成锥形，挺直，但运动时有弯曲。身体背宽而长，水平，胸厚。

（3）小猎兔犬。头部被明显的额痕中分，口吻方形，适中的上垂唇，阔鼻。眼睛暗棕色或淡棕色，既不突出也不深陷。耳朵长而低垂。被毛短、厚实、防水。尾巴强健而高竖，愉快地抬起，但不向背部卷曲。

（4）俄罗斯猎狼犬。头部长而瘦削，几乎没有额痕，明显的窄楔形。黑鼻。眼睛暗黑色，呈杏仁状，带黑边，警觉性高。耳朵小，精巧可动。被毛长，常呈卷曲状，但也有波纹状或直毛的情况。在头、耳和前腿部，毛短而光滑。毛色繁多，但白色常常比较突出。身体背部轻微地弯曲，胸厚而有些窄。雌犬体高 68cm 或更高，雄犬 73cm 或更高。

3. 工作犬

（1）拳师犬。头颅微曲，前额的额痕和中央皱纹很深，上颌应占整个头长度的 1/3，鼻子上翻，下颌突出。眼睛深棕色，有黑色眼眶。耳朵薄而阔，两耳在头上靠得很近。被毛短，光滑而富有光泽，呈浅黄褐色或有深浅不一的斑纹，可以有白色斑块，但不是全身都有。口吻应相对脸的其余部分形成一个黑色"面具"。胸厚，体型轮廓方正，背短、倾斜而且强壮。

（2）边境柯利牧羊犬。头颅较宽，口吻短，逐渐变细，直至黑鼻。额痕明显。眼睛椭圆形，眼距宽，深褐色，但有的为掺有黑斑的蓝灰色（混合色）。耳朵中等大小，两耳间隔远，半竖立并能活动。毛皮有两种，为长度适中的毛皮和光滑毛皮。前一种有鬓毛、毛茸茸的尾巴和腿臀毛。毛色不拘，白色并不占主导地位。尾巴向下弯曲，至少到跗关节，从不披在背上。胸宽厚，背强壮宽阔，下为略呈拱形且极富力量的腰部。身高约 53cm。

（3）德国牧羊犬。头部很宽，匀称地逐渐变细直至尖吻部，黑鼻。眼睛呈杏仁形，暗色，聪敏。耳朵高耸，底宽，耳尖竖立并有尖头。被毛光滑且为双重，下层绒毛厚而外毛平坦，此两种毛均紧贴身体。毛色并不重要，但全白的犬不受欢迎。尾巴至少下垂到跗关节，略弯曲。身体肌肉发达，胸厚，背部宽而直。雌犬体高 56~61cm，雄犬体高 61~66cm。

（4）獒犬。头部前额光滑，两眼之间开始向上有一个中央凹陷。当警觉时，额头起皱纹。黑鼻，吻部短而宽。眼睛小，眼距较宽。耳朵高耸，小而薄，平坦。被毛短而平，毛色为杏黄色、银色、浅黄褐色或夹暗褐斑纹的棕色。耳、吻部和眼周围均为黑色。尾巴高高翘起，向下逐渐变细直至跗关节，激动时略弯曲。胸宽而厚，背和腰宽阔且肌肉结实，体型高大。

（5）大白熊犬。头雄壮，但不重，从顶上俯视呈 V 形，黑鼻。眼睛呈杏仁形，深黄褐色，眼皮四周为黑色。耳朵小，与圆形耳尖构成三角形，通常平贴于头上。颈部、肩部以及大腿的背面被毛很茂密，被毛为白色，有灰、狼灰或浅黄斑点。嘴唇及嘴的上部为黑色，或有黑斑。尾巴可达跗关节以下，覆盖着密密的毛。身体宽阔，胸部厚而宽，背部强健。

（6）圣伯纳犬。头部厚实，颅骨宽阔略带圆形，脑门额痕突出，吻部短、黑鼻。眼睛小，深棕色，上下眼睑下垂。耳朵平贴，丛毛不多。粗毛品种的毛厚而平直，大腿部位有丛毛；而被毛光滑品种的毛短而密，有轻微丝毛。毛色为橘黄色、黄褐棕色或红棕色间有白斑纹。粗毛品种的尾长，长满丛毛。尾巴卷起时，不会高过背部。胸宽厚，背部宽，突出于有力的腰部上方。体型较大，比例匀称。

（7）西伯利亚雪橇犬。头部轮廓清晰，额痕明显，吻部渐尖。眼睛呈杏仁状，斜置，蓝色或棕色。耳朵位置高，两耳靠得很近。耳朵呈三角形，竖立状，内外表面均长着浓毛。被毛浓密，但不太长，遮不住身体的轮廓。颜色、斑纹多样。尾巴覆盖着浓密的毛，警觉时轻柔地卷起背上方。背挺直，突出于腰肌，胸厚，侧肋平直。雌犬体高 51~56cm，雄犬 53~60cm。

4. 㹴犬

(1) 艾尔谷㹴。头部颅骨窄长，面部丰满，不胖，黑鼻。眼睛小而机灵，呈深棕色。耳朵小，呈 V 形，向前卷折。被毛细而硬，平直，虽可能会有点微弯或似波浪形，但不卷曲，身体颜色呈深灰白色或黑色，而头部、耳朵和腿部颜色则为淡黄色。尾巴相当长，高高竖起，但不会弯到背的上方。身体短而强健，背部平直，胸厚，胸腔有弹性。雌犬体高56～58.5cm，雄犬 58.5～61cm。

(2) 澳大利亚㹴。头部显得长，吻部强有力，额痕不明显，平坦的颅骨上有丝状顶髻。眼睛小而机灵，颜色深棕。耳朵小而尖，竖起。外层毛长且粗，其余则为短毛，颜色有全红及蓝中夹有褐斑。尾巴较短，往上竖起。身体长，形貌强健，胸部厚度适中。体高 25.5cm。

(3) 边境㹴。头部似水獭，吻部短，黑鼻。眼睛深棕色，敏锐。耳朵前倾，小，呈 V 形。皮毛坚韧而稠密，色彩可有淡黄色、灰色以及蓝中带褐色。尾巴很短，高高竖起，给人有喜气洋洋的感觉。身体相当长，瘦小，宽度适中。雌犬体高 30cm，雄犬体高 33cm。

(4) 牛头㹴。头部卵形，从颅骨的顶部到下弯的黑鼻部，其轮廓清晰。眼睛呈三角形，狭小，斜竖，呈黑色或深棕色。耳朵小，两耳靠拢，竖起时耳朵向上。被毛短而硬，平直，白色，但头部有的有色斑，有的没有，或是其他色彩占主导地位。尾巴翘起，但举得不高，短而细。胸宽且厚，胸腔近乎圆形，背短但强壮。身材标准未加规定，但以形貌结实为佳。小型种，体高小于 35.5cm。

5. 特种犬

(1) 波士顿㹴。颅骨、颌和吻部为方形，吻部厚而短，黑鼻。眼睛大而圆，两眼分得很开，颜色呈深棕色。耳朵薄，竖起，位于颅骨的转角处。毛短而光滑，颜色以灰色（或棕色）间有白斑纹的为佳，但白色或黑色的也可以。尾巴位置低、短，形状或是笔直或是盘绕着。身体结实、肌肉发达，背和腰部短，胸厚而宽。身材按体重分为三级：轻量级，不超过 6.8kg；中量级为 6.8～9.1kg；重量级 9.1～11.4kg。

(2) 斗牛犬。头部很大，肌肉发达，似被"压入"状，皮肤有皱纹，上唇垂挂在下颌两边，下颌的前面突出且往上翻转。两眼分得很开，位置较低，圆形，深棕色。耳朵小，质薄向上弯折，两耳高耸又分得很开。毛短、柔软，颜色有浅黄色和棕色，有的有黑色脸谱或黑色吻部，有的则没有。尾巴位置低，根部粗大，末端急剧变尖。身体厚实，胸宽厚，背短呈拱形突出于窄小腰部和后腿。前腿呈弓形，与后腿相比较显得较短。

(3) 松狮犬。头部颅骨宽而平直，吻部呈方形，黑鼻，而淡色品种其鼻色为灰白色。眼睛小，暗黑色，杏仁形的则较优，毛色淡的眼睛则为灰白色。耳朵小而厚，朝前，竖立在眼睛上部，这是典型松狮犬的"怒容"特征。被毛很厚，为双层。玩赏犬的毛色必须单一，有奶油色、浅黄色、蓝灰色、红色或黑色均可。尾巴往上卷起于背上，这是典型的狐狸犬的特征。身体结实，比例匀称，胸部宽而厚。体高 46～51cm。

(4) 贵宾犬。头部长而窄，吻部优雅，下巴坚硬。眼睛呈深棕色，杏仁形。被毛浓密，质地坚硬，严格修剪，无缠结，短毛应当卷拢靠近身体，各种颜色均可，但要全身统一。尾巴高高耸立，与身体成一角度。背短，突出于宽阔、强健的腰上，胸厚。体高 28～38cm。

(5) 西施犬。头部宽，在其头顶和吻部有浓密的长毛。吻部短方，但无皱纹，黑鼻。眼睛深棕色，圆形，大眼。耳朵很大，下垂，被厚长毛遮盖。毛长而厚，各种颜色均可，不过前额和尾尖上有白皱纹的犬特别受青睐。尾巴高耸，向背部卷曲。背长且平直，胸宽。体高 26.5cm。

6. 玩赏犬

（1）卷毛比熊犬。头部高仰，鼻呈圆钮形，黑色，有光泽，位于短吻部上方。在圆形发式下面是平坦的颅骨。眼睛大小适中，圆形或近似圆形，呈深棕色，眼睛边缘呈黑色。耳朵长而优雅，绒毛丰富紧靠颅骨垂下。被毛精美，丝状、卷曲、白色。长度介于 7～10cm。尾巴位置低下，松松地卷于背上。胸厚，腰肌发达，微拱。最高可达 30cm。

（2）骑士查理王猎犬。颅骨平顶形，吻部向黑鼻渐尖细。眼睛分得很开，大而圆，暗棕色。耳朵高耸，在脸侧垂下，长有丛毛。毛长，有光泽，丛毛状，稍有波浪起伏，认可的颜色是：红（红宝石）色、蓝色、黑色和棕黄色，及白中有栗色斑点（称为布莱尼姆斑点）。尾巴呈柔和曲线形下垂。背平，肋部明显弯曲，胸部宽大。体重为 5.4～8.4kg。

（3）吉娃娃犬。头部圆，可能会有个别缺陷。额痕清晰，吻部短而尖。眼睛既圆又大，分得很开。耳朵很大，与颅骨顶成一相当大的钝角。毛柔软，平直或有一点波状，有些部位毛发较为浓密，形成翎领、羽尾和丛毛。尾巴上翘，或弯到背上方，而且很长。背脊线平直，胸厚。体重达 2.7kg。根据毛长短的不同，有长毛和短毛之分。

（4）蝴蝶犬。吻部小巧，黑鼻，颅骨略圆形。眼睛位置较低，圆形，呈深棕色。耳朵大，位置靠后，两耳分得很开，竖立（蝴蝶犬）或垂下（飞蛾犬），耳缘饰毛浓密。毛呈丝状，很长，胸部有节边，颜色呈白色，间有多种深色斑点，呈焰火放射状。尾巴长而高耸，翘于背上。背长且平，突出于结实的腰上。体高为 20～28cm。

（5）北京犬。头部大而宽，吻部平坦，宽阔，有皱纹，黑鼻，鼻孔大。两眼分得很开，眼睛大，圆形，突出，深棕色。耳朵呈心脏形，靠近颅骨，下垂，浓密的长耳毛比耳朵还要长。毛长而茂密，有丛毛，外层毛较粗，有多种颜色和斑纹。尾巴耸立，向背一侧微微卷曲，有浓密的丛毛。体短但很结实。胸厚，背平。雌犬体重最高可达 5.5kg，雄犬可达 5kg。

（6）博美犬。头部似狐狸，颅骨平坦，宽阔，吻部小巧。眼睛呈椭圆形，大小适中，深棕色。耳朵很小，竖立。毛皮质地坚韧，毛直而长，形成毛球，其头部和腿好似从毛中伸出，头部和腿上的毛较短，较柔软。毛色有橘黄色、白色、棕色和黑色。尾巴置于背的上方，平而直，覆盖着浓密的毛。身体结实，背短，胸腔滚圆。四肢短小，移动快速，步态轻快。雌犬体重 2～2.5kg，雄犬 1.8～2kg。

单元二　宠物的外貌评定

一、体质外貌鉴定

体质外貌是人们进行宠物选种的直观依据。因为体质外貌是品种特征、生长发育的外在表现，又和人类的喜好程度有一定关系，所以体质外貌是选种不可忽视的依据之一。

（一）体质类型及特点

体质就是人们通常所说的身体素质，是宠物个体的外部形态、生理机能和经济特性的综合表现，主要指与一定生理机能和经济特性相适应的身体结构状况。也就是毛、皮肤、脂肪、肌肉、骨骼和内脏等各部分组织在整个有机体结构中的相应关系。我们可以根据宠物外观对这种相对关系做出定性估计。

在实践中，根据皮肤的厚薄和骨骼的粗细，把宠物（犬、猫）体质分为 5 种类型。

1. 细致紧凑型 这种类型的宠物外形清瘦、轮廓清晰，头清秀；皮薄有弹性，皮下结缔组织少，不易沉积脂肪，肌肉结实有力，骨骼细致而结实；足爪致密有光泽，反应灵活，动作迅速敏捷，新陈代谢旺盛。

2. 细致疏松型 这种类型的宠物体躯宽广短小，四肢比例小，全身丰满；结缔组织发达，皮下及肌肉内易沉积大量脂肪，肌肉肥嫩松软，骨细皮薄；反应迟钝，性情安静；代谢水平较低，早熟易肥。

3. 粗糙紧凑型 这类宠物体躯魁梧，头粗重，四肢粗大，中躯较短而且紧凑；皮厚毛粗，皮下结缔组织和脂肪不多，肌肉筋腱强而有力，骨骼较粗；建立了条件反射后不易消失；适应性和抗病力较强。

4. 粗糙疏松型 此类宠物皮厚毛粗，肌肉无力，易疲劳，骨骼粗大；反应迟钝；繁殖力和适应性差。

5. 结实型 此类宠物健壮、结实，体躯各部匀称，体质结实；皮紧而有弹性，厚薄适度，皮下脂肪不多，肌肉发达，骨骼结实而不粗；性情温驯，抗病力强，繁殖性能好。

（二）外貌鉴定

外貌即宠物的外部形态，它不仅反映宠物的外表，而且也反映宠物的体质和机能。

外貌鉴定往往是选种工作中的第 1 道程序，在进行鉴定时，人与宠物要保持一定距离，一般以 3 倍于宠物体长的距离为宜。从宠物的正面、侧面和后面，看其体型是否与选育方向相符，体质是否结实，整体发育是否协调，品种特征是否典型，肢爪是否健壮，有何重要失格以及一般精神表现；再令其走动，看其动作、步态以及有无跛行或其他疾患。获得一个概括认识以后，再走近个体，依据各类品种的评分标准，对各部分进行细致审查，最后根据印象进行打分，评出优劣。

外貌鉴定时，鉴定人要根据理想宠物的标准，在全面观察的基础上进行局部观察，把局部与整体结合起来，要注意膘情、妊娠及年龄等对外貌的影响。凡有窄胸、扁肋、凹背、尖尻、不正肢势、卧系，以及单睾、隐睾等严重缺陷的宠物，都不能留作种用。

二、个体表型值选择

（一）性能测定

性能测定是根据个体本身成绩的优劣来决定是否留种，所以也称成绩测验。性能测定以个体为单位，在同样评比条件下有最大的选择强度。对遗传力高、个体又能直接度量的性状最有效，如增重、体格大小、饲料消耗等遗传力高，能够活体测定的性状，根据本身生产性能直接选择的效果好。根据性能的记录（成绩）选择，有的性状要向上选择，即所谓的正向选择；有的性状要向下选择，为反向选择。对于雌性宠物而言，还必须注意繁殖性状的选择。

（二）系谱选择

宠物育种工作中一项重要的日常工作是认真做好各种记录，诸如繁殖配种记录、产仔记录、定时称重、体尺测量、外貌鉴定、饲料消耗等原始记录。这些原始记录还要记录到个体的卡片上。这些日常细致的工作是日后选种的重要依据。种用宠物卡片的重要内容之一是系谱。

1. 种用系谱的构成 种用宠物系谱具有纯种证明书的作用，它记载种用个体的编号、名字、生产成绩及鉴定结果。系谱上的资料来自日常记录。系谱形式主要有以下两种类型：

（1）竖式系谱。竖式系谱是按子代在上，亲代在下，父右母左的格式依次填写的系谱。竖式系谱的格式（图9-1）：

子 代							
母				父			
外祖母		外祖父		祖母		祖父	
外祖母的母亲	外祖母的父亲	外祖父的母亲	外祖父的父亲	祖母的母亲	祖母的父亲	祖父的母亲	祖父的父亲

图9-1 竖式系谱

（2）横式系谱。横式系谱是按子代在左，亲代在右，父上母下的格式填写而成的系谱。系谱正中可划一横虚线，表示上半部为父系祖先，下半部为母系祖先。横式系谱的格式见图9-2。

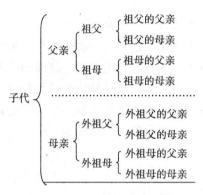

图9-2 横式系谱

2. 系谱记录的内容

（1）质量性状。主要记录形态特征和有害损征的有无。形态特征主要是指宠物个体的外部特征，不同品种、品系的毛色、头型、耳型、尾巴等都有统一的外部特征。形态特征不仅可以作为品种纯度的简单标记，也具有经济价值，譬如宠物的毛色选择就特别重要，因此要系统记录个体的形态特征表型表现。有害损征主要指个体的遗传疾患，有害基因控制的有害性状多数是隐性遗传，在近交群体中更容易表现出来，凡携带有害基因的个体皆不宜留种使用。

（2）数量性状。主要记录生产性能及成绩、体质外貌的评分和等级以及主要的体尺指标等。

3. 种用系谱的鉴定 系谱鉴定是通过分析各代祖先的生产性能、发育情况及其他材料，来估计纯种宠物的近似种用价值。同时，还可以了解它们之间的亲缘关系，近交的有无和程度，以往选配工作的经验和存在的问题，为以后的选配提供依据。

系谱鉴定的方法：将两个或两个以上系谱进行比较，以比较生产性能和外形为主，同时也要注意有无遗传缺陷、有无近交和杂交情况。在进行比较时，要同代祖先相比，即亲代与亲代、祖代与祖代、父系与母系祖先分别比较，同时要注重近代祖先的品质。亲代影响大于祖代，祖代大于曾祖代。做过后裔鉴定的宠物使用时要注明鉴定成绩。

单元三　宠物的生长发育

一、生长与发育的概念及其意义

生长是指宠物经过机体的同化作用进行物质积累，细胞数量增多，组织器官体积增大，从而使动物体的体积及其体重都增长的过程。生长是以细胞分裂为基础的同类细胞增加或体积增大的量变过程。

发育是指由受精卵分化出新的不同的组织器官，进而产生不同的体态结构和机能的过程。发育是生长的发展与转化，是以细胞分化为基础的质变过程。

生长与发育是两个既有区别又有联系、不可分割的过程。生长是发育的基础，发育又反过来促进生长并决定生长的发展与方向。发育具有阶段性，而生长具有不平衡性。

研究生长发育的意义：①便于组织生产和进行管理，生长发育是组织生产和进行管理的基础；②是制订饲养方案的依据；③生长发育规律是选种、选配的重要指标。

二、研究生长发育的方法

（一）研究方法

研究生长发育的方法有两种：一种是观察法，即质量性状主要采用观察描述的方法；另一种是测量法，即数量性状主要采用对宠物进行定期称重和体尺测量等方法。再对性能测定的数据进行处理，获得有用的育种学参数，进而判断其规律性。最常用的是体重与体尺的测量，最主要的几个测定时间是初生、断乳、初配和成年。但在测定中需注意的事项是测定数据要求精确可靠；称重应该在早上空腹时进行；体尺测量应该注意宠物站立姿势和测具的使用方法。

（二）生长的计算与分析方法

1. 研究内容

（1）研究宠物整体（或局部）的增长，如体重、体积等。

（2）研究比较生长过程中各组织（或器官）间比例上的变化，如相对比例关系变化。

2. 研究方法

（1）累积生长。宠物的某次测定以前的生长发育的累积结果。

（2）绝对生长。宠物某器官或组织在一段特定时间内的增长量。反应宠物在该时间内生长发育的绝对速度。

其计算公式为：
$$G = \frac{W_1 - W_0}{T_1 - T_0} \tag{9-1}$$

式中，G 为绝对生长；W_1 为统计期末体重；W_0 为统计期初体重；T_1 为统计期末年龄；T_0 为统计期初年龄。

（3）相对生长。指宠物在一定时间内的增重占始重的百分率，是反应生长强度的指标。绝对生长只反应生长速度，没有反应生长强度。相对生长用 R 代表。

其计算公式为：
$$R = \frac{W_1 - W_0}{T_1 - T_0}/2 \tag{9-2}$$

上面的公式是以始重和末重为基础的，没有考虑到新形成部分也参与机体的生长发育过程。因此，可改为用始重和末重的平均值相比，其公式为：

$$R=\frac{W_1-W_0}{(W_1+W_2)/2}\times100\%$$

（4）生长系数。开始时和结束时测定的累积生长值的比率，也就是末重占始重的百分率。C代表生长系数。

其计算公式为：
$$C=\frac{W_1}{W_0}\times100\% \tag{9-3}$$

通常计算生长系数时，以出生时累积生长值为基准。为使其值不至于太大，也可用生长加倍次数（n）来表示生长强度。

其计算公式为：$W_1=W_0\times2^n$ 或变形为：$n=\dfrac{\lg W_1-\lg W_0}{\lg2}$ （9-4）

（5）分化生长。也称为相关生长或异速生长，是指宠物个别部分与整体相对生长间的相互关系。机体各组织的生长速度不完全一致，导致了表型性状的变化。

每种宠物的不同部位有其特定的生长比例，但彼此间又是协调相关的，它反映了局部与整体的生长关系。

根据 Dubois 和 Lapicque 的分化生长公式：$Y=bx^a$ （9-5）

式中，Y 为所研究器官或部分的重量或大小；x 为整体减去被研究器官后的重量或大小；a 为被研究器官的相对生长和整个机体相对生长间的比率，即分化生长率；b 为所研究器官或部位的相对重量或大小，为一常数；

其中：a 为根据两次以上的测定资料求得的分化生长率，

第 1 次测定：$Y_1=bx_1^a$ 可得：$\lg Y_1=\lg b+a\lg x_1$

第 2 次测定：$Y_2=bx_2^a$ 可得：$\lg Y_2=\lg b+a\lg x_2$

解以上两方程组，可得：
$$a=\frac{\lg Y_2-\lg Y_1}{\lg x_2-\lg x_1} \tag{9-6}$$

a 的用途是可判断某一过程中的相对生长情况：$a=1$ 时，表示局部与整体生长速度相等；$a>1$ 时，表示局部生长速度大于整体生长速度，该局部为晚熟部位；$a<1$ 时，表示局部生长速度小于整体生长速度，该局部为早熟部位。

（6）体态结构指数。将某部位的生长情况和体尺联系起来分析，反应宠物体躯各部位的相对发育和相互联系等总体结构情况。如体长指数、胸围指数、臀高指数、额宽指数等。

三、宠物生长发育的规律性

（一）发育的阶段性

1. 胚胎时期 从受精卵到出生的阶段。发育最快，细胞分化最强烈的时期，有机体各部分发生了复杂的变化。根据胚胎在母体子宫内所处的环境条件，以及细胞分化和器官形成的时期不同，可分为：

（1）胚胎期。指从受精卵开始，到胎盘形成的时期。

（2）胎儿期。从胎盘形成到出生的时期。此阶段体躯及各种组织器官迅速生长，体重增加很快，形成被毛与汗腺，品种特征逐渐明显。体重增重占整个胚胎期体重的 3/4。

2. 生后时期　指宠物从出生到衰老直至死亡的一段生长发育过程。分为：哺乳期（出生到断乳）、幼年期（断乳到性成熟）、青年期（性成熟到生理成熟）、成年期（生理成熟到开始衰老）、老年期（开始成熟到死亡）。

（二）生长发育的不平衡性

宠物在生长发育过程中，不同时期的绝对生长或相对生长都是按不同的比例增长，在不同的生长发育时期，有规律地表现出高低起伏的不平衡状态。主要表现为体重增长的不平衡性、骨骼生长的不平衡性、外形部位生长的不平衡性、营养成分积储的不平衡性和组织器官生长发育的不平衡性等5个方面。

1. 体重增长的不平衡性　年龄越小生长强度越大；胚胎时期比生后时期生长强度大；幼年期比成年期生长强度大。总之，宠物早期体重增长较迅速，后期则较缓慢。大体型宠物各生长发育时期比小体型宠物长，但胚胎期重量增加比小体型宠物多，故应重视对妊娠母体的饲养管理和幼仔的培育。

2. 骨骼生长的不平衡性

（1）全身骨骼与其体重之比的不平衡性。全身骨骼在不同时期的生长强度不同。

（2）四肢骨骼与体轴骨骼增长之比的不平衡性。出生前四肢骨骼生长明显占优势，出生后不久，转为体轴骨骼快速生长。

（3）体轴各骨骼生长强度之比的不平衡性。体轴骨骼发育的迟早，与距头骨距离的远近呈正相关，各骨骼生长速度快慢由前向后依次转移。出生前头骨生长最强烈，出生后生长强点依次转移到颈椎和胸椎，最后才是荐椎和骨盆骨的强烈生长。

（4）四肢各骨骼生长强度之比的不平衡性。四肢各骨骼生长速度快慢由下而上，出生前指骨和管骨生长较快，出生后生长强点依次转移到前臂骨、上臂骨和胫骨，最后是肩胛骨和股骨强烈生长。

（5）不同性别骨骼发育之比的不平衡性。雄性宠物的骨骼生长强度一般都大于雌性宠物。

（6）各骨骼本身发育的不平衡性。就典型的管状骨发育而言，也是先有长度然后增加厚度。

根据骨骼生长的不平衡性，体轴骨骼和四肢骨骼的生长强度有顺序地依次移行，这种现象称为生长波或生长梯度。在体轴骨骼和四肢骨骼的生长波中，最后生长的部位，称为生长中心。支配个体各类骨骼生长的有两个生长波：①主要生长波。从头骨开始，生长强度向后依次移行到腰荐部。②次要生长波。从四肢下端开始，向上依次移行到肩部和骨盆部。距生长波起点较近的部位，发育较早，但随年龄增长而生长强度逐渐变小；距离生长波起点较远的部位，发育较迟，但随年龄增长而生长强度逐渐增大。

3. 外形部位生长的不平衡性　不同时期的外形部位变化与全身骨骼的生长顺序密切有关。

4. 营养成分积储的不平衡性　机体的营养成分和代谢水平也存在年龄变化。

5. 组织器官生长发育的不平衡性　不同组织发育迟早与快慢的顺序是：先骨骼和皮肤，后肌肉和脂肪；单一组织也存在年龄变化。

各器官随年龄增长，生长速度也不同：皮肤和肌肉生长强度占优势；脑的生长速度比较缓慢；肠的生长强度胚胎期大于生后时期；睾丸的生长速度生后时期大于胚胎时期。

各器官生长发育的迟早和快慢，主要决定于来源及形成时间：在系统发育中形成较早的器官，在个体发育中也出现得较早，生长发育较缓慢，结束较晚，如脑和神经系统。正常生长优势顺序为：脑、骨、肌肉和脂肪。若营养不足，也按此顺序推迟。

（三）发育受阻及其补偿

由于营养不良、疾病等原因引起动物生长停滞或体重降低、外形或组织器官也发生相应变化的现象称为发育受阻或生长发育不全。随着年龄增长仍保持着开始受阻阶段的特征的现象称为稚态延长。

发育受阻的原因是母体营养不良，在胚胎后期显著地抑制胎儿的发育。某部分处于生长强度最大时营养不足，则其所受影响最大。营养不足对不同部分的抑制作用，与该部分的成熟期早晚成正比，早熟部分影响最小，晚熟部分影响最大。营养不足时，机体分解自身组织的营养物质维持生命所需。分解顺序与成熟早晚相反，即脂肪、肌肉、骨。某一部位或组织的生长发育过程受影响，将会导致某些相关部位的生长发生变化。

发育受阻的类型根据受阻时间和外形表现的不同划分为：①胚胎型。胚胎发育后期营养不良，骨骼发育受阻。②幼稚型。出生后体轴骨强烈生长阶段营养不良，体轴骨发育受阻。③综合型。生前和生后都营养不良，有以上两种特性。

发育受阻的补偿取决于受阻发生的时期、持续时间和程度。

四、影响宠物生长发育的主要因素

1. 遗传因素 不同品种有其本身的发育规律。
2. 母体大小 母体越大，胎儿生长越快。
3. 饲养因素 营养水平、饲料品质。
4. 性别因素 雄性和雌性间遗传上的差异（遗传的影响）、性腺激素的作用（内部环境的影响）。
5. 环境因素 是生产上很重要的因素。

五、培育与培育的原则

培育是在宠物生长发育的过程中，针对特定宠物类型或个体，采用相应的条件对宠物进行培育，以保证其正常生长；或根据生长发育的规律，干预和改变其特定的生产方向或某部位的生长发育过程。实质就是在一定的遗传基础上，利用一定的条件，作用于生长发育过程，从而能动地塑造理想的宠物类型。

宠物培育的原则是：①明确培育目标；②加强个体选择；③深入研究宠物品种形成的历史及其特点；④选择培育的手段或条件；⑤选择培育条件作用的部位与时间；⑥确定作用的强度与时间。

🐾 复习思考题

一、名词解释

生长　发育　分化生长　累积生长　绝对生长　相对生长　生长系数　生长中心

二、思考题

1. 品种应具备的条件是什么？

2. 宠物猫根据毛色可分成哪几类？

3. 中国主要的猫品种有哪些？

4. 宠物犬根据用途可分成哪几类？

5. 简述生长与发育的关系。

6. 宠物生长发育的研究方法是什么？

7. 宠物生长发育的不平衡性体现在哪些方面？

8. 影响宠物生长发育的因素是什么？

模块十　宠物的选配及育种

单元一　宠物的选配制度

一、选配的概念和意义

1. 选配的概念　指有明确目的地决定动物雌雄交配，有意识地组合成后代的基因型，以培育和利用良种。

2. 选配的意义　通过选种，可以选出优秀的雌雄个体，但它们的后代不一定全是优良的，还会有很大的性状差异。因为一个动物后代的优劣，不仅取决于双亲的遗传素质，即基因的优劣，还取决于双亲交配后的基因型组合的优劣。因此，要获得优良的后代，除了必须做好选种外，还要做好选配。

3. 选种与选配的关系　选种和选配是相互联系而又彼此促进的，利用选种改变动物群体的基因频率，利用选配以有意识地组合后代的遗传基础。选种是选配的基础，有了良好种源才能选配；反过来，选配产生优良的后代，才能保证在后代中选种。

二、选配的方法

（一）个体选配

指一只雄性动物与一只雌性动物间的交配。又可分为以下两种：

1. 品质选配　指考虑交配双方品质对比情况的一种选配。所谓品质，既可指一般的表现型，如体质、体型、毛色、生物学特性、生产性能、产品质量等方面的品质，也可指遗传品质。根据交配双方品质的异同，又分为：

（1）同质选配。表现型或遗传物质相似的两个体间的交配。例如，白色波斯猫与白色波斯猫交配，交配双方不一定有血缘关系。此种交配方法在于使亲本的优良性状相对稳定地遗传给后代，既可使优良性状得到保持和巩固，又可增加优良个体在群体中的数量。在育种工作中，纯种繁育，增加纯合基因型频率，需采用同质选配。杂交育种进行到一定阶段，出现了理想类型，为使其尽快固定下来，也需采用同质选配。

（2）异质选配。表现型或遗传物质不同的两个个体间的交配。此种选配又分为两种情况，一种是选择具有不同优良性状的雌雄交配，如选大体型的德国獒犬与斗牛犬交配，育成了拳师犬；另一种是选择同一性状优劣程度不同的雌雄个体交配。前一种是将两个或两个以上的优良性状结合在一起，后一种是以优改劣。丰富了后代的遗传基础，创造新的类型，并提高后代的适应性和生活力。

2. 亲缘选配

（1）亲缘选配。指考虑交配双方亲缘关系选定的一种选配。

（2）近交。有亲缘关系的两个体间的交配。它包括同胞兄妹、半同胞兄妹、父女、母子、堂兄妹、姨表兄、舅姑表兄妹、祖孙之间的交配。近交使基因纯合，固定优良性状；同时，近交使隐性有害基因纯合，暴露出有害性状，使生产力、生活力下降，应加强淘汰；近交能保存优良个体的血统，提高群体的同质性。

（3）远交。又称远缘交配，交配双方无亲缘关系，称非亲缘交配，简称远交。远交可以是品系间交配、品种间交配、种间交配。它不易使基因纯合，也不致出现生产力和生活力下降等问题。

（二）群体选配

1. 概念

（1）群体。指一定数量的同品系或同品种个体组成的一群宠物。

（2）群体选配。研究与配个体所隶属的种群特性和配种关系，它是根据与配双方是属于相同的或是不同的种群而进行选配的一种育种方法。

2. 纯种繁育　指在本群体内，通过选种、选配、品系繁育，改善培育条件的措施，以提高种群的一种方法，又称为纯繁。纯繁的任务是保持和发展一个种群的优良特性，增加群体内优良个体的比例，克服该种群的某些缺点，保持种群纯度和提高整个种群质量。纯繁使种群固有的优良性状稳定遗传，提高现有种群的品质，增加优良个体的数量。

3. 杂交　不同种群间的选配称为杂交，杂交产生的后代称为杂种。

（1）杂交的分类。

①按种群关系远近不同分类。

品系杂交：同一品种内不同品系间个体交配。例如，短毛猫和长毛猫之间的杂交。

品种杂交：两个不同品种间的个体交配。例如，暹罗猫与短毛猫间的个体交配。

种间杂交：两个不同种间的个体交配。例如，犬与狼的交配。

②按杂交的目的分类。

引入杂交：引入少量外血，加速本品种个体缺点的改进。此种杂交又称为导入杂交。

育成杂交：为了育成一个新品种而进行的杂交。

③按杂交的方式不同分类。

简单杂交：指两个品系或品种间个体杂交（图10-1）。

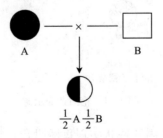

图 10-1　简单杂交示意

复杂杂交：指 3 个或 3 个以上品系或品种间个体的杂交（图10-2）。为培育新品种而采用。

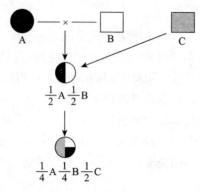

图 10-2　复杂杂交示意

级进杂交：根据育种目标要求，二元杂交后代与其中一个品种再杂交，杂交后代再与该品种交配，连续 3～5 代。此种交配方式多用于以优改劣（图 10-3）。

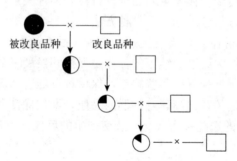

图 10-3　级进杂交示意

轮回杂交：从两品种杂交后代中选择优秀个体，雌性宠物逐代分别与两亲本的纯种雄性轮流交配（图 10-4）。此种交配方式多用于综合两个优良品种的有利性状。

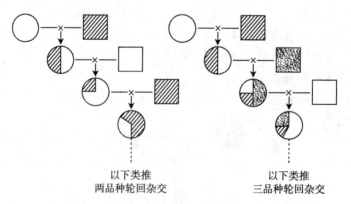

图 10-4　轮回杂交示意

（2）杂交的作用。杂交使基因和性状实现重新组合，将不同种群的基因集中到一个群体内，为培育新品种提供良好素材；杂交能产生杂种优势，使动物的生产力、生活力、适应性、抗逆性均比纯种有所提高，使群体的生产性能和外部性状趋于一致。但杂交后的性状遗传不稳定，优良性状不能真实遗传给后代，若杂交后代采用随机交配，在 F_2 代出现性状分离。

4. 纯繁与杂交的关系 纯繁可使更多的成对的基因纯合，杂交使成对基因杂合。它们之间是相互依存的，只有亲本种群越纯，杂交双方的基因频率差异越大，杂种优势越明显。杂交使种群产生新的个体，使群体出现变异，再利用这些变异个体进行纯繁，固定其优良性状。

三、选配计划的制订

（一）选配的实施原则

1. 有明确的目的 选配在任何时候都必须按育种目标进行，在分析个体和群体特性的基础上进行选配。

2. 尽量选择亲和力好的个体交配 分析过去的交配结果，找出产生过良好后代的交配组合，继续使用，并增选具有相应品质的雌性动物与之交配。

3. 雄性等级与雌性等级 宠物个体等级是根据体质性能、体型外貌、受欢迎程度等综合鉴定评分决定的。因雄性个体对种群因影响大，所以雄性个体等级应高于雌性个体，尤其应充分使用特级雄性。

4. 相同缺点或相反缺点者不能选配 选配中，绝对不能使用具有相同缺点（如凹背与凹背）或相反缺点（如凹背与凸背）雄、雌个体交配，以免加重缺点的发展。

5. 不随便近交 近交只能必要时在育种群使用，控制一定的代数。一般采用远交。

6. 搞好品质选配 优秀雌、雄宠物，一般采用同质选配，在后代中巩固其优良品质。

（二）选配的准备工作

（1）收集资料，绘制系谱图。

（2）分析品质形成的历史、现状，找出其优缺点，分析过去的交配效果，好的选配组合，继续交配；没有交配效果者，可用同胞后代，从中选出优秀后代的组合。

（三）拟订具体的选配方案

交配方案包括雌雄个体系谱、主要性状说明、选配目的、选配原则、亲缘关系、选配方法、预期效果等，制作一份表格。

单元二 近交与杂交的关系

在宠物的实际交配体系中存在着两种主要类型，即如前所述的近交和杂交（远交）。多数宠物是经过不断交替使用近交和杂交以后才成功完成培育的，但在实际的宠物选配工作中，要正确掌握这两种类型的运用，则需要一些基本的理论知识。因为两种类型的交配体系完全不同，所得到的遗传效果也截然不同，为了使宠物育种工作者更好地了解两者的区别，以下分别在遗传效应上加以描述。

一、近交

根据交配双方的亲缘关系来安排交配组合，以期巩固优良性状，提高宠物品质的选配方法称亲缘选配。

如果交配双方有较近的亲缘关系（交配双方到共同祖先的总代数在六代以内），就称为近亲交配，简称近交。

如果交配双方到共同祖先的总代数超过六代则称非亲缘交配。更确切地说，应称为远亲交配。

（一）遗传效应

1. 近交可使个体基因纯合，群体产生分化　由于近交使基因不相同的祖先数减少，后代接受共同祖先相同基因的机会增加，从而使群体中各类基因得到纯合的频率增加。在个体基因纯合的同时，群体被分化成若干各具特点的纯合类型。例如，群体中一对基因的杂合体 Aa，连续近交若干代可分化出两种纯合类型 AA、aa；两对基因杂合体 AaBb，连续近交若干代可分化出 4 种纯合类型 AABB、AAbb、aaBB、aabb；如果是 n 对基因杂合体，连续近交若干代则可分化出 2n 种纯合类型。因此，近交在使个体得到纯合的同时，群体就被分化成若干各具特点的纯合类群。所以，可利用近交固定优良性状，保持优良个体的血统。

2. 近交降低群体平均值，增加出现有害性状的可能性　数量性状的基因型值是由基因的加性效应值和非加性效应值组成的，非加性效应主要存在于杂合体。由于近交使群体中纯合体增加，杂合体减少，群体的非加性效应值也相应减少，受非加性效应控制的性状就会发生退化，从而降低群体的平均值。

有害性状大多是由隐性有害基因控制的。在杂合状态下，隐性基因控制的性状得不到表现。由于近交在使有益基因趋于纯合的同时，也使隐性有害基因得到纯合，从而增加了出现有害性状的可能性。因此，采用近交时，必须进行严格的选择和淘汰，才能使群体中有害基因频率不断降低或清除。

（二）近交程度的分析

在宠物中，近交程度最大的是父女、母子和全同胞交配，其次是半同胞、祖孙、叔侄、姑侄、堂兄妹之间的交配。近交程度的大小可通过计算个体近交系数、群体近交系数和亲缘系数等方法进行分析。

个体近交系数的计算：近交系数是指个体通过双亲从共同祖先得到相同基因的概率，也可以说是通过近交使后代基因纯合的百分率。

宠物近交程度的大小，主要以它的系谱中父母双方共同祖先出现的数量和远近来衡量。一个个体从亲代得到某一相同基因的概率为 $1/2$，从祖代得到相同基因的概率为 $(1/2)^2$，即每隔一代，从共同祖先得到相同基因的概率减少 $1/2$。根据这个原理得出近交系数的计算公式：

$$F_X = \sum \left[\left(\frac{1}{2} \right)^{n_1 + n_2 + 1} \times (1 + F_A) \right] \tag{10-1}$$

式中，F_X 为个体 X 的近交系数；$\sum$ 为将每个共同祖先各通径计算值相加求总和；n_1 为父亲到共同祖先的世代数；n_2 为母亲到共同祖先的世代数；F_A 为共同祖先 A 的近交系数。

所谓共同祖先是指在个体系谱中父母双方拥有的同一个祖先。如果共同祖先不是近交个体，则 $F_A = 0$，公式（10-1）便可简化为：

$$F_X = \sum \left(\frac{1}{2} \right)^{n_1 + n_2 + 1} \tag{10-2}$$

以下面系谱为例说明近交系数的计算方法。

①半同胞交配。半同胞交配示意图见图10-5。

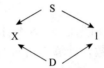

图 10-5　半同胞交配

根据系谱找出所有共同祖先，分别用△、▽等符号标示，系谱一般用 X 代表某一个体，用 S 和 D 分别代表它的父亲和母亲，用号码或其他符号代表其余祖先。本系谱只有 1 号一个共同祖先。

绘制箭形图：箭头由共同祖先引出，通过各祖先指向父母，归结于个体 X（图10-6）。这一线路称为通径链。在通径链中所遇到的各代祖先，都必须按顺序用箭头相连，不可遗漏或省略。同一祖先到父母双方可能会出现多个通径链，但是每个祖先在箭形图中只能出现一次。凡不涉及近交的个体可省略不计。

图 10-6　半同胞交配箭形图

图10-6的通径链可以表示为：X←S←1→D→X。

确定 n_1、n_2 的值 $n_1 = 1$，$n_2 = 1$。

确定共同祖先本身是否是近交个体：共同祖先 1 号为非近交个体，$F_A = 0$。

计算个体 X 的近交系数：代入公式10-2：

$$F_X = \sum \left(\frac{1}{2}\right)^{n_1 + n_2 + 1} = \left(\frac{1}{2}\right)^{1+1+1} = \left(\frac{1}{2}\right)^3 = 0.125$$

即个体 X 的近交系数为 12.5%。

②全同胞交配。全同胞交配示意图见图10-7，箭形图见图10-8。

图 10-7　全同胞交配　　　图 10-8　全同胞交配箭形图

这个系谱的共同祖先是 1 号和 2 号动物，个体 X 的近交系数应按两条通径计算，共同祖先 1 号和 2 号动物本身都是非近交个体。代入公式（10-2）：

$$F_X = \sum \left(\frac{1}{2}\right)^{n_1+n_2+1} = \left(\frac{1}{2}\right)^{1+1+1} + \left(\frac{1}{2}\right)^{1+1+1}$$

$$= \left(\frac{1}{2}\right)^3 + \left(\frac{1}{2}\right)^3 = \frac{1}{8} + \frac{1}{8} = 0.125 + 0.125$$

$$= 0.25 = 25\%$$

即个体 X 的近交系数为 25%。

③父亲是近交个体的父女交配（图 10-9），箭形图见图 10-10。

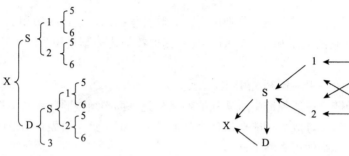

图 10-9　父亲是近交个体的父女交配　　　图 10-10　父亲是近交个体的父女交配箭形图

由图 10-9 可知 X 个体父母的共同祖先是 S，S 本身又是由全同胞兄妹交配所产生的近交个体；因此首先要计算出 S 的近交系数，计算方法与全同胞交配相同，即 $F_S = 0.25$，然后再计算个体 X 的近交系数。代入公式 10-2：

$$F_X = \sum \left[\left(\frac{1}{2}\right)^{n_1+n_2+1} \times (1+F_S)\right] = \left(\frac{1}{2}\right)^2 \times (1+0.25) = 0.3125 = 31.25\%$$

即个体 X 的近交系数为 31.25%。

为了便于参考，现将各种主要近交类型所生后代的近交系数列于表 10-1。

表 10-1　各种主要近交类型所生后代的近交系数
（共同祖先的近交系数等于 0）

近交类型	示意图	通径链上所有的个体数 N	所生后代的近交系数/%
亲子		2	25
全同胞		3，3	25
半同胞		3	12.5
祖孙		3	12.5
叔侄		4，4	12.5

（续）

近交类型	示意图	通径链上所有的个体数 N	所生后代的近交系数/%
堂兄妹		5, 5	6.25
半叔侄		4	6.25
曾祖孙		4	6.25
半堂兄妹		5	3.125
半堂祖孙		5	3.15
半堂叔侄		6	1.562
半堂曾祖孙		6	1.562
远堂兄妹		7	0.781
其他		7	0.781

注：◎代表共同祖先；●代表交配双方；○代表亲属。

（三）近交衰退现象及防止措施

1. 近交衰退现象　指近交使宠物的繁殖性能、生理机能以及与适应性有关的各个性状都比近交前有不同程度的降低。其表现是宠物个体体质减弱、生长较慢、繁殖力减退、生活力下降、生产力降低、适应性变差、死胎和畸形增多。

近交衰退的原因是由于近交使基因型纯合，基因的非加性效应减小，在有利基因纯合的同时，隐性的有害基因也得到纯合，从而表现出有害性状。从生理生化角度分析，近交衰退是由于近交个体某种生理上的不足，造成内分泌系统不平衡；或是未能产生所需要的酶，或是产生不正常的蛋白质及其他化合物。

2. 影响近交衰退的因素　近交衰退并不是近交的必然结果，近交的效果受多方面因素的影响。

（1）动物种类。与世代间隔短、繁殖周期快的小体型宠物和鸟类相比，大体型宠物对近交反应敏感。

（2）动物神经类型。神经类型敏感的宠物对近交反应敏感，在良好的饲养管理条件下，可缓和近交的不良影响。

（3）体质与饲养条件。体质强健、健康的宠物近交衰退较轻，有良好的饲养管理条件可以缓和近交衰退现象。

（4）性状的遗传力。一般来说，遗传力高的性状（体质状况、毛长等）受加性基因作用大，所以近交衰退不严重；而遗传力低的性状，受非加性基因作用大，因此易引起近交衰退。

3. 防止近交衰退的措施　为了防止近交衰退，除了正确地应用近交，严格掌握近交程度和应用时间外，还应采取以下措施：

（1）严格选择和淘汰。由于近交可使基因纯合，当有害基因纯合时，会导致某些个体表现出有害性状；同时近交的不良影响是逐代积累的，随着近交代数的增加，衰退也越来越明显，所以在近交后代中要严格选择和淘汰，以防有害基因的积累和有害性状的出现。

（2）加强饲养管理。近交个体遗传性稳定，种用价值高，但生活力差，对饲养管理条件要求较高，如果能适当提高营养水平，加强环境的调控，满足它们的需要，就可以不表现或少表现近交带来的不良影响；若饲养管理条件差，后代就会受到遗传与环境因素的双重影响，导致严重的衰退现象，所以对近交的后代要加强饲养管理。

4. 应用近交需注意的问题

（1）明确近交目的。近交有害，一般情况不能使用近交。近交只适宜培育新品种和新品系，为了固定理想型和提高种群纯度时采用，但也不能长期使用，更不能滥用；选作近交的雌雄宠物双方，都必须是经过鉴定的性状优秀、体质强健的个体。

（2）灵活应用各种近交形式。近交形式多种多样，可根据具体情况灵活使用。如为了固定雌性宠物的优良基因，可采用母子、祖母与孙子的交配形式；为了固定雄性宠物的遗传性，可采用父女、祖父与孙女的交配形式等。近交效果受多种因素影响，所以使用何种形式的近交既要考虑近交的目的又要考虑影响近交效果的各种因素。

（3）控制近交的速度和时间。近交速度的快慢与育种群的质量以及亲本的遗传品质有关，不能一概而论。一般来说，可采取先慢后快的方法，缓慢地提高近交程度，以便及时淘汰带有有害基因的个体；当发现近交效果良好时，再加快近交速度；但有时也可采用先快后慢的方式，如杂交育种的固定理想型阶段，为了加快基因的纯合速度，可采用较高的近交，达到近交目的后就转入较低的近交或非近交。总之，采用何种近交速度应根据近交效果而定。

二、杂交

（一）杂种优势的概念

杂种优势是指两个遗传组成不同的亲本杂交产生的 F_1，在生长势、生活力、繁殖力、抗逆性、产量和品质等方面优于双亲的现象。

（二）杂种优势的度量

杂种优势涉及的性状多为数量性状，故需以具体的数值来衡量和表明其优势的强弱，以某一性状而言有 3 种度量方式：

1. 平均优势　以 F_1 超过双亲平均数的百分比表示。

$$H_{MP} = \frac{\overline{F_1} - \dfrac{\overline{P_1} + \overline{P_2}}{2}}{\dfrac{\overline{P_1} + \overline{P_2}}{2}} \times 100\% \tag{10-3}$$

式中，H_{MP} 为平均杂种优势；$\overline{F_1}$ 为子代性能；$\overline{P_1}$ 为亲代之一性能；$\overline{P_2}$ 为另一亲代性能。

若 $H > 0$，则为正向优势（＋），若 $H < 0$，则为负向优势（－）。

2. 超亲优势　以 $F_1 >$ 最优亲本的百分比表示。

$$H_{BP} = \frac{\overline{F_1} - BP}{BP} \times 100\% \tag{10-4}$$

式中，BP 为最优亲本的性能。

3. 对照优势　以 F_1 超过对照品种的百分比表示。

$$H_{CK} = \frac{\overline{F_1} - CK}{CK} \times 100\% \tag{10-5}$$

式中，CK 为对照品种的性能。这种优势在生产上才有实际意义。

（三）杂种优势的特点

（1）杂种优势不是某一两个性状单独的表现突出，而是许多性状综合的表现突出。

（2）杂种优势的大小，取决于双亲的遗传差异和互补程度。

（3）亲本基因型的纯合程度不同，杂种优势的强弱也不同。

（4）杂种优势在 F_1 代表现最明显，F_2 代以后逐渐减弱。

（四）杂交的各种表现

1. 杂种劣势　杂种的生存能力反而比亲本减退的现象。

2. 杂种旺势（假杂种优势）　常常出现在某些远缘杂交子代中的杂种优势只表现为个体或某些器官的增大，可是它的生存和繁殖能力并没有提高。可能有利于生产，可是在进化上不一定有适应意义。

3. 真正的杂种优势　杂种的生存和繁殖能力提高，但个体生长上不一定超过亲本。这种杂种优势有进化的适应意义。

单元三　宠物的育种规划

宠物的育种与其他动物的育种有明显差别，宠物考虑的是动物伴侣的特性，育种方向主要以表现型的表现性状为主，而大部分表型性状是质量性状，这些性状的表现遵循孟德尔遗传定律，所以后代的表现是以概率的形式出现的，这种形式则具有随机性。为此，宠物的育种存在着很大的风险，在进行任何一个品种的育种操作前，都必须仔细设计和制订育种规划，其中主要内容包括：

一、育种宠物的确定

一个育种者工作的前提是遗传材料，也就是宠物的亲本，亲本的选择是育种计划中最基本的条件，这是育种能否持续以及成功的关键。亲本则必须具有三代以上的系谱；否则，育种规划存在不可预测性。

二、育种方法的确定

确定育种宠物后，确定适宜的育种方法是育种规划特别重要的任务。宠物的育种方法主要是近交和杂交两类，前者的目的是使基因纯合，适合小群体的情况，也是宠物育种的主要方法。

三、育种目标性状

由于育种者的喜好程度不一、市场需求不同，所以在制订育种规划中应明确宠物的性状，其内容包括：

1. 性状的经济价值　某些性状能表现宠物的经济价值，这些性状就会受到育种者的重视，尤其是一些表现品种特色的性状，如纯色的波斯猫中的 5 种颜色在 1914 年就得到 CFA 的确认，每种颜色都是在不同的时期培育而成的。

2. 目标性状的数量　在宠物育种中，一般不会固定选育一个性状，这时就必须确定育种目标性状的数量。育种目标性状数量的多少会影响育种速度，但也与性状间的遗传相关的大小程度有关。如果是正相关的话，相关程度越大，副选性状达到目标则越快；反之，则越慢。如果是负相关的话，就应注意反向反应，这些性状则不能作为目标性状同时考虑。

3. 目标性状的易测性　在保证育种成效的前提下，应选择容易测定、观察的性状作为育种目标性状。

四、遗传学估计

在制订育种规划时，对需要育种的两个亲本的表型性状做一个鉴定，然后按照孟德尔遗传定律进行推算，根据所需的性状的遗传方式估计后代的表现型。比如，拉布拉多犬毛色遗传由两对基因所决定，毛色有 3 种，分别为黑色、咖啡色与金黄色。如果将一只黑色的雄犬与一只金黄色的雌犬交配，后代中一定会有黑色犬，有时会有金黄色后代，有时还会有新的表现型咖啡色毛色的后代出现。这是因为两个基因中其中一个是决定色素生成的基因，为 B 基因，因为当其为显性的基因型（即 B，个体的基因型可以为 BB 或 Bb）时会有黑色素生成，当其为隐性时（即 b，个体的基因型为 bb）就会有咖啡色素生成；另一个基因为决定色素是否能在毛发中沉淀的 C 基因，当其为显性时（即 C，基因型为 CC 或 Cc），色素即会在毛发中沉淀呈色，隐性时（即 cc 的基因型时）色素则不会在毛发中沉淀呈色。所以毛色不仅由色素生成基因来决定，也受色素沉淀基因显性的影响。当其为隐性时，即使有色素的生成基因且生成色素，但因为色素在毛发中无法沉淀而变成了金黄色的毛发。由此可知，黑色拉布拉多犬的基因型为 B_C_（其中"_"的部分表示可以是显性的或是隐性的基因）；咖啡色的拉布拉多犬的基因型为 bbC_；金黄色的拉布拉多犬的基因型为 B_cc 或 bbcc。由于 C 基因对 B 基因的表现与否具有决定性的作用，所以在遗传上用上位来描述这种现象，即表示 C 基因的位阶高过 B 基因，B 基因的表现与否受 C 基因的决定。所以，如果让一只纯种的黑色拉布拉多犬与一只纯种的金黄色拉布拉多犬交配，则可以预期，在它们的后代中不会有咖啡色与金黄色出现，因为父本、母本的基因型分别为 BBCC 与 ＿＿cc，子代的基因型只有一种，就是 B＿Cc，只有黑色的仔犬。但是由于一般的拉布拉多犬的基因型在交配前并不清楚，所以可能会有上述结果出现，后代中不仅有黑色毛的，还有咖啡色毛的、金黄色毛的。这种毛发颜色的决定机制在哺乳动物中较常见。以此例描述估计基因遗传的效应，不管以何种方式进行育种，都应该首先了解所需要性状的遗传方式及其基因之间的遗传关系，这是育种规划的关键。

五、制订候选育种方案

为了确定具有最佳育种成效的育种方案，首先需要制订出在多项育种措施上具有不同强度的候选育种方案，然后通过几个必要的育种成效标准，诸如多性状综合遗传进展、育种效益、育种成本以及方案的可操作性等进行综合评估，最终筛选出最优化的育种方案，并付诸实施。

单元四　宠物的遗传缺陷与抗病育种

绝大多数宠物的选育和改良是以外形、结构、性格为基准和目的的，即人们总是希望培育出外形和性格更符合标准的宠物。然而，实现这个遗传过程的是动物的基因。但对于宠物和其他任何生物来说，基因并非绝对稳定的，它们总是存在着相对稳定和变异的过程，人类通过选择合理的变异过程，而实现对宠物的外形、性格以及其他方面的改良。这个道理很简单，举例来说，狼能够被改良成犬，就是人类把握和控制了它们祖先的基因变异，从而使得它们变成人类所想象的样子。正因为宠物有着这样的遗传特点，就使得许多品种的纯种宠物可能发生遗传缺陷，当这些缺陷被表现到某个个体上的时候，就形成了遗传性疾病。最具代表性的遗传性疾病是犬的白内障、失聪以及髋关节发育不良。这些遗传性疾病可以发生在任何犬种身上，现在已经成为困扰全世界育种者的具代表性的问题之一。所以，一些技术先进的育种者在进行宠物繁殖之前会尽可能地了解其所操作的品种可能出现的遗传性疾病。

一、犬、猫的遗传性疾病

犬、猫的常见遗传性疾病见表 10-2。

表 10-2　犬、猫的常见遗传性疾病

疾病种类		易感品种
血液性疾病	椭圆形红细胞增多症	杂种犬
	红细胞丙酮酸激酶缺乏	贝赛吉犬、西高地白㹴、腊肠犬、阿比西尼亚犬、索马里犬、短毛（DSH）猫
	磷酸葡萄糖激酶缺乏	英国比格犬、英国可卡犬、杂种犬
	血友病 A（缺乏凝血因子Ⅷ）	杂种犬
	血友病 B（缺乏凝血因子Ⅸ）	凯恩㹴、拉布拉多犬、杂种犬

（续）

疾病种类		易感品种
血液性疾病	冯威勒布兰特病一型	杜宾犬、曼彻斯特犬、凯恩㹴、威尔士柯基犬
	冯威勒布兰特病二型	德国短毛犬、硬毛犬
	冯威勒布兰特病三型	荷兰库克犬、苏格兰㹴、喜乐蒂牧羊犬
	严重的伴性联合免疫缺陷症	巴吉度犬、卡地甘威尔士柯基犬
	白细胞粘连缺乏症	爱尔兰赛特犬、红白赛特犬
	补体成分 3 缺乏	布列塔尼猎犬
遗传性眼病	渐进性视网膜萎缩	爱尔兰赛特犬
	椎管发育不良	卡地甘威尔士柯基犬、切萨皮克湾寻猎犬、拉布拉多犬、英国可卡犬、葡萄牙水猎犬
	夜盲症	伯瑞犬
神经肌肉性疾病	幼犬颤抖综合征	英国史宾格犬
	肌细胞增强蛋白性肌肉发育不良	金毛寻回猎犬、罗威纳犬、DSH 猫
	黏多糖病Ⅰ	普洛特猎犬
	黏多糖病ⅢA	硬毛腊肠犬、新西兰猎犬
	黏多糖病ⅢB	狐狸犬
	黏多糖病Ⅵ	暹罗猫（两次突变）
	黏多糖病Ⅶ	德国牧羊犬、杂种犬、DSH 猫
	α-甘露糖苷过多症	波斯猫、DSH 猫
	GM1 神经节苷脂沉积症	暹罗猫、迷你品种犬
	GM2 神经节苷脂沉积症	科拉特（Korat）猫
	球状细胞性脑白质营养不良	西高地白㹴
	糖原储积症Ⅳ型	挪威森林猫
	α-岩藻糖苷病	英国史宾格犬
	神经元蜡样质脂褐质沉积症	英国赛特犬
	先天性肌强直症	迷你史猱查㹴
	嗜睡	杜宾犬、拉布拉多犬
	伊维菌素中毒、发热型恶性肿瘤	柯利犬、喜乐蒂犬、澳洲牧牛犬
肝病	血乳糜微粒过多	DSH 猫
	糖原储积病	马尔济斯犬
	铜中毒	贝林顿㹴
肾病	胱氨酸尿	纽芬兰犬、拉布拉多犬
	肾上腺病和皮肤瘤	德国牧羊犬
	伴性遗传性肾病	萨摩耶犬

二、宠物抗病育种

1. 动物抗病性的遗传基础 广义的抗病性是指一般所称的抗逆性或抗性，即在现有饲养条件下，宠物抵抗不良外界环境，如缺乏饲料、不适气候及抵御寄生虫和病原微生物的能力；而狭义抗病性则是指宠物对寄生虫病和传染病的抗病力。抗病力可分为特殊抗病力和一般抗病力，其遗传机制不同。

（1）特殊抗病力。指宠物对某种特定疾病或病原体的抗性，这种抗性或易感性主要是受一个主基因位点控制，也可能程度不同地受其他未知位点（包括调控子）及环境因素的影响。研究表明，特殊抗病力的内在机理是由于寄主体内存在或缺少某种分子或其受体。这种分子有以下作用：①决定异体识别及特异性异体反应；②决定病原体的特殊附着力，即能否进入寄主；③传染因子进入体内，在体内增殖时，决定是否导致寄主发病。典型的例子是异种动物间抗病力的差异。

（2）一般抗病力。不限于抗一种病原体，它受多基因及环境的综合影响。病原体的抗原性差异对一般抗病力影响极小，甚至根本没有影响。这种抗病力体现了机体对疾病的防御功能，它主要受多基因控制，而很少受传染因子的来源、类型和侵入方式的影响。如马立克氏病、白血病、球虫病及罗斯肉瘤等病的抗性与敏感性有关。

当然，也有些疾病的抗性和易感性不属于上面两种类型，如主基因影响非特异性杀伤机制（溶菌素、干扰素、巨噬细胞等）；单基因缺乏导致一般易感性加大。

2. 开展抗病育种的现实困难和问题

①抗病性的遗传机制非常复杂且受环境影响较大。②病原微生物的遗传特性及与寄主动物的相互关系也十分复杂。③抗病性或易感性指标难以测定，且缺乏进行间接选择的可靠遗传标记。④病原微生物变异迅速，易形成能克服动物抗性的变异品系。⑤抗性与生产力性状之间及对不同疾病的抗性之间常存在负相关。⑥世代间隔较长，必须经长时间选择才可能有效。

尽管开展抗病育种工作受到许多现实困难和问题的制约，但其前景十分诱人，同时基因工程学等相关学科和技术的迅猛发展为抗病育种的开展提供了许多新的思路和手段，使开展抗病育种的途径日益丰富。

3. 抗病育种的途径

（1）根据饲养场记录进行直接选择。在相同的感染条件下，有的个体发病，有的个体不发病，不发病的个体明显具有抗病遗传基础，将这些个体直接选出进行繁殖，久而久之，可使具有抗性的个体不断增多，抗病基因频率不断提高。该法具有直观准确等优点，可以综合考虑所有抗病性或易感性性状的选择，但也存在一些难以克服的缺点：①疾病性状的遗传力往往较低，受环境影响较大，而且不少疾病性状是表现为有或无的阈性状，直接选择的准确性较差；②世代间隔长，后裔测定难度大，费用高，而且有些疾病的表现有年龄和性别差异，进一步延长了世代间隔；③有些疾病性状仅在杂合子个体中表现，另外一些甚至不表现特定特征，难以进行准确选择。

（2）进行标记辅助选择。对于受主基因影响的某种已知疾病的抗性或简单的遗传缺陷，其标记物可能只有一个。大多数疾病是由多基因控制的，其标记物相当复杂，但利用数量性状位点（QTL）的分析方法，可以将影响数量性状的多基因剖分为几个不连续的基因，使其定位于特定的染色体上，确定它们与其他基因的关系，最终还可以分析出其 DNA 序列。目前，利用家系研究和连锁分析、原位杂交、DNA 小卫星片段或串联重复序列数（VNTR）多态性等技术，人们可以方便而快捷地进行 QTL 定位，从而进行标记辅助选择。该法较传统选育方案（如后裔测定）成本低，比单标记物的标记辅助选择全面可靠，且选择的遗传进展快。

（3）进行基因工程抗病育种，实施转基因方案。随着胚胎学、分子生物学和基因工程技术的不断进步，从 20 世纪 80 年代开始人们就开始尝试进行基因工程抗病育种，通过转基因技术插入抗病基因或进行基因修补，以培育抗病动物，较有价值的包括下列几种基因：

①干扰素基因。干扰素（interferon，IFN）是动物机体内可被多种诱导物诱导产生的生物活性蛋白。IFN 产生后与应答细胞的表面受体结合，触发多种生物效应，如抗病毒、免疫调节、抗增生等。1979 年以来，人们已经克隆了 IFN 的 cDNA，并于重组后在大肠杆菌、酵母和哺乳动物细胞内获得表达，产生的干扰素具有与天然干扰素相同的生物学活性。可以设想，将 IFN 基因导入动物基因组后，可能使动物抗病能力增强，该方面已有成功的报道。

②干扰素受体基因。干扰素通过与细胞表面相应受体结合，诱导细胞产生抗病毒蛋白而实现抗病作用。因此，可以通过增加机体细胞表面受体数量的途径，充分发挥干扰素的间接抗病毒作用。Uze 等克隆获得了人 IFN-α 受体基因后，使其在小鼠细胞表面实现表达，结果证明，它与 IFN-α 具有很高的亲合性。将该基因导入动物受精卵，有可能培育成功干扰素高反应性的转基因动物。

③抗流感病毒基因。早在 20 世纪 60 年代，就有学者发现，具有 Mx 等位基因的小鼠对 A 型及 B 型流感具有天然的抵抗力。后来发现，Mx 等位基因存在于几乎所有真核生物中，只是以隐性等位基因的形式存在。已证明小鼠的这个基因位于 16 号染色体上，在干扰素、双链 RNA 及病毒的诱导下可以表达，并证实在培养细胞内其表达蛋白具有明显的抗病毒作用。目前，利用该基因培育的抗流感病毒转基因猪也已取得成功。

④反义核酸。反义核酸（反义 RNA）最初发现于原核生物，它们可以通过碱基配对与特异性的 mRNA 结合，阻止 mRNA 的翻译，是存在于原核生物中的一种基因表达调控因子。在真核细胞中也发现这样的小分子 RNA，具有抑制或关闭 mRNA 翻译的功能。反义核酸抑制病毒复制的试验已先后在培养细胞和动物体内获得成功。

⑤核酶。核酶（ribozyme）最初是由 Haseloff 等在研究烟草抗病毒侵染时发现的一种天然的 RNA 小分子，具有催化 RNA 切割反应的功能，可以特异性地切割 RNA。据此，只要已知某种病毒的 RNA 序列，就可以设计并合成相应的抗病毒核酶。利用核酶进行动物抗病育种是一个很有前途的方向。目前，澳大利亚已经开展利用核酶进行抗病转基因动物的研究，我国也将核酶抗猪瘟育种列入"863"计划。

⑥病毒中和性单克隆抗体基因。抗体的可变区是与相应抗原进行特异性结合的部位。从杂交瘤细胞中分离单抗的 mRNA，通过反转录途径进行克隆，构建表达该区重组基因，后者可表达该单抗的活性部分。将抗病毒中和性单克隆抗体的可变区基因进行克隆后，导入动物受精卵进行种系转化，培育含该种基因的转基因动物，是抗病育种的又一途径。Ye 等分离抗狂犬病毒中和性单抗可变区基因的克隆研究，已获初步成功。

目前，进行转基因抗病育种，不仅在外源基因的选择与表达、基因的导入技术等方面尚需进行大量探索性工作，而且由于导入外源基因改变物种，还需面临很多生态学和伦理学方面的问题，但其潜在的巨大效益吸引越来越多的学者从事这方面的研究，也使抗病育种成为当代遗传育种领域的一个研究热点。所以，宠物的抗病育种随着以上诸多方面的研究，在不久的将来必定会得到充分发展。

复习思考题

一、名词解释

选配 同质选配 异质选配 近交 远交 纯种繁育 杂交 品系杂交 品种杂交 引入杂交 简单杂交 复杂杂交 级进杂交 轮回杂交 近交系数 近交衰退 杂种优势

二、思考题

1. 宠物选配的意义是什么？
2. 杂交分成哪几类？
3. 简述近交和杂交的作用，以及两者的关系。
4. 防止近交衰退的措施有哪些？
5. 杂种优势的遗传假说主要有哪些？
6. 半同胞兄妹交配后代的近交系数是多少？
7. 宠物抗病育种的遗传基础是什么？

实 训 指 导

实训一　犬、猫生殖器官解剖构造的观察

【实训目标】通过观察犬、猫生殖器官的标本、模型及挂图，掌握生殖器官的位置、形态、解剖结构、特点、生理功能及各组成部分之间的相互关系，为生殖器官的检查、人工授精等技术的操作、生殖疾病的诊疗以及难产救助等打好基础。

【材料与设备】

（1）犬、猫生殖器官的浸制或新鲜标本、模型及挂图（或图片投影）等。

（2）搪瓷盘、剪刀、镊子、电脑、投影仪等。

【实训内容】掌握犬、猫生殖器官的解剖构造及形态特点，利用挂图、模型等了解雌性、雄性生殖器官在活体上的位置，各部分之间的相互关系及生殖机能，并对照浸制标本进行细致观察和比较。

（一）雌性动物生殖器官的观察

雌性动物的整个生殖器官位于骨盆腔和腹腔内，包括卵巢、输卵管、子宫、阴道、外生殖器官（包括尿生殖前庭、阴唇和阴蒂）。

1. 卵巢　犬的卵巢呈长卵圆形，形似菜豆，长约 2cm，直径 1cm，位于第 3 或第 4 腰椎横突腹侧，右卵巢比左卵巢位置靠前，卵巢全部在卵巢囊内。成年雌犬卵巢表面凹凸不平。

雌犬生殖器官
的观察

猫的卵巢位于肾后方，呈卵圆形，长 6～9mm，宽 3～4mm，表面有许多白色稍透明的囊状卵泡，黄体呈棕黄色。

2. 输卵管　为弯曲的管道，从卵巢附近开始延伸到子宫角尖端。输卵管的腹腔端扩大呈漏斗状，称为漏斗，其边缘不整齐，形成许多皱襞，称为输卵管伞；紧贴漏斗的膨大部称为壶腹部，约占输卵管总长的 1/2 或 1/3，是精子和卵子的结合部位；输卵管后端变细，称为峡部。

未成年犬的输卵管一般为直管状，成年犬的输卵管明显弯曲，呈螺旋状，平均长度为 4～10cm，直径为 1～2mm，伞部开张于卵巢旁。猫的输卵管长 4～5cm，开口端是膨大的喇叭口，整个输卵管是一个窦，前 2/3 直径较大，后 1/3 很小。

3. 子宫　大部分位于腹腔，少部分位于骨盆腔，前接输卵管，后接阴道，借助子宫阔韧带悬于腰下，由子宫角、子宫体和子宫颈 3 部分组成。

犬的子宫几乎全部位于腹腔内，子宫角细长，平均长 12～15cm，两子宫分叉形成 V

形。子宫体长 2～3cm，壁薄，在其前部有长约 1cm 的中隔。犬的子宫颈短，壁厚，形似一个卵圆形的团块，将子宫和阴道分开，其腹侧部较明显地伸入阴道内。在阴道中的背中线子宫颈处形成子宫颈后褶，并通过一些小的纵褶由子宫颈阴道段延伸到阴门。在发情期及妊娠期，子宫颈后褶变得最为明显。雌犬在发情期，子宫为螺旋形，乏情期恢复原形状。

猫的子宫呈 Y 形，子宫角长达 9～10cm，中部为子宫体，长约 4cm。子宫后端伸向阴道，与阴道相通的部分为子宫颈。子宫腔和阴道腔有一 V 形口，互相交通，口朝向后腹方，顶尖朝前腹方。

4. 阴道　是阴道穹隆至处女膜（阴道外口）的管道部分，壁薄有弹性，为雌性动物的交配器官。位于骨盆腔内，上为直肠，下为膀胱和尿道，前接子宫，后接尿生殖前庭。犬的阴道无明显的穹隆，子宫颈阴道部由阴道前端上方呈圆锥状突出于阴道腔 0.5～1.0cm，其直径为 0.8～1.0cm。犬的阴道较长，成年中型犬阴道长 9～15cm。

5. 外生殖器官　包括尿生殖前庭、阴唇和阴蒂。

（1）尿生殖前庭。即尿道外口至阴门裂。犬尿生殖前庭的宽度因妊娠与否和体型大小有很大差异。一般未妊娠成年犬的阴门裂宽 3.0cm 左右，尿道口到阴门下联合的长度约为 5.0cm，尿生殖前庭连接部的直径为 1.5～2.0cm。

（2）阴唇、阴蒂。阴唇分左右两片构成阴门，两片阴唇的上端及下端联合起来形成阴门上角和下角。在阴门下角内包含有一个球形凸起即为阴蒂，由勃起组织构成，分布有丰富的感觉神经。在发情期，阴唇充血、肿大。

（二）雄性动物生殖器官的观察

雄性动物的生殖器官由睾丸和阴囊、附睾、输精管和精索、副性腺、尿生殖道、阴茎等组成。

雄犬生殖器官
的观察

1. 睾丸和阴囊　雄性动物睾丸成对，分别位于阴囊的两个腔内，为长卵圆形。睾丸的一侧有附睾附着，为附着缘；另一侧为游离缘。犬的睾丸呈卵圆形，体积较小，平均为 3cm×2cm×1.5cm，长轴自后上方向前下方倾斜，睾丸实质呈白色。

2. 附睾　附睾位于睾丸的附着缘，由头、体、尾 3 部分组成。头膨大，由睾丸输出管组成。睾丸输出管汇合成一条较粗而长的附睾管盘曲成附睾体和附睾尾，最后过渡为输精管。

3. 输精管和精索　输精管由附睾管过渡而来，经过腹股沟管进入腹腔，然后进入骨盆腔，绕过同侧的输尿管，在膀胱背侧的尿生殖褶内继续向后延伸变粗形成输精管壶腹。精索为连接睾丸与腹股沟管深环之间的一条扁平的圆锥形结构，其下端附着于睾丸和附睾上，上端进入腹股沟管，内有血管、神经、淋巴管、交感神经、提睾内肌和输精管。

4. 副性腺　犬仅有前列腺，非常发达，体部呈淡黄色球形体，环绕在整个膀胱颈和尿生殖道的起始部，扩散部薄，包围尿道、骨盆。猫的副性腺包括前列腺和尿道球腺。前列腺是一个双叶状的结构，位于尿道背侧部，与输精管相通。尿道球腺有 1 对，位于前列腺后尿道上，每一个尿道球腺都有一小管开口在阴茎根部的尿道里。

5. 尿生殖道　尿生殖道是雄性动物尿液和精液排出的共同通道，分为骨盆部和阴茎部，以坐骨弓为界，在交界处管腔变窄，形成尿道峡部。阴茎部位于阴茎海绵体腹面的尿道沟内。在尿生殖道骨盆部的腹面正中线上做纵行切口，可看到起始部尿道上壁有一圆形隆起的精阜。

6. 阴茎　阴茎由阴茎根、阴茎体、龟头 3 部分组成。阴茎借助两个阴茎脚固定于坐骨弓，在两股之间沿着下腹部伸向脐部，龟头位于其末端。阴茎由两个阴茎海绵体和腹面的尿道海绵体组成，为阴茎的勃起组织。犬的阴茎内有一阴茎骨，龟头由龟头突和呈圆形的龟头球组成，在交配时龟头球膨大造成和雌犬生殖器官的锁结。猫的阴茎呈圆柱形，尖端指向后方，包皮套着阴茎头。猫的阴茎头大，且有 100～200 个角质化小乳头，小乳头指向阴茎基部。阴茎远端有一块阴茎骨。

【实训提示】

（1）要爱护样本，不要损坏本次实验的各种标本。

（2）观察完毕要及时将标本放回标本池或用塑料纸裹好，以防干燥。

（3）实验过程中要保持安静，注意实验室的环境卫生。

【作业】

（1）根据活体位置分别绘出雄犬和雌犬生殖器官解剖结构图。

（2）比较雄犬、雄猫生殖器官的位置形态与结构特征。

（3）比较雌犬、雌猫生殖器官的位置形态与结构特征。

实训二　睾丸、卵巢、输卵管、子宫的组织学切片观察

【实训目标】通过对雄性动物睾丸和雌性动物卵巢、输卵管、子宫组织切片的观察，了解睾丸、卵巢、子宫、输卵管的组织结构及其形态。了解精子发生的过程与形态，了解卵子发生和卵泡发育的过程及其形态。

【材料与设备】

（1）动物睾丸、卵巢、输卵管、子宫的组织切片及相应幻灯片。

（2）显微镜、幻灯机或投影仪。

【实训内容】

（一）睾丸组织学观察

低倍镜下观察睾丸的白膜、纵隔、睾丸小叶及生精小管横断面。

白膜由致密的结缔组织构成，其中有血管。睾丸小叶呈锥形，其内有若干生精小管。生精小管之间有血管、神经和间质细胞。生精小管穿入睾丸纵隔的结缔组织，形成睾丸网，成为生精小管的收集管，最后由睾丸网分出 10～30 条睾丸输出管，汇入附睾头的附睾管，通向输精管。

高倍镜下观察生精小管及间质细胞的形状。

生精小管的管壁为复层上皮和结缔组织，上皮细胞成层地排列在基膜上，可分为支持细胞（足细胞）和生精细胞。

1. 支持细胞（足细胞）　体积大而细长，呈辐射状排列在生精小管中，分散在各期生精细胞之间，其基部附着在基膜上面，远端突出管腔，细胞核较大，位于细胞的基部，着色较浅，具有明显的核仁，在细胞的顶端常见有许多精子伸入细胞质内。该细胞对生精细胞起支持、营养、保护等作用。

2. 生精细胞　数量比较多，成群地分布在支持细胞之间，大致排成 3～7 层。根据其发育阶段和形态特点分为精原细胞、初级精母细胞、次级精母细胞、精子细胞和精子。

（1）精原细胞。位于最基层，常见有分裂现象。A 型精原细胞细胞质少，呈椭圆形；B 型精原细胞染色质浓厚，核圆而小，核膜明显；中间型精原细胞难以见到。

（2）初级精母细胞。位于精原细胞的内侧，排列成数层。细胞呈圆形，体积较大，核呈球形，染色体形状不一，有棒状和粒状。

（3）次级精母细胞。位于初级精母细胞的内侧，体积较小，细胞呈圆形，核呈球形，染色质呈细粒状，最大特点是不见核仁，由于它分裂较快，所以在同一位置上有它存在则无精细胞存在。

（4）精子细胞。位于次级精母细胞的内侧，靠近生精小管的管腔，常排列成数层，并多密集在足细胞游离端的周围。细胞呈圆形，体积更小，细胞质少，核小呈球形，着色深，核仁清晰。精子细胞不再分裂，经过一系列形态变化，即变为精子。

（5）精子。有明显的头和尾，呈蝌蚪状，靠近生精小管的管腔内。头部多呈扁椭圆形，染色较深，常深入支持细胞的顶部细胞质中，尾部朝向管腔。精子发育成熟后脱离生精小管的管壁，游离在管腔中，随即进入附睾。

（二）卵巢组织学构造的观察

在低倍镜下观察卵巢的生殖上皮和白膜，区分卵巢的皮质部和髓质部，挑选较清楚的卵泡部位，移至高倍镜下观察。

1. 原始卵泡 位于皮质部最外层，呈球形。初级卵母细胞位于中央，周围包有一单层的卵泡细胞。卵母细胞的体积较大，中央有一个圆形的泡状核，核内染色质较少，着色较浅，核仁明显。卵泡细胞体积小，核扁圆形，着色深。

2. 初级卵泡 呈球形，初级卵母细胞位于卵泡中央，体积较大而圆，细胞质染色浅，核仁明显，其周围有一层立方状或柱状的卵泡细胞，无卵泡膜和卵泡腔。

3. 次级卵泡 由初级卵泡发育而来，卵母细胞体积基本不变，但外围的卵泡细胞生长，体积增大，卵母细胞由多层颗粒细胞所包围，其外形成卵泡膜。在卵母细胞和卵泡细胞之间出现了有趋光的染色比较深的透明带。此期尚未形成卵泡腔。

4. 三级卵泡 卵泡体积增大，卵泡细胞分泌的液体增多，形成卵泡腔。随着卵泡液的增多，卵泡腔进一步扩大，卵母细胞被挤向卵泡的一侧，并包被于一团颗粒细胞所形成的小丘内，称为卵丘。透明带周围的颗粒细胞呈放射状排列，称为放射冠。

5. 成熟卵泡 是卵泡发育的最后阶段，体积很大，卵泡突出于卵巢表面。卵母细胞成熟，核呈空泡状，染色质很少，核仁明显。卵泡膜的内外两层界限明显，内膜增厚，内膜细胞肥大，类脂质颗粒增多。

6. 闭锁卵泡 卵巢内的各个发育阶段退化的卵泡称为闭锁卵泡，退化的卵母细胞存在于未破裂的卵泡中。初级卵泡退化后，一般不留痕迹。但生长卵泡退化时，可观察到萎缩的卵母细胞和膨胀塌陷的透明带。

7. 黄体 卵泡成熟后排卵，形成黄体。黄体主要由颗粒细胞和内膜细胞构成，颗粒细胞呈多面体，着色浅，排列紧密，含有球形的细胞核。

（三）输卵管与子宫组织学观察

1. 输卵管组织学观察 输卵管从内向外由黏膜、肌层和浆膜 3 层不同细胞层构成。

黏膜层上有许多皱襞，上边有两种上皮细胞：一种是分泌细胞，另一种是有纤毛的柱状细胞，二者相间排列。肌层主要由内环行平滑肌和外纵行平滑肌构成。外膜为浆膜层。

2. 子宫的组织学构造观察 子宫壁由内向外由内膜、肌膜、外膜构成。

内膜由上皮和固有膜构成。上皮为单层柱状上皮细胞，上皮内陷入固有膜内，形成子宫腺。固有膜为环行的结缔组织，其内含有大量的淋巴管、血管和子宫腺。肌膜为内环肌层和外环肌层构成，内外环肌层间有许多血管和神经。外膜为浆膜层。

【实训提示】

（1）显微镜使用过程中防止压碎组织切片。

（2）观察完毕要及时将组织切片放回切片盒，以防受损。

【作业】

（1）绘出并注明睾丸生精小管及其所含细胞的构造示意图。

（2）绘出并注明卵巢组织构造及其卵泡发育各阶段示意图。

实训三　雌犬的发情鉴定技术

【实训目标】 熟悉犬发情鉴定的常用方法；能较准确地判断母犬发情阶段，确定排卵时间和最佳配种（输精）时间。

阴道黏液涂片法　　　阴道黏液涂片法
进行发情鉴定的　　　进行发情鉴定
物品准备

【材料与设备】

1. 材料与设备 发情母犬、保定绳、口笼、水盆、毛巾、75％酒精棉球、1％～2％来苏儿溶液、0.1％新洁尔灭溶液、肥皂、电阻表、显微镜、玻璃棒、载玻片、盖玻片等。

2. 配备标准 4人为一组，每组配备母犬1只、保定绳、口笼1个、水盆1个、毛巾1条、肥皂1块、75％酒精棉球1瓶、1％～2％来苏儿溶液1瓶、0.1％新洁尔灭溶液1瓶。

【实训内容】

1. 外部观察法 通过观察雌犬的外部特征和行为表现以及阴道排出物，来确定雌犬的发情阶段。在发情前数周，雌犬即可表现出一些征状，如食欲状况和外观都有所变化，愿意接近雄犬，并自然地厌恶与其他雌犬做伴。在发情前的数日，大多数雌犬变得无精打采，态度冷漠，偶见初配雌犬出现拒食现象，甚至出现惊厥。发情前期的征状是：外生殖器官肿胀，从阴门排出血样分泌物并持续2～4d，当排出物增多时，阴门及前庭均变大、肿胀。雌犬兴奋不安、饮水量增加、排尿频繁，其目的是引诱雄犬，但拒绝交配。

从发情前期开始算起，大多数雌犬在9～11d接受雄犬交配而进入发情期。随后排出物大量减少，颜色由红色变为淡红色或淡黄色。触摸尾根部时，尾巴翘起，偏于一侧，站立不动，接受交配。某些雌犬具有选择雄犬的倾向。发情期过后，外阴部逐步收缩复原，偶尔见到少量黑褐色排出物，雌犬变得安静、驯服、乖巧。

2. 试情法 是以雌犬是否愿意接受雄犬交配来鉴定发情阶段的一种方法。一般情况下，处于发情期的雌犬，见到雄犬后会立即表现出愿意接受交配的行为，尾巴偏向一侧，故意暴露外阴，并出现有节律的收缩，站立不动等。试情时，最好采用输精管结扎了的雄犬来进行。

3. 阴道检查法 通过阴道黏液涂片的细胞组织分析，来确定雌犬发情阶段。发情前期，阴道黏液涂片检查可见很多角化的上皮细胞，红细胞，少量白细胞和有核上皮细胞。发情期，阴道黏液涂片检查可见角化的上皮细胞，较多红细胞，而没有白细胞。排卵后，白细胞占据阴道壁，同时出现退化的上皮细胞。发情后期，阴道黏液涂片检查中可见很多白细胞、非角化的上皮细胞，以及少量角质化的上皮细胞。休情期，阴道黏液涂片检查可见上皮细胞是非角质化的，但到发情前期止，上皮细胞才变为角质化。

4. 电测法 即应用电阻表测定雌犬阴道黏液的电阻值，以便确定最合适的交配时间。发情周期中，电阻变化太大。发情前期的最后 1d 变化为 495～1 216Ω，而在此之前为 250～700Ω。在发情期也发现变化不同，特别是发情期开始时，有些雌犬阴道黏液的电阻值下降，而有些雌犬与发情前期相比则上升，但所有的雌犬，发情期的后期部分时间内电阻值下降。

【实训提示】

（1）准备雌犬若干只，预先检查，了解每只雌犬的生理状况，是否发情。

（2）一个教学班应根据实验动物的数量，分成若干组，轮流进行练习。

【作业】

（1）根据观察和检查结果，分析发情征状，确定犬的发情阶段、输精或配种日期。

（2）每个学生对在实训过程中出现的问题进行总结分析。

（3）根据自己的操作过程和结果，书写实训报告。

实训四　雄犬的精液采集

【实训目标】熟悉犬的生殖器官的构造特点、性行为；掌握犬按摩法采精的要点、注意事项。

雄犬的精液采集

【材料与设备】

1. 材料与设备 经调教的雄犬、发情雌犬（或发情雌犬阴道黏液或尿液）、集精杯、干烤箱、胶皮手套、灭菌纱布。

2. 配备标准 有条件的可以按雄犬数量进行分组；如果条件不允许，教师进行示范，学生观摩。

【实训内容】犬的采精多采用手握按摩法，同时辅以发情雌犬的刺激或发情雌犬阴道分泌物的刺激。因为这种方法基本可以采集到雄犬各阶段的精液，同时不降低精液品质，也不会损伤雄犬的生殖器官，采精器械相对简单。

1. 消毒 采精前，需用温水及肥皂将雄犬的阴茎部及其周围清洗干净，以避免皮屑及被毛污染精液。同时，这也是对雄犬阴茎部的刺激，使雄犬在清洗以后就要采精这一过程形成条件反射。采精用集精杯等器械，一般需经过清洗、烘干、封装、干烤箱消毒等过程，才能使用。

2. 采精 用雌犬或雌犬阴道分泌物诱导雄犬，当雄犬出现爬跨、插入等交配行为时，采精员用手（戴胶皮手套）及时握住雄犬阴茎，将阴茎拉向侧面，同时给阴茎球体适当的压力并做前后按摩，当阴茎充分勃起后经 30s 左右即开始射精，射精过程持续 3～5s。采精时注意不使雄犬的阴茎接触器械；否则，会抑制射精。雄犬射出的精液一般分为 3 个阶段，第 1 阶段为尿道小腺体分泌的稀薄水样液体，无精子；第 2 阶段是来自睾丸的富含精子的部分，呈乳白色；第 3 阶段是前列腺分泌物，量最多，不含精子。采精时，3 个阶段精液很难截然分开，只有第 1 阶段区别较明显，呈水样，可弃掉不用，后两段可一起收集。收集时，集精杯上覆盖 2～3 层灭菌纱布进行过滤。

注意：①在自然交配后，雄犬抬起后腿而调转身体。在采精时，雄犬仍保持这种习惯动作，抬起一条后腿，企图越过采精者的手臂。

②对于没有雌犬或雌犬阴道分泌物诱导，以及诱导失败的雄犬，必须用全程按摩的方法采精。即采精员一手戴上灭菌胶皮手套，一手握集精杯，蹲于雄犬一侧，清洗、消毒雄犬包皮及其周围后，手指紧握阴茎并呈节奏性施加压力，数秒后，雄犬阴茎开始膨大，尤其是球体膨大部，采精员继续对阴茎球体进行节律性按摩 5s 左右，雄犬便产生抽动、射精等性行为。采精员按上述要求即可采集到精液。

【实训提示】采精操作前，必须熟悉雄犬的习性、射精特点、采精方法、操作要领和应注意事项。

【作业】

（1）每个学生对在实训过程中出现的问题进行总结分析。

（2）根据自己的操作过程和结果，书写实训报告。

实训五　精液的感官检查及精子活率、密度测定

【实训目标】熟悉感官检查精液品质的方法；熟悉精子活率、密度检查的方法步骤；掌握精子活率和密度的评定标准。

【材料与设备】

（1）新鲜精液。

（2）显微镜、显微镜保温箱（或带恒温台的显微镜）、载玻片、盖玻片、搪瓷盘、水温计、滴管、擦镜纸、纱布、蒸馏水、0.9%氯化钠溶液、0.1%新洁尔灭溶液、75%乙醇、刻度试管、量杯、微量移液器（10~20μL）、移液器枪头、枪头座、玻璃棒、3%氯化钠溶液、血细胞计数器。

（3）血细胞计数板构造图、精子密度图及其他图表等。

【实训内容】

（一）精液的感官检查

1. 射精量　将采集的精液倒入带有刻度的试管或集精杯中，测量其容量。良种犬的射精量为 10.0~13.0mL，第 2 阶段精液量平均为 3.8mL。

2. 色泽、气味　正常雄犬精液的颜色为乳白色或灰白色，略带有腥味。

（二）精子活率的测定

精子活率测定一般采用平板压片法。用玻璃棒蘸取 1 滴原精液或稀释后的精液（须用与精液温度相同的 0.9%氯化钠溶液稀释），滴在载玻片上，盖上盖玻片，其间应充满精液，无气泡。置于显微镜下放大 200~400 倍观察。

根据"十级一分制"评分法评定精子活率。如果精液中有 100%的精子做直线前进运动，精子活率评为 1.0；有 90%的精子做直线前进运动，精子活率评为 0.9；有 80%的精子做直线前进运动，则评为 0.8，以此类推。在评定精子活率时应观察多个视野，进行综合评定。正常精液的精子活率在 0.7 以上。

（三）精液密度测定

目前，生产中常用于测定精子密度的方法有估测法和血细胞计数器计数法。

1. 估测法 取 1 小滴原精液滴在清洁载玻片上，加上盖玻片，使精液分散成均匀的薄层，无气泡存留，精液也不外流或溢于盖玻片上，置于 400～600 倍显微镜下观察，按密、中、稀 3 个等级评定精子密度。

犬精液密度测定
物品的准备

2. 血细胞计数器计数法 操作步骤如下：

（1）在显微镜下找到计数室。血细胞计数板上的计数室为一正方形，其高度为 0.1mm，边长 1mm，由 25 个中方格组成，每一中方格又有 16 个小方格组成。寻找方格时，先用低倍镜看到整个计数室的全貌，然后再用高倍镜进行计数。

（2）稀释精液。用 3‰ NaCl 溶液对精液进行稀释，同时杀死精子，便于精子数目的观察。犬的精液一般可稀释 10 倍或 20 倍。

犬精液密度测定
（估测法）

（3）精液渗入计数室。用微量移液器吸取适量混合精液，将移液器枪头尖部接触盖玻片边缘，使精液自行流入计数室，计数室内不允许有气泡或者厚度过大。

（4）镜检。把计数室置于 400～600 倍显微镜下对精子进行计数。在 25 个中方格中选取有代表性的 5 个（四角各 1 个和中央 1 个）进行计数。统计时，对头部压线的精子应按照数上不数下、数左不数右的原则，避免重复计数或漏掉。

犬精液密度测定
（计数法）

（5）计算。计算公式为：1mL 原精液内精子数＝5 个中方格内的精子数×5（等于整个计数室 25 个中方格内的精子数）×10（等于 $1mm^3$ 内精子数）×1 000（等于 1mL 稀释后精液样品内的精子数）×稀释倍数。

为了减少误差，每次应连续检查样品 2 次，求其平均数。如果 2 次所得数字相差较大，应再做第 3 次检查，然后取较接近的 2 次检查的结果，求其平均值。

【实训提示】

（1）评定精子活率时，注意将显微镜的载物台放平，调在较暗视野中进行观察。温度对精子活率影响较大，为使评定结果准确，采精后应在 22～26℃的实验室内立即进行，以在 37℃保温箱内检测或用有恒温装置的显微镜检查为最佳。

（2）用血细胞计数器计数法测定精子密度时，为保证检查结果的准确性，在操作时要注意滴入计数室的精液不能过多；否则，会使计数室的高度增加，导致检查结果偏高。

（3）实习前，教师应先简要讲明精子活率、密度、形态等的检查方法和注意事项或先进行示教，然后分组进行实习。

【作业】

（1）每个学生对在实训过程中出现的问题进行总结分析。

（2）根据自己的操作过程和结果，书写实训报告。

实训六　犬精子畸形率测定

【实训目标】熟悉精子畸形率测定的方法步骤；掌握精子畸形率的评定标准、计算方法。

【材料与设备】犬新鲜精液、显微镜、显微镜保温箱（或带恒温台的显微镜）、载玻片、盖玻片、搪瓷盘、水温计、滴管、擦镜纸、纱布、蒸馏水、生理盐水、0.1％新洁尔灭溶液、75％乙醇、95％乙醇、刻度试管、量杯、微量移液器（10～20μL）、移液器枪头、枪头座、玻璃棒、染色缸、染色架、镊子、纱布、0.5％龙胆紫（或蓝、红墨水）、3％氯化钠溶液、血细胞计数器、畸形精子形态图等。

【实训内容】

1. 涂片　以细玻璃棒蘸取精液 1 滴，滴于载玻片一端，以另一载玻片的顶端呈 35°角，抵于精液滴上，向另一端拉去，将精液均匀涂抹于载玻片上。

2. 干燥　抹片于空气中自然干燥。

3. 固定　将干燥好的涂片置于 95％乙醇固定液中固定 3～5min。

4. 染色　经阴干后，用 0.5％的龙胆紫或用蓝（红）墨水染色，时间 3～5min。

5. 水洗　在缓慢流水的自来水龙头下将染料冲洗干净。

6. 镜检　经阴干或烘干后，在 400～600 倍显微镜下检查，数出不同视野的 300～500 个精子，记录其中畸形精子数量。

7. 计算　计算公式：精子畸形率 $= \dfrac{\text{畸形精子数}}{\text{检查精子总数}} \times 100\%$

犬精液畸形率　　犬精液畸形率
测定的物品准备　　测定

【作业】

（1）每个学生对在实训过程中出现的问题进行总结分析。

（2）根据自己的操作过程和结果，书写实训报告。

实训七　犬精子顶体异常率的测定

【实训目标】熟悉犬精子顶体异常率测定的方法步骤；掌握犬精子顶体异常率的评定标准、计算方法。

【材料与设备】犬新鲜精液、显微镜、显微镜保温箱（或带恒温台的显微镜）、载玻片、盖玻片、搪瓷盘、水温计、滴管、擦镜纸、纱布、蒸馏水、生理盐水、0.1％新洁尔灭溶液、75％乙醇、95％乙醇、刻度试管、量杯、微量移液器（10～20μL）、移液器枪头、枪头座、玻璃棒、染色缸、染色架、镊子、纱布、血细胞计数器、福尔马林磷酸盐缓冲液、2％甲醛的柠檬酸液、吉姆萨染色液、苏木精染色液、0.5％伊红染色液等。

【实训内容】

（1）将被检精液制成精液抹片，自然干燥 2～20min，用 1～2mL 的福尔马林磷酸盐缓冲液固定。

（2）对含有卵黄、甘油的精液样品需用含 2％甲醛的柠檬酸液固定，静置 15min，水洗后用吉姆萨染色液染色 90min（或用苏木精染色液染色 15min，水洗，风干后，再用 0.5％伊红染色液染 2～3min）。

（3）经上述染色后，再水洗、风干后置于 1 000 倍显微镜下用油镜观察，或用相差显微镜（10×40×1.25 倍）观察。

（4）每张抹片必须观察 300 个精子，统计出精子顶体异常率。

【实训提示】采用吉姆萨染色液染色时，精子的顶体呈紫色，而用苏木精-伊红染色液染色时，精子的细胞膜呈黑色，顶体和核被染成紫红色。

犬精子顶体异常率测定的物品准备　犬精子顶体异常率测定

【作业】

（1）每个学生对在实训过程中出现的问题进行总结分析。

（2）根据自己的操作过程和结果，书写实训报告。

实训八　稀释液的配制与精液的稀释

【实训目标】掌握稀释配制的基本程序；掌握精液稀释的操作方法。

【材料与设备】犬新鲜精液、果糖、二水柠檬酸钠、鲜鸡蛋、青霉素、链霉素、双蒸馏水、甘油、三角烧瓶、烧杯、量筒、天平、三角漏斗、水浴锅、酒精灯（或电热炉）、注射器、水温计、玻璃棒、定性滤纸、75％酒精棉球等。

【实训内容】

1. 稀释液的配制

（1）配方。Tris 2.422g、果糖 1.0g、柠檬酸 1.36g、卵黄 20mL、甘油 8mL、双蒸馏水 100mL、青霉素 10 万 U、链霉素 10 万 U。

（2）配制步骤。

①量取双蒸馏水。用量筒量取双蒸馏水 100mL。

②称量药品。用天平准确称量 Tris 2.422g、果糖 1.0g、柠檬酸 1.36g。

③溶解。将称量的药品分别放入双蒸馏水中，用玻璃棒搅拌溶解。

④煮沸消毒。用定性滤纸和三角漏斗过滤至三角烧瓶中，封口，用酒精灯或电热炉煮沸消毒，自然（或快速）冷却至40℃以下，备用。第一液配制完毕。

⑤抽取卵黄。取一枚新鲜鸡蛋，用75％酒精棉球均匀擦拭鸡蛋外壳消毒。打开鸡蛋外壳，用注射器刺破卵黄膜抽取卵黄 20mL 加入第一液中。并充分混合均匀。

⑥取青霉素 10 万 U、链霉素 10 万 U，加入第一液中，混合均匀。稀释液配制完毕。

2. 精液稀释　选用相应的稀释液，把精液和稀释液分别装入烧杯中，置于30℃环境中做同温处理。将稀释液沿器壁缓缓加入精液中，边加入边搅拌。稀释结束后，镜检精子活率。

【作业】

（1）每个学生对在实训过程中出现的问题进行总结分析。

（2）根据自己的操作过程和结果，书写实训报告。

实训九　精液的冷冻与解冻

【实训目标】熟悉精液冷冻过程；熟练掌握冷冻精液的解冻技术。

【材料与设备】新鲜精液、果糖、Tris、鸡蛋、甘油、青霉素、链霉素、蒸馏水、75％乙醇、柠檬酸钠、甘油、双蒸馏水、液氮罐、广口保温瓶、铝饭盒、滴管、烧杯、三角烧瓶、水温计、塑料细管、漏斗、天平、显微镜、镊子、铜纱网或氟板、量杯、量筒、纱布、棉花、盖玻片、载玻片等。

【实训内容】

1. 稀释液的配制

（1）配方。Tris 2.422g、果糖 1.0g、柠檬酸 1.36g、卵黄 20mL、甘油 8mL、双蒸馏水 100mL、青霉素 10 万 U、链霉素 10 万 U。

（2）配制方法。首先配制 Tris-果糖溶液，过滤后煮沸消毒，冷却后加入卵黄、甘油和抗生素，混合均匀。

2. 解冻液的配制　柠檬酸钠 2.9g，双蒸馏水 100mL。溶解过滤消毒后备用。

3. 稀释　取活率不低于 0.7 的新鲜精液，用等温稀释液做 5～6 倍稀释，保证每个输精量中有效精子数不少于 3 000 万个。

4. 平衡　把稀释后的精液放入 0～5℃的冰箱或恒温箱中，放置 2～4h。

5. 冷冻

（1）颗粒冻精。用广口保温瓶盛装约 2/3 的液氮，在液氮面上放置一铝饭盒盖，其上放一铜纱网，也可用氟板（聚四氟乙烯凹板）代替。铜纱网（或氟板）距液氮面 1～2cm。用低温计测量温度，当铜纱网面（或氟板）温度降到－120～－80℃时，用滴管将平衡后的精液滴在铜纱网或氟板上，每个颗粒的体积为 0.1mL，停留 3～5min，当颗粒冻精的颜色由黄变白时即冻好，取下冻精，浸入液氮中保存。

（2）细管冻精。方法与颗粒冻精基本相同。在 2～5℃的环境中，用细管分装机将平衡好的精液分装到 0.25mL 的塑料细管中，封口后平置于铜纱网上，距液氮面 1～2cm 处熏蒸 5min 后，浸入液氮中保存。

6. 保存　颗粒冻精每 50 粒或 100 粒装入一个纱布袋中，扎紧袋口，抽样解冻检查后，做好标记，放入液氮罐的提筒内保存。细管冻精做好标记后，每 50 支或 100 支装入一纱布袋内，迅速移入液氮罐内保存。

7. 解冻

（1）颗粒冻精的解冻。在烧杯中盛满 38～40℃温水，把 1mL 解冻液（2.9％柠檬酸钠液）放入一试管内，置于温水中，当解冻液与水温接近时，用镊子夹取一粒冻精投入试管中，精液颗粒溶化到一半时取出，镜检精子活率不低于 0.3 为合格，可用于输精。

（2）细管冻精的解冻。在烧杯中盛满 38～40℃温水，打开液氮罐，把镊子放在罐口预冷，然后提起提筒至罐的颈部，迅速夹取一支冻精放入烧杯中，轻轻摇晃使其基本融化（20s 左右），取出镜检。

【作业】

（1）每个学生对在实训过程中出现的问题进行总结分析。

（2）根据自己的操作过程和结果，书写实训报告。

实训十　人工授精器械的洗涤和消毒

【实训目标】熟悉人工授精器械的洗涤和消毒方法。

【材料与设备】

1. 胶皮类 犬用的假阴道内胎、集精杯等。

2. 金属类 开腟器、剪刀、输精器等。

3. 玻璃类 温度计、三角烧瓶、平皿、滴管、吸管、量杯、漏斗等。

4. 其他 高压蒸汽灭菌器、干燥箱、乙醇、温碱水、毛刷、纱布、棉花以及稀释液等。

犬人工授精器械
的准备

【实训内容】

1. 洗涤器械 人工授精所用器械，在使用前及使用后必须洗刷干净。先用 1‰～2‰ 温碱水洗涤污物，再用清水冲洗数遍，达到清洁为止。

2. 消毒器械 根据器械种类性质，可以采取以下几种方法进行消毒：

（1）蒸汽消毒。不怕蒸煮的玻璃、稀释液、纱布、毛巾等，可用高压蒸汽灭菌 30min。使用前需用生理盐水冲洗。

（2）乙醇消毒。假阴道内胎、温度计等，可用 70% 酒精棉球消毒，待乙醇完全挥发后方能使用。

（3）火焰消毒。如玻璃棒、开腟器、金属输精器等，可用酒精灯火焰进行消毒。

（4）煮沸消毒。临时急用的器械，如注射器、针头以及各种稀释液等，可煮沸（稀释液也可隔水煮沸）10～15min。

经消毒过的器械，在使用之前，需用生理盐水或稀释液进行冲洗后，方可使用。

【作业】

（1）每个学生对在实训过程中出现的问题进行总结分析。

（2）根据自己的操作过程和结果，书写实训报告。

实训十一　母犬的输精

【实训目标】做好输精前的准备工作；掌握犬输精操作的要领。

【材料与设备】发情雌犬、输精器、犬的精液、干烤箱、胶皮手套、灭菌纱布。

母犬输精用品　　母犬的输精
的准备

【实训内容】将雌犬放在适当高度的台上站立保定或做后肢举起保定，输精人员将输精器与雌犬背腰水平线大约成 45°向上插入 5cm 左右，随后以平行的方向向前插入；输精器到达子宫颈口时，输精人员会感到明显的阻力，此时可将输精器适当退后再行插入，输精器通过子宫颈口后，输精人员会有明显的感觉；这时，可将输精器尽量向子宫内缓慢推送，有的甚至可达子宫角。当输精器不能再深入时，输精人员将输精器向后退少许，即可缓慢注入精液。输精后抬高雌犬的后躯 3～5min，以防精液倒流。

每次输入精液的标准为：精子活率不低于 0.35，输精量 0.25mL，含有效精子数不低于 1 500 万个。

对于冷冻精液，解冻后应立即输精。有效精液量应为 0.25mL 含 1 500 万个精子，其存活率不低于 50%～70%。由于犬的冷冻精液目前仍在试验阶段，因此建议每天输精 1 次，连续输精3d。

【实训提示】

（1）实习时，在没有发情雌犬的情况下，可给实验用雌犬预先注射己烯雌酚或苯甲酸雌二醇，促使雌犬发情，使子宫颈外口松弛。出现发情征状时，进行输精实习。

（2）整个操作过程均应做到慢插、适深、轻注、缓出。

【作业】

（1）每个学生对在实训过程中出现的问题进行总结分析。

（2）根据自己的操作过程和结果，书写实训报告。

实训十二　犬的妊娠诊断之外部观察法

【实训目标】掌握母犬外部检查的妊娠诊断方法；熟悉妊娠诊断中外部检查的技术要点。

【材料与设备】妊娠前期和妊娠后期的母犬数只。各月份的生殖器官标本和挂图、保定绳、口笼、听诊器、热水、脸盆、肥皂、毛巾、液状石蜡、酒精棉球、消毒棉花。

【实训内容】雌犬妊娠以后因体内新陈代谢和内分泌系统的变化导致其行为和外部形态发生一系列变化，这些变化是有一定规律可循的，掌握这些变化规律就能据此来判断雌犬是否妊娠及其状况。

1. 行为的变化　妊娠初期无行为变化。妊娠中期雌犬行动迟缓而谨慎，有时震颤，喜欢温暖场所。妊娠后半期，雌犬易疲劳，频繁排尿，接近分娩时有做窝行为。

2. 体重的变化　妊娠雌犬体重的增加与食欲的变化相平衡。排卵后到第30天时的体重与排卵时体重相比略有增加，但幅度不大，在此之后到妊娠第55天雌犬的体重迅速增加，妊娠55d到分娩时体重的增加不明显。胎儿数越多，体重增加越快。

3. 乳腺的变化　妊娠初期乳腺的变化不明显，妊娠1个月以后乳腺开始发育，腺体增大。临近分娩时，有些雌犬的乳头可以挤出乳汁。

4. 外生殖器的变化　雌犬发情结束后，其外阴部仍然肿胀，非妊娠犬经过3周左右逐渐消退，妊娠犬在整个妊娠期外阴部持续肿胀。妊娠犬肿胀的外阴部常呈粉红色的湿润状态，分娩前2～3d，肿胀更加显著，外阴部变得松弛而柔软。

阴道分泌大量的黄色黏稠不透明的黏液。以后，不管妊娠与否，仍然间断性地分泌。但是，妊娠雌犬分泌的黏液变为白色稍黏稠而不透明的水样液体，这种黏液并非都是分泌的。临近分娩时（前数小时），子宫颈管扩张，分泌1～3mL非常黏稠的黄色不透明黏液。

【作业】

（1）每个学生对在实训过程中出现的问题进行总结分析。

（2）根据自己的观察结果，书写实训报告，各组汇报结果。

实训十三　犬的妊娠诊断之触诊法

【实训目标】掌握母犬的妊娠诊断方法；熟悉妊娠诊断中触诊法的技术要点。

【材料与设备】妊娠前期和妊娠后期的母犬数只。各月份的生殖器官标本和挂图、保定绳、口笼、听诊器、热水、脸盆、肥皂、毛巾、液状石蜡、酒精棉球、消毒棉花。

【实训内容】触诊法是指隔着母体腹壁触诊胎儿及胎动的方法。凡触及胎儿者均可诊断为妊娠，但触不到胎儿时不能否定妊娠。此法可用于妊娠前期。

经腹壁触诊子宫可早期诊断出妊娠，其准确性因犬的性情、体型大小、妊娠阶段、胎儿数目、肥胖程度以及施术者的经验而异。妊娠 18～21d，胚胎绒毛膜囊呈半圆形的膨胀囊，位于子宫角内，直径约 1.5cm，经腹壁很难摸到。妊娠 28～32d，胚囊呈乒乓球大小，直径 1.5～3.5cm，经腹壁很容易触摸到；妊娠 30d 后，很难摸到子宫角，胎囊体积增大、拉长、失去紧张度，胎儿位于腹腔底壁。妊娠 45～55d，子宫膨大部 5.4cm×8.1cm，而且迅速增长、拉长（体瘦皮薄的犬可触到胎儿），接近肝部，子宫角尖端可达肝后部，胎儿位于子宫角和子宫颈的侧面及背面。妊娠 55～65d，胎儿增大，很容易触摸到。

【作业】

(1) 每个学生对在实训过程中出现的问题进行总结分析。

(2) 根据自己的操作过程和结果，书写实训报告。

实训十四　犬的妊娠诊断之超声波诊断法

【实训目标】掌握母犬的妊娠诊断方法；熟悉妊娠诊断中超声波诊断法的技术要点。

【材料与设备】妊娠前期和妊娠后期的母犬数只。线形或扇形超声波。各月份的生殖器官标本和挂图、保定绳、口笼、听诊器、热水、脸盆、肥皂、毛巾、液状石蜡、酒精棉球、消毒棉花、螯合剂。

【实训内容】此法是通过线形或扇形超声波装置探测胚泡或胚胎的存在来诊断妊娠的方法。将妊娠犬采取仰卧或侧卧保定，剪掉下腹部被毛，探头及探测部位充分涂抹螯合剂，使探头与皮肤紧密接触。

最早可以确认胚泡的时间是交配后第 18～19 天。此时图像不十分清楚。交配后第 20～22 天的图像清晰。交配后第 35～38 天可以观察到胎儿的脊柱。

妊娠诊断还可以利用超声多普勒法通过子宫动脉音、胎儿心音和胎盘血流音来判断是否妊娠。让雌犬自然站立，腹部最好剪毛，把探头触到稍偏离左右乳房的两侧，子宫动脉音在未妊娠时为单一的搏动音，妊娠时为连续性的搏动音。胎儿心音比雌犬心音快得多，类似蒸汽机的声音。胎儿心音及胎盘血流音只有妊娠时才能听到。

超声多普勒法在交配后第 23 天即可以诊断，交配后第 25 天可以听到胎儿心音及胎盘血流音，其诊断准确率很高。

【作业】

(1) 每个学生对在实训过程中出现的问题进行总结分析。

(2) 根据自己的操作过程和结果，书写实训报告。

实训十五　犬的妊娠诊断之 X 线诊断法

【实训目标】掌握母犬的妊娠诊断方法；熟悉妊娠诊断中 X 线诊断法的技术要点。

【材料与设备】妊娠前期和妊娠后期的母犬数只。线形或扇形超声波。各月份的生殖器官标本和挂图、保定绳、口笼、听诊器、热水、脸盆、肥皂、毛巾、液状石蜡、酒精棉球、消毒棉花、螯合剂。

【实训内容】交配后第 20 天前，X 线尚不能确定妊娠。交配后第 25～30 天，受精卵已经着床，胚胎内潴留液体，此时 X 线可以确定稍膨大的子宫角。妊娠 30～35d 时，根据犬体大小，腹腔内注入 200～800mL 空气进行气腹造影，可以确定子宫局限性肿块的阴影。妊娠 45d 时，根据子宫内胎儿的位置不同，X 线可照出胎儿的头部或脊柱，但有时不能确定胎儿数目。妊娠 50d，X 线摄像的胎儿骨骼明显，胎儿数目清晰。

X 线诊断法一般不作为早期妊娠诊断来使用，因为射线对胚胎早期的发育影响很大。一般主要用于妊娠后期确定胎儿数或比较胎儿头骨与母体骨盆口的大小，以预测难产的可能性，而且应该尽量避免反复使用。

【作业】

（1）每个学生对在实训过程中出现的问题进行总结分析。

（2）根据自己的操作过程和结果，书写实训报告。

实训十六　新生仔犬脐带的处理

【实训目标】掌握新生仔犬的生理特点；熟悉助产时新生仔犬脐带的处理方法及注意的事项。

【材料与设备】繁殖母犬、仔犬、酒精棉球、碘酊棉球、食用油或液状石蜡。

【实训内容】正常分娩的助产应在严格消毒的原则下进行，助产员的手臂要洗净并消毒。

如果雌犬不会咬断脐带或脐带过长，则要给仔犬剪断脐带。在仔犬脐带根部用缝线结扎好，距离仔犬腹壁基部 2cm 处剪断，断端用碘酊涂擦。涂擦碘酊不仅有杀菌作用，而且对断面有鞣化作用。也可直接用手指拧断，不需结扎止血，也会自然止血。胎儿产出后脐带血管会迅速封闭，处理脐带只是为了避免细菌的侵入，防止感染。

【作业】

（1）每个学生对在实训过程中出现的问题进行总结分析。

（2）根据自己的操作过程和结果，书写实训报告。

实训十七　新生仔犬的护理

【实训目标】掌握新生仔犬吃足初乳的观察和保温方法；熟悉人工喂养、保姆犬喂养的操作方法。

【材料与设备】繁殖母犬、保姆犬、仔犬、鲜牛乳、葡萄糖、小儿维生素、冰箱、特制奶瓶（婴儿用的奶瓶也可以）、玻璃棒、凡士林、食用油或液状石蜡。

【实训内容】

1. 加强观察　新生仔犬的活动能力很差，而且眼睛和耳朵都完全闭着，有随时被雌犬压死、踩伤的可能，也有爬不到雌犬身边因受冻、吃不到初乳而挨饿等现象，这些都需要有人随时发现并且要随时处理。所以对新生仔犬的观察护理非常重要，对母性不好、体质弱的仔犬尤其重要。

2. 保温　新生仔犬的体温较低，为 36～37℃，最低体温会降到 33～34℃。而且新生仔犬的体温调节能力差，体内能量储备少，对温度反应敏感，不能适应外界温度的变化，所以对新生仔犬必须保温，尤其是在寒冷的冬季。1周龄内的仔犬的生活环境温度以28～32℃为宜，对体质较弱的新生仔犬，恒定的环境温度尤其重要。随着年龄的增长，新生仔犬对环境温度变化的调节能力逐渐增强。但新生仔犬生活的环境温度也不宜过高，过高会使机体水分排泄过多，容易脱水。一般以稍低于健康新生仔犬的体温为好。

3. 吃足初乳 初乳一般是指雌犬产后1周内分泌的乳汁。初乳中不仅含有丰富的营养物质，并具有轻泻作用，更重要的是含有母源抗体。新生仔犬体内没有抗体，完全是通过消化初乳获得抗体，从而有效地增强抗病能力。因此，新生仔犬要在产出后24h内尽快吃上初乳。对不能主动吃乳的仔犬应及时让其吃上初乳。最好先挤几滴初乳在乳头上，然后轻轻地把仔犬的嘴鼻部在母犬乳房上摩擦，再将乳头塞进仔犬嘴里，以鼓励仔犬吮吸母乳。必要时还需挤出初乳喂新生仔犬。

4. 人工哺育 雌犬产仔数过多（8头以上）或雌犬乳汁不足甚至无乳时，应进行人工哺乳或保姆犬哺乳。但在进行人工哺乳或保姆犬哺乳之前，要尽量让新生仔犬吃到初乳。除非绝对必要（无乳或其他原因确实不能哺乳等），最好是经雌犬哺乳5d左右再离开，这样就可以提高仔犬的免疫力，增强抗病能力。

（1）人工喂养。首先要选好代乳品，一般使用牛乳，最好是鲜牛乳。开始时应按体积加1/3的水稀释，再在每500mL稀释乳中加入10g葡萄糖和两滴小儿维生素混合物滴剂。35d后应逐渐减少水的比例，提高牛乳浓度。白天至少每隔2h喂1次，体质特别弱或食量小的，要每小时喂1次；晚上视情况每隔3～6h喂1次。每天喂食的乳料，最好现喂现配，也可将1d的乳料配好储存在冰箱里，喂食时将乳料加热到38℃左右。喂食量可根据仔犬的胃容量来确定，以5～8成饱为宜。

喂养方法：准备好一个特制奶瓶（婴儿用的奶瓶也可以），使用前先对奶瓶进行消毒，再把配制好的乳料倒入奶瓶中，加热至38℃左右。抱起新生仔犬，托住它的胸廓，将奶嘴放入它的口中即可。喂乳时应让新生仔犬自己吸乳，不要让奶瓶高过头顶，更不要给新生仔犬强行灌乳（除非确实必要）。同时，注意喂乳时不要捏紧仔犬的腿，应让其腿能够自由活动。

刺激排泄：新生仔犬不会自己排泄粪尿，必须由雌犬舔舐肛门来清理。有些雌犬不会舔舐，必须人为地帮助擦拭。每次喂乳时，要模仿雌犬的净化活动，用棉球或柔软的卫生纸擦拭肛门，并擦干仔犬头部及身上的乳汁、水和其他污物等。同时，对仔犬的胃肠和膀胱进行轻度的刺激（轻揉），以便促进胃肠及膀胱蠕动。

其他注意事项：①防止便秘。人工喂食的代乳品无轻泻作用，容易引起便秘，一旦出现便秘可用圆头的玻璃棒在肛门内及周围涂擦凡士林，也可在代乳品中加入1～2滴食用油或液状石蜡，严重的可直接将食用油或液状石蜡滴仔犬入口中，直到排便恢复正常。一旦正常立即停止使用，以防止引起腹泻。②如果是由于新生仔犬数多而进行人工喂养的，在喂养间歇期应把新生仔犬放回雌犬身边，这样有利于其生长发育。但在放回时要特别注意观察雌犬对新生仔犬的反应，防止有的雌犬不接受人工喂养的新生仔犬，甚至会伤害它。如果雌犬不接受，需完全移开进行人工喂养。

（2）保姆犬喂养。保姆犬哺乳对缺乳的新生仔犬的正常发育很有利，若做得好与原雌犬带的效果一样。有条件的可以对产仔数多的雌犬配备好保姆犬。一般选择性情温和的保姆犬，并应具备两个条件：①与原雌犬分娩时间基本相同；②有充足的乳汁。在给保姆犬喂养前，要在新生仔犬身上涂擦保姆犬的乳汁或尿，让新生仔犬身上带有保姆犬的气味，这样保姆犬就能很快接受新生仔犬。但开始几天要密切观察，防止保姆犬不接受并伤害新生仔犬。只有当保姆犬开始接受新生仔犬吃乳，并照顾它时，才能放手让其正常喂养。

5. 疾病预防　新生仔犬抗病力极差，很容易受到病原微生物的侵袭，因此产房一定要干净、卫生。注意新生仔犬的保温，防止感冒。保持乳房清洁卫生，防止肠道感染。新生仔犬出现肠道感染时，可在其口腔滴入几滴抗生素。

【作业】

(1) 每个学生对在实训过程中出现的问题进行总结分析。

(2) 根据自己的操作过程和结果，书写实训报告。

实训十八　分娩助产

【实训目标】掌握雌犬正常分娩的过程、助产的程序；熟悉助产时应注意的事项。

【材料与设备】繁殖母犬、酒精棉球、碘酊棉球、食用油或液状石蜡。

【实训内容】正常分娩的助产应在严格消毒的原则下进行，助产员的手臂要洗净并消毒。

(一) 分娩时的助产

雌犬分娩正常时不必助产，如果出现下列情况则要及时助产。

1. 雌犬不撕破胎膜　当胎儿露出阴门后，雌犬不主动去撕破胎膜时，要及时帮助雌犬把胎膜撕破。撕破胎膜要掌握时机，不要过早，以免胎水过早流失造成产出困难。

2. 雌犬产力不足　有些雌犬特别是初产雌犬和年老的雌犬，由于生理原因出现阵缩、努责微弱，无力产出胎儿。此时要使用催产素，同时用手指压迫阴道刺激雌犬反射性地增强努责。

3. 胎儿过大或产道狭窄　出现这种情况时必须采取牵引术进行助产。方法是消毒外阴部，向产道注入充足的润滑剂。先用手指触及胎儿掌握胎儿的情况，再用两手指夹住胎儿，并随着雌犬的努责慢慢拉出，同时从外部压迫产道挤出胎儿，或使用分娩钳拉出胎儿，使用分娩钳时应尽量避免损伤产道。

4. 胎位不正　犬正常的胎位是两前肢平伸将头夹在中间，朝外伏卧于产道。产出的顺序是前肢、头、胸腹和后躯，正常胎位的分娩一般不会出现难产，而且有 40% 左右的以尾部朝外的胎位分娩也属正常。只要当胎位不正引起产出困难时，就要进行整复纠正。方法就是将手指伸进产道，并将胎儿推回，然后纠正胎位。手指触及不到时，可使用分娩钳。

正常助产如果没有效果，就可能发生难产，应及时做进一步处理，必要时应进行剖宫产。

(二) 对产出仔犬的处理

仔犬产出后雌犬因各种原因不能护理时，要进行人工护理。

1. 清除黏液　仔犬产出后雌犬不去舔舐仔犬时，要用卫生纸或柔软的干毛巾及时擦掉仔犬鼻孔及口腔内的黏液，并将后肢提起倒出鼻孔和口腔内的液体，确保仔犬呼吸畅通，防止窒息。对假死状态的仔犬，清除黏液后马上进行人工呼吸，轻压其胸部和躯体，抖动全身直到仔犬发出叫声并开始呼吸。

2. 处理脐带　相关内容见实训十六。

3. 擦净羊水　母犬不会舔舐仔犬身体时，要用卫生纸或柔软的干毛巾擦干仔犬全身，特别是被毛。但除非绝对需要这样做，一般尽量让母犬自己舔干，即使需要帮助擦干也应留些给母犬，以增加母犬对仔犬的关注。

【作业】

（1）每个学生对在实训过程中出现的问题进行总结分析。

（2）根据自己的操作过程和结果，书写实训报告。

实训十九　猫的妊娠诊断

【实训目标】掌握猫妊娠生理特点；熟悉猫妊娠诊断中常见方法的技术要点。

【材料与设备】妊娠前期和妊娠后期的母猫数只。各月份的生殖器官标本和挂图、保定绳、口笼、听诊器、热水、脸盆、肥皂、毛巾、液状石蜡、酒精棉球、消毒棉花，线形或扇形超声波装置、X 线机、超声多普勒仪。

【实训内容】

1. 外部观察法　此法是依据猫妊娠后体内新陈代谢和内分泌系统变化导致行为和外部形态特征发生一系列规律性变化，根据这些规律性变化来判断雌猫是否妊娠的方法。具体参见犬的妊娠诊断。

2. 腹壁触诊　是指隔着母体腹壁触诊胎儿及胎动的方法。由于猫腹壁通常比较松弛，因而容易触诊。此法可用于妊娠前期检查。最适触诊时间为妊娠后第 20～30 天，这是因为这一阶段各胎儿之间分隔最明显。触诊时用力应谨慎，防止用力过猛造成雌猫流产。此外，在妊娠后期，也可以通过腹壁触诊探及胎儿。

3. X 线检查　在妊娠第 17 天以后，可借助 X 线透视胚胎在子宫上形成多个突起。从这种突起的最小直径，还可以近似推断出妊娠的日期。此法一般不作为早期妊娠诊断来使用，因为射线对胎儿早期的发育影响较大。

4. 超声波诊断　此法是通过线形或扇形超声波装置探测胚泡或胚胎的存在来诊断妊娠的方法。猫最早可在妊娠后第 19 天后就开始应用，具体操作参见犬的妊娠诊断。

5. 超声多普勒法　此法是通过子宫动脉音、胎儿心音和胎盘血流音来判断是否妊娠。猫一般在妊娠 30d 后，可用多普勒仪探测脐动脉血流、胎儿心跳或子宫动脉血流。

6. 血液学检查　此法是根据猫体内血液成分是否发生一系列变化来判断是否妊娠的方法。测定这些变化不仅有助于妊娠诊断，而且有助于区分真妊娠与假妊娠。在妊娠后期时血红蛋白浓度和红细胞比容均降低，但产后 1 周内恢复正常。这种血液学变化不能单独用于确定猫是否妊娠，必须与其他检查模块结合起来分析。白细胞和血浆总蛋白质在妊娠期保持恒定，但在猫激动时，白细胞数会增加。

【作业】

（1）每个学生对在实训过程中出现的问题进行总结分析。

（2）根据自己的操作过程和结果，书写实训报告。

实训二十　猫的妊娠护理

【实训目标】掌握猫妊娠生理特点；熟悉猫妊娠期护理的技术要点。

【材料与设备】妊娠前期和妊娠后期的雌猫数只，各月份的生殖器官标本和挂图，猫的产房。

【实训内容】猫在妊娠期间其生理机能及营养代谢与平时不同，所以必须对其加以精心护理，以避免流产或死胎情况的发生。

（一）营养护理

雌猫妊娠后，随着胎儿在母体内逐渐长大，其生活行动较过去有一些改变，如活动量减少、跑跳稳重、食量增加等。猫的妊娠期一般为63d（57～71d）。妊娠初期，一般不需要补充特殊食物和进行特殊护理。妊娠中期，随着胎儿在母体内逐渐长大，雌猫采食量明显增多，此时除了应增加食物的供应量外，还应给妊娠猫补充富含蛋白质的食物，如猪肉、牛肉、鸡肉、鸡蛋和牛乳等。在妊娠后期（最后3周），妊娠猫采食量增加20%～30%，但由于子宫内胎儿已长大，占据了腹腔的一定空间，因此妊娠猫的每次采食量有限。为此，应采用少食多餐法饲喂，每天喂食增加至4～5次，夜间要进行补饲。但是，在保证妊娠猫营养需要的同时，还应防止妊娠猫过食，以免妊娠猫产前过于肥胖，造成难产。因此，应减少富含糖类食物的供应量，而应补充蛋白质类食物。在产前适当给妊娠猫补钙，一般每天0.3g。除此以外，还要注意蛋白质的摄入量。如果母体在妊娠期和泌乳期蛋白质吸收不足，则会导致一些不良后果，如仔猫在遇刺激时情绪反应过激。

（二）其他护理

1. 适当运动 妊娠猫适当运动，不仅有益于身体健康，而且也有利于正常分娩。在妊娠后期更应注意应有足够的运动。因为运动既可以增加肌肉的张力，又可防止脂肪的蓄积而造成过肥。

2. 保持安静 妊娠猫比较喜欢安静，除了要人为地让猫适当活动外，应尽量避免打搅或惊动它，并应将猫窝放置在安静、干燥、温暖、有阳光的地方。

3. 防止机械性损伤 妊娠猫的腹部受到不适当的挤压，或因受惊逃窜和剧烈运动时，往往会造成胎儿发育受损、流产，以及胎儿死亡等的发生。所以要提高警惕，防止人为地对妊娠猫造成机械性损伤。

4. 适应产房 妊娠猫愿意在比较安静和有安全感的地方分娩和育仔，这就需要选择合适的产房和产箱，同时饲养人员和食物等也应相对固定，最好在临产前10d，让妊娠猫提前熟悉分娩环境，这些都有利于其分娩和哺乳。

【作业】

（1）每个学生对在实训过程中出现的问题进行总结分析。

（2）根据自己的操作过程和结果，书写实训报告。

实训二十一 小鼠的超数排卵和胚胎移植

【实训目标】通过应用外源生殖激素对雌鼠进行超数排卵及同期发情处理，以及对胚胎移植全过程的观察，了解胚胎移植技术的各个环节，为在生产和科研中的应用奠定基础。

【材料与设备】

1. 实训动物 供体和受体小鼠：健康、4～6周龄，体重为20～30g的昆明小鼠，雌雄为同一品系。

2. 仪器和器械 实体显微镜、电子天平、CO_2培养箱、恒温水浴锅、眼科剪、眼科镊子、缝合线、缝合针、注射器（1mL、2mL、5mL）、巴氏吸管、注射针头（5号）、35mm 塑料培养皿、小鼠笼子、酒精灯。

3. 药品 PMSG、HCG、戊巴比妥钠、乙醚、杜氏磷酸缓冲液（D-PBS）粉剂、犊牛血清、2%碘酊、75%酒精棉球、矿物油。

PMSG 和 HCG 用灭菌的生理盐水分别配成 50IU/mL。戊巴比妥钠用灭菌的生理盐水配成 0.5%。冲胚液为含 5%犊牛血清 D-PBS，按比例称取 D-PBS 粉末或按配方称取各成分，用蒸馏水溶解后定容、过滤灭菌，然后按比例加入灭菌犊牛血清，分装，置于 4℃冰箱中保存。用前约 2h 放入 37℃的 CO_2 培养箱孵育，备用。

【实训内容】

1. 小鼠超数排卵和配种 16：00 给雌性小鼠腹腔注射 PMSG 10IU（0.2mL），间隔 48h 注射 HCG 10IU（0.2mL），一般注射 HCG 后 10～13h 开始排卵。

对小鼠施行腹腔注射时，可抓住颈部贴耳根处，以小指固定尾巴；也可抓住尾巴让其自然抓住鼠笼上的金属框。用 5 号针头注射，注意避开膈肌与膀胱。注射完毕略停一下再拔出针头，以免药液外渗。

注射 HCG 后，雌、雄鼠以 2：1 的比例合笼进行配种。翌日早晨检查阴道栓，见到阴道栓当天为妊娠第 0.5 天，见到阴道栓后第 4 天上午采胚。

2. 结扎雄鼠的准备 应在胚胎移植前 40d 结扎雄鼠。其操作如下：

（1）雄鼠用 0.5%戊巴比妥钠（用量约 0.017mL/g）或乙醚麻醉后，在保定台上仰卧保定。

（2）用剪毛剪沿两后膝连接线剪毛，用 2%碘酊充分消毒后，再用 75%酒精棉球擦拭。

（3）将皮肤用有钩镊子夹起，用直剪剪开 1～1.5cm。

（4）皮肤和肌肉间插入闭合的剪刀，并打开其闭合的尖部来剥离切口部的皮肤和肌肉。

（5）将露出的肌肉用有钩镊子夹起，并切开 1～1.5cm。

（6）从肌肉的切口向阴囊伸入镊子，夹住脂肪组织，牵出睾丸。

（7）提起睾丸周围的脂肪组织，可见到输精管，剥离开附着在输精管周围的血管。

（8）在一侧输精管相邻部位，用细线结扎 2 处，然后从 2 个结扎处之间剪断输精管。用相同的方法结扎另一侧的输精管。

（9）将睾丸、输精管及脂肪组织送回原位，在切口处倒入一点青霉素，将肌肉层和皮肤一起缝合，术口涂上 2%碘酊，单笼饲养。

3. 假孕雌鼠的准备 在供体雌鼠与雄鼠合笼进行配种的同时，选择 4～6 周龄雌性小鼠，与结扎雄鼠以 2：1 的比例合笼进行配种，翌日早晨检查阴道栓，见到阴道栓后分别进行饲养，备用。

4. 取卵 将供体鼠置于饲养笼上，鼠爪自然抓紧铁支架，此时一只手拉紧鼠尾，另一只手食指与拇指压紧鼠颈部，或用镊子压紧颈部即可致死，此为引颈法。用 75%乙醇喷湿鼠全身进行消毒，并防止毛发飞扬。

将鼠面向上平放于吸水纸上，在下腹部中间剪开 1 个开口。一只手抓住鼠尾，另一只手抓住切开的皮肤向头部牵拉直至腹部充分暴露。切开腹膜，将内脏向上翻，即暴露子宫。

用细镊子夹住子宫与输卵管连接处，先剪断子宫角与输卵管连接处，再剪断子宫与阴道连接处。将剪下的子宫转移到盛有含 5%犊牛血清的 D-PBS 表面皿，每侧子宫用少量冲洗液

（10～20 滴）冲洗即可。

5. 检胚 将巴氏吸管在火焰上拉细，并用砂轮断末端，制备吸卵针，其尖端直径约 $200\mu m$，可事先制备。

将盛有胚胎和冲卵液的培养皿置于 50～100 倍的实体显微镜下。用吸卵针收集胚胎，移植于含有新鲜冲卵液的 35mm 塑料培养皿内暂存。3.5d 胚胎一般处于囊胚期，但也可能处于桑葚期，均可使用。

鼠胚呈球形，外有透明带。质量优良的胚胎处于正常的发育阶段，外形匀称，色泽均匀，囊胚有清楚的内细胞团、囊胚腔及滋养层；桑葚胚处于致密桑葚胚，呈多角形，细胞之间界限不明显。质量差的胚胎，除发育延迟外，形态不均，细胞间连接不紧密，细胞质有空泡，部分细胞有破裂的现象等。

6. 装管 移卵管一般用巴氏吸管或 BDH 硬玻璃拉制而成，前段较细部分长 2～3cm，其直径为 120～180μm，大于 1 个卵而小于 2 个卵的大小。移卵管开口部需加热处理使之平滑，以尽量减少对子宫黏膜的损伤。

先吸入矿物油充满前端较细部分再吸卵，这样吸卵及转移时较易控制。吸卵前先吸 1 个气泡，吸一段保存液，再吸第 2 个气泡，然后吸卵（5～7 枚）。吸卵时尽可能少吸保存液。吸卵完毕再吸第 3 个细胞和少量保存液，将移卵管平放于一个合适的架上，待处理鼠以后使用，其间，不碰移卵管。

7. 移植胚胎

（1）假孕第 4 天的雌鼠用 0.5% 戊巴比妥钠（用量约 0.017mL/g）或乙醚麻醉。

（2）剪去腰背部被毛，用 2% 碘酊消毒，75% 酒精棉球脱碘。

（3）在腰背部沿背中线开一小口，长 0.5～1cm，然后向两侧分离皮下组织。

（4）在离背中线约 0.5cm 处，剪开腰壁一个小口。此时，透过腹壁切口可见腹壁下一个脂肪团块，在脂肪团块下面连着卵巢。

（5）顺着卵巢找到子宫，轻轻将子宫移到体外。

（6）用 5 号针头，在子宫壁上穿破一个针口，然后将事先装好胚胎的移卵管沿着此针口进入子宫腔，将移卵管内的胚胎轻轻吹入子宫腔。

（7）将移植了胚胎的子宫送回腹腔，在切口处倒入一点青霉素，缝合腹壁及皮肤。

（8）用同样的方法将胚胎移植到另一侧子宫角中。

（9）将移植了胚胎的雌鼠放回笼内，进行密切观察，直到小鼠恢复知觉。

（10）17～18d 后，雌鼠将产下小鼠，记录产仔数，算出胚胎成活率。

8. 填写记录表

详细内容见表实 21-1、表实 21-2。

表实 21-1 供体鼠超数排卵和采集胚胎结果

供体鼠号	注射 PMSG 时间	注射 HCG 时间	配种数	采集胚胎数	可用胚胎数

表实 21-2　胚胎移植结果

受体鼠号	移植胚胎数	胚胎发育阶段	胚胎质量	妊娠雌鼠	产仔数

【实训提示】

（1）正确掌握小鼠的捉拿方法，防止咬伤。

（2）取卵和移卵时动作要轻柔，时间不宜长。

（3）整个操作要保证无菌环境。

【作业】

（1）每个学生对在实训过程中出现的问题进行总结分析。

（2）根据自己的操作过程和结果，书写实训报告。

参 考 文 献

卜伟，2000. 淡水经济鱼繁育大全［M］. 北京：中国农业出版社.

陈北亨，王建辰，2000. 兽医产科学［M］. 北京：中国农业出版社.

陈慧文，2006. 猫典一箩筐［M］. 天津：百花文艺出版社.

陈永福，2002. 转基因动物［M］. 北京：科学出版社.

崔泰保，鄢珥，2003. 藏獒的选择与养殖［M］. 北京：金盾出版社.

董悦农，2004. 猫的驯养及疾病防治全解［M］. 北京：中国林业出版社.

董悦农，刘欣，2002. 犬的驯养及疾病防治全解［M］. 北京：中国林业出版社.

范作良，2001. 家畜解剖［M］. 北京：中国农业出版社.

冯逢，2004. 养猫驯猫与猫病防治［M］. 长春：吉林科学技术出版社.

弗格尔，2006. 狗典［M］. 曹中承，译. 上海：上海文化出版社.

弗格尔，2006. 猫典［M］. 曹中承，译. 上海：上海文化出版社.

郭世宁，陈卫红，2002. 最新实用养猫大全［M］. 北京：中国农业出版社.

焦骅，1995. 家畜育种学［M］. 北京：中国农业出版社.

李素梅，2003. 实用养金鱼大全［M］. 北京：中国农业出版社.

林德贵，2001. 观赏犬驯养手册［M］. 北京：中国农业大学出版社.

刘庆昌，2007. 遗传学［M］. 北京：科学出版社.

桑润滋，2006. 动物繁殖生物技术［M］. 2版. 北京：中国农业出版社.

汤小朋，2004. 犬猫疾病鉴定诊断7日通［M］. 北京：中国农业出版社.

童响波，2003. 孔雀鱼的繁殖［J］. 内陆水产，23（9）：37.

童筱，2005. 观赏鱼饲养大全［M］. 广州：世界图书出版公司.

王宝维，2004. 特禽生产学［M］. 北京：中国农业出版社.

王锋，2006. 动物繁殖学实验教程［M］. 北京：中国农业大学出版社.

王金玉，陈国宏，2004. 数量遗传与动物育种［M］. 南京：东南大学出版社.

王权，谢献胜，2005. 观赏鱼养殖新技术［M］. 北京：中国农业出版社.

王文仕，2004. 伴侣动物养殖［M］. 成都：四川科学技术出版社.

王增年，2001. 观赏鸟驯养——画眉. 百灵［M］. 北京：中国农业大学出版社.

肖希龙，2002. 实用养猫大全［M］. 北京：中国农业出版社.

杨利国，2003. 动物繁殖学［M］. 北京：中国农业出版社.

叶俊华，2003. 犬繁育技术大全［M］. 沈阳：辽宁科学技术出版社.

张先锋，2002. 画眉繁殖生态观察［J］. 生物学通报，37（3）：52-55.

张先锋，2002. 野生画眉鸟繁殖生态习性的初步研究［J］. 激光生物学报，11（1）：45-49.

张沅，2003. 家畜育种学［M］. 北京：中国农业出版社.

张忠诚，2004. 家畜繁殖学［M］. 4版. 北京：中国农业出版社.

赵万里，2000. 鹦鹉［M］. 上海：上海科学技术出版社.

赵万里，2002. 芙蓉鸟［M］. 上海：上海科学技术出版社.

朱维正，2006. 养狗驯狗与狗病防治［M］. 北京：金盾出版社.

David Talor，2006. 养狗指南［M］. 郑锡荣，译. 北京：中国友谊出版公司.

David Talor，2006. 养猫指南［M］. 左兰芬，仇万煜，译. 北京：中国友谊出版公司.

图书在版编目（CIP）数据

宠物繁殖与育种 / 杨万郊，狄和双主编 . —2 版 .
—北京：中国农业出版社，2021.9
高等职业教育农业农村部"十三五"规划教材
ISBN 978-7-109-28299-5

Ⅰ. ①宠… Ⅱ. ①杨… ②狄… Ⅲ. ①玩赏动物—繁
殖—高等职业教育—教材 ②玩赏动物—育种—高等职业教
育—教材 Ⅳ. ①S865.33

中国版本图书馆 CIP 数据核字（2021）第 102256 号

宠物繁殖与育种 第二版
CHONGWU FANZHI YU YUZHONG DIERBAN

中国农业出版社出版
地址：北京市朝阳区麦子店街 18 号楼
邮编：100125
责任编辑：李 萍 文字编辑：耿韶磊
版式设计：王 晨 责任校对：吴丽婷 责任印制：王 宏
印刷：中农印务有限公司
版次：2007 年 8 月第 1 版 2021 年 9 月第 2 版
印次：2021 年 9 月第 2 版北京第 1 次印刷
发行：新华书店北京发行所
开本：787mm×1092mm 1/16
印张：14
字数：335 千字
定价：37.50 元